메가스터디 **중학수학**

1일 1개념

3·2

중학수학,
개념이 먼저다!

초등수학은 "연산", 중학수학는 "개념", 고등수학은 "개념의 확장"이라고 합니다.

수학에서 개념이 중요하다는 말을 흔히 합니다. 많은 학생들을 살펴보면, 교과서나 문제집의 개념 설명 부분을 잘 읽지 않고, 개별적인 문제들을 곧장 풀기 시작하는 경우가 종종 있습니다. 이런 학생들은 문제를 풀면서 자연스럽게 개념이 이해되었다고 생각하고, 문제를 맞히면 그 개념을 이해한 것으로 여겨 더 이상 깊이 있게 개념을 학습하려 하지 않습니다.

그렇다면 수학을 공부할 때 문제 풀이는 어떤 의미를 가질까요?
개념을 잘 이해했는지 확인하는 데 가장 효율적인 방법이 문제 풀이입니다. 따라서 문제를 푸는 목적을 "개념 이해"에 두는 것이 맞습니다. 개념을 제대로 이해한 후에 문제를 풀어야 그 개념이 더욱 확장되고, 확장된 개념은 더 어려운 개념을 이해하고 더 어려운 문제를 푸는 데 도움이 됩니다.

이때 개념 이해를 소홀히 한 학생들은 개념이 확장되어 어려운 문제를 다루는 고등학교에 가서야 비로소 문제가 잘 풀리지 않는 경험을 하게 되고, 그제야 개념이 중요했다는 것을 깨닫습니다. 따라서 **중학교 때 수학 개념을 꾸준히, 제대로 익히는 것이 무엇보다 중요합니다.**

중학수학,
이렇게 공부하자!

01 문제 안에 사용된 개념을 파악하자!

문제를 푸는 기술만 익히면 당장 성적을 올리는 데 도움이 되지만, 응용 문제를 풀거나 상급 학교의 수학을 이해할 때 어려움을 겪을 수 있다.

그래서 이 책은, 교과서를 분석하여 1일 1개 개념 학습이 가능하도록 개념을 선별, 구성하였습니다. 또한 이전 학습 개념을 제시하여 학습 결손이 예상되는 부분을 빠르게 찾도록 하였습니다.

02 문제 풀이 기술보다 개념을 먼저 익히자!

문제를 푸는 목적은 개념 이해이므로 문제에서 묻고자 하는 개념이 무엇인지 파악하는 것이 문제 풀이에서 가장 중요하다.

그래서 이 책은, 개념 다지기 문제들은 핵심 개념을 분명하게 확인할 수 있는 것으로만 구성하였습니다. 억지로 어렵게 만든 문제들을 풀면서 소중한 학습 시간을 버리지 않도록 하였습니다.

03 쉬운 문제만 풀지 말자!

조금 까다로운 문제도 하루에 1~2문제씩 푸는 것이 좋다. 이는 어려운 내신 문제를 해결하거나 더 어려워지는 고등수학에의 적응을 위해 필요하다.

그래서 이 책은, 생각이 자라는 문제 해결 또는 창의·융합 문제를 개념당 1개씩 마지막에 제시하였습니다. 문제를 풀기 위해 도출해야 할 개념, 원리를 스스로 생각해 보는 장치도 마련하였습니다.

04 공부한 개념 사이의 관계를 정리해 보자!

한 단원을 모두 학습한 후에 각 개념을 제대로 이해했는지, 개념들 사이에 어떤 관계가 있는지를 정리해야 한다.

그래서 이 책은, 내신 빈출 문제로 단원 마무리를 할 수 있게 하였습니다. 이어서 해당 단원의 마인드맵으로 개념 사이의 관계를 이해하고, OX 문제로 개념 이해 유무를 빠르게 점검할 수 있게 하였습니다.

05 꾸준히 하는 수학 학습 습관을 들이자!

01~04의 과정을 매일 꾸준히 하는 수학 학습 습관을 만들어야 한다.

그래서 이 책은, 하루 20분씩 매일 01~04의 학습 과정을 반복하도록 하는 학습 시스템을 교재에 구현하였습니다.

이 책의 짜임새

이 책의 차례 & 학습 달성도 / 학습 계통도 & 계획표

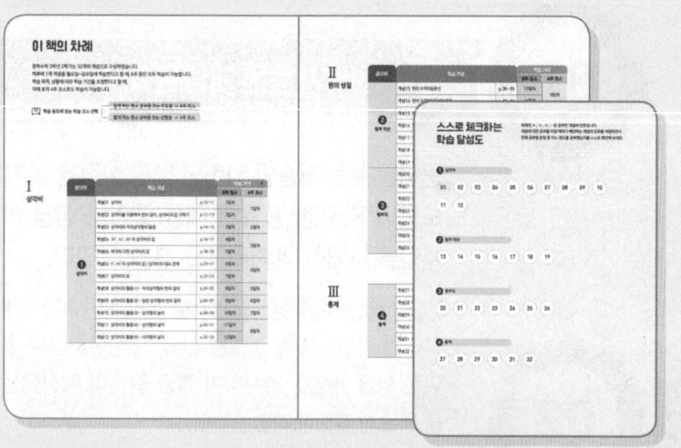

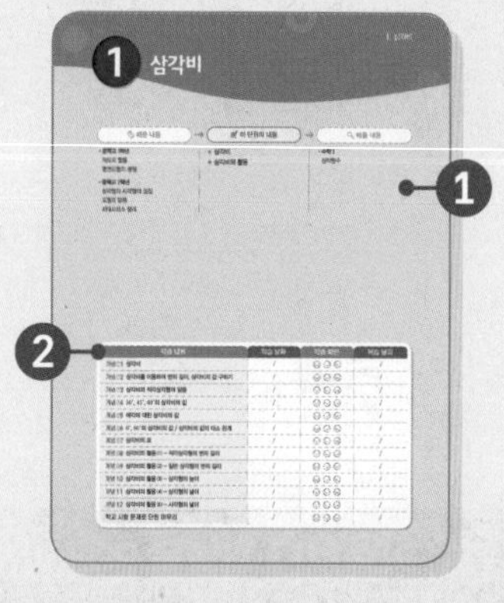

이 책의 차례
학습할 전체 개념과 이에 대한 6주, 4주 완성 코스를 제시

학습 달성도
개념 학습을 마칠 때마다 개념 번호를 색칠하면서
학습 달성 정도를 확인

학습 계통도 & 계획표
❶ 이 단원의 학습 내용에 대한 이전 학습, 이후 학습 제시
❷ 이 단원의 학습 계획표 제시(학습 날짜, 이해도 표시)

step1 개념 학습

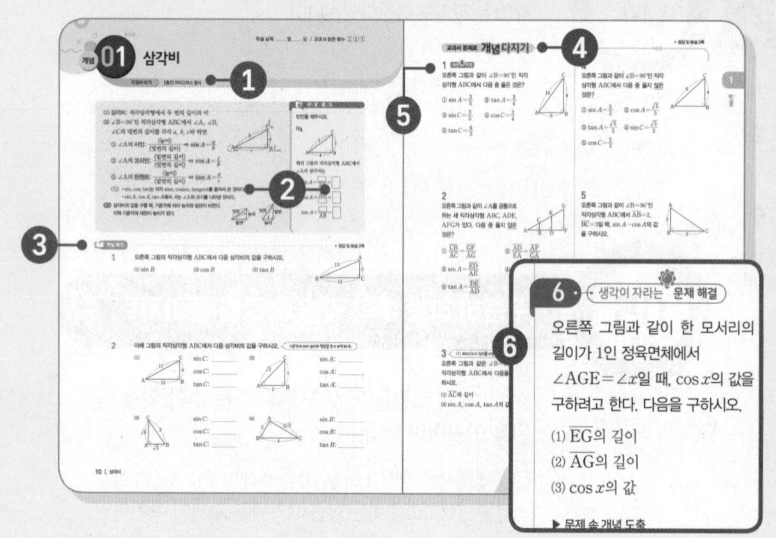

❶ 해당 개념 학습에 필요한 사전 학습 개념 제시
❷ • 1일 학습이 가능하도록 개념 분류 & 정리
 • 교과서 예를 문제화한 바로 푸는 문제 제시
❸ 기본기를 올리는 개념 확인 문제 제시
❹ 학습한 개념을 제대로 이해했는지 확인하는 문제들로만 구성
❺ 해설 꼭 확인 자주 실수하는 부분을 확인할 수 있는 문제 제시
❻ 생각이 자라는 창의·융합/문제 해결
 • 학습한 개념을 깊이 있게 분석하는 문제 또는 타 교과나 실생활의 지식과 연계한 문제 제시
 • 문제 풀이에 필요한 개념, 원리를 스스로 도출하는 장치 제시

step2 단원 마무리 & 배운 내용 돌아보기

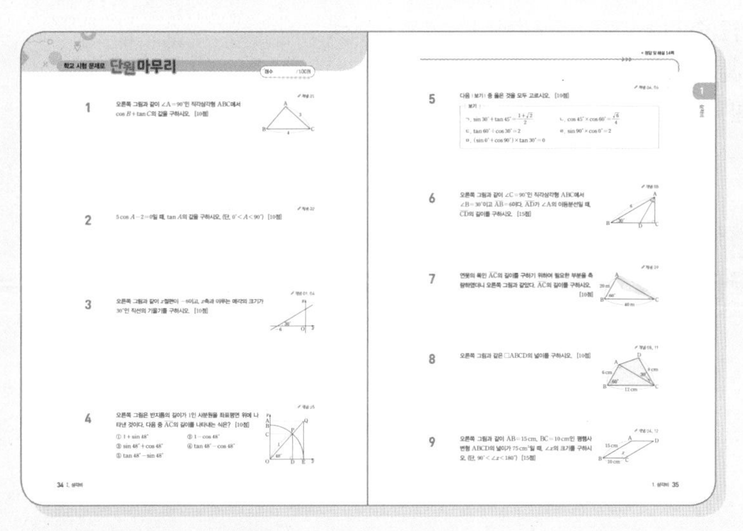

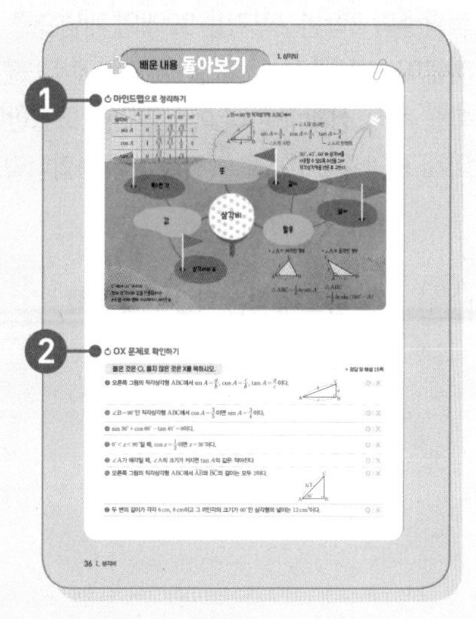

학교 시험 문제로 단원 마무리
자신의 실력을 점검하고, 실전 감각을 키울 수 있도록
전국 중학교 기출문제 중 최다 빈출 문제를 뽑아 중단원별로 구성

배운 내용 돌아보기
❶ 핵심 개념을 **마인드맵**으로 한눈에 정리
❷ **OX 문제**로 공부한 개념에 대한 이해를 간단하게 점검

정확한 답과 친절한 해설

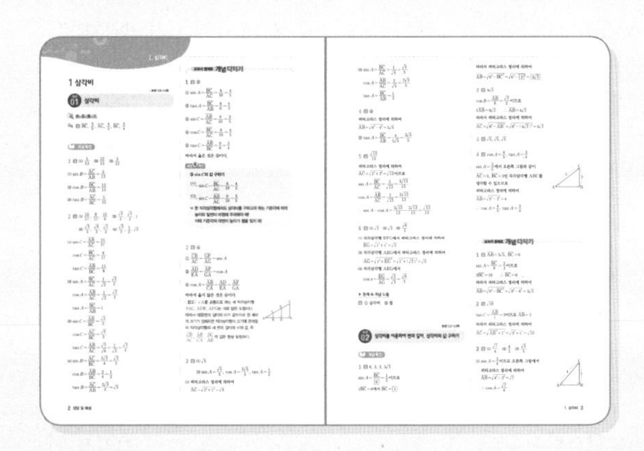

쉬운 문제부터 조금 까다로운 문제까지 과정을 생략하는 부분 없이 이해하기 쉽도록 설명

해설 꼭 확인 개념 학습 부분에서 오개념이 발생할 수 있는, 즉 자주 실수하는 문제에 대해서는 그 이유와 실수를 피하는 방법 제시

질문 리스트
개념이나 용어의 뜻, 원리 등을 제대로 이해했는지 확인하는 질문들을 모아 구성

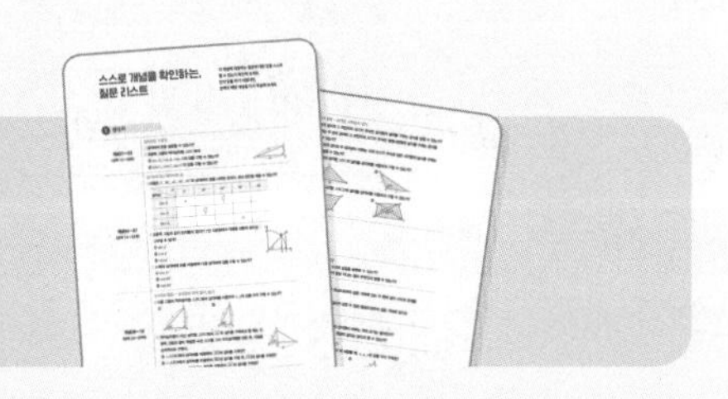

개념 Drill – **1일 1개념 드릴북**(별매) – 계산력과 개념 이해력 강화를 위한 반복 연습 교재
"1일 1개념 드릴북"은 "1일 1개념"을 공부한 후, 나만의 숙제로 추가 공부가 필요한 학생에게 추천합니다!

이 책의 차례

중학수학 3학년 2학기는 32개의 개념으로 구성하였습니다.
하루에 1개 개념을 월요일~금요일에 학습한다고 할 때, 6주 동안 모두 학습이 가능합니다.
학습 목적, 상황에 따라 학습 기간을 조정한다고 할 때,
아래 표의 4주 코스로도 학습이 가능합니다.

학습 용도에 맞는 학습 코스 선택
- 길게 하는 평소 공부용 또는 진도용 → 6주 코스
- 짧게 하는 평소 공부용 또는 선행용 → 4주 코스

I 삼각비

Ⅱ 원의 성질

중단원	학습 개념		학습 기간	
			6주 코스	4주 코스
② 원과 직선	개념13 현의 수직이등분선	p.38~39	13일차	9일차
	개념14 현의 수직이등분선의 응용	p.40~41	14일차	
	개념15 현의 길이	p.42~43	15일차	10일차
	개념16 원의 접선의 성질	p.44~45	16일차	11일차
	개념17 원의 접선의 성질의 응용	p.46~47	17일차	
	개념18 삼각형의 내접원	p.48~49	18일차	12일차
	개념19 원에 외접하는 사각형	p.50~51	19일차	13일차
③ 원주각	개념20 원주각과 중심각의 크기	p.56~57	20일차	14일차
	개념21 원주각의 성질	p.58~59	21일차	15일차
	개념22 원주각의 크기와 호의 길이	p.60~61	22일차	
	개념23 네 점이 한 원 위에 있을 조건 - 원주각	p.62~63	23일차	16일차
	개념24 원에 내접하는 사각형의 성질	p.64~65	24일차	
	개념25 사각형이 원에 내접하기 위한 조건	p.66~67	25일차	
	개념26 원의 접선과 현이 이루는 각	p.68~69	26일차	17일차

Ⅲ 통계

중단원	학습 개념		6주 코스	4주 코스
④ 통계	개념27 대푯값	p.74~75	27일차	18일차
	개념28 대푯값의 응용	p.76~77	28일차	
	개념29 산포도 (1) - 편차	p.78~79	29일차	19일차
	개념30 산포도 (2) - 분산과 표준편차	p.80~81	30일차	
	개념31 산점도	p.82~83	31일차	20일차
	개념32 상관관계	p.84~85	32일차	

스스로 체크하는 학습 달성도

아래의 01, 02, 03, …은 공부한 개념의 번호입니다.
개념에 대한 공부를 마칠 때마다 해당하는 개념의 번호를 색칠하면서
전체 공부할 분량 중 어느 정도를 공부했는지를 스스로 확인해 보세요.

1 삼각비

01 02 03 04 05 06 07 08 09 10

11 12

2 원과 직선

13 14 15 16 17 18 19

3 원주각

20 21 22 23 24 25 26

4 통계

27 28 29 30 31 32

1 삼각비

배운 내용	이 단원의 내용	배울 내용
• **중학교 1학년** 작도와 합동 평면도형의 성질 • **중학교 2학년** 삼각형과 사각형의 성질 도형의 닮음 피타고라스 정리	◆ 삼각비 ◆ 삼각비의 활용	• **수학 I** 삼각함수

학습 내용	학습 날짜	학습 확인	복습 날짜
개념 01 삼각비	/	☺ 😐 ☹	/
개념 02 삼각비를 이용하여 변의 길이, 삼각비의 값 구하기	/	☺ 😐 ☹	/
개념 03 삼각비와 직각삼각형의 닮음	/	☺ 😐 ☹	/
개념 04 30°, 45°, 60°의 삼각비의 값	/	☺ 😐 ☹	/
개념 05 예각에 대한 삼각비의 값	/	☺ 😐 ☹	/
개념 06 0°, 90°의 삼각비의 값 / 삼각비의 값의 대소 관계	/	☺ 😐 ☹	/
개념 07 삼각비의 표	/	☺ 😐 ☹	/
개념 08 삼각비의 활용 (1) – 직각삼각형의 변의 길이	/	☺ 😐 ☹	/
개념 09 삼각비의 활용 (2) – 일반 삼각형의 변의 길이	/	☺ 😐 ☹	/
개념 10 삼각비의 활용 (3) – 삼각형의 높이	/	☺ 😐 ☹	/
개념 11 삼각비의 활용 (4) – 삼각형의 넓이	/	☺ 😐 ☹	/
개념 12 삼각비의 활용 (5) – 사각형의 넓이	/	☺ 😐 ☹	/
학교 시험 문제로 단원 마무리	/	☺ 😐 ☹	/

삼각비

되짚어 보기 [중2] 피타고라스 정리

(1) **삼각비**: 직각삼각형에서 두 변의 길이의 비

(2) $\angle B=90^\circ$인 직각삼각형 ABC에서 $\angle A$, $\angle B$, $\angle C$의 대변의 길이를 각각 a, b, c라 하면

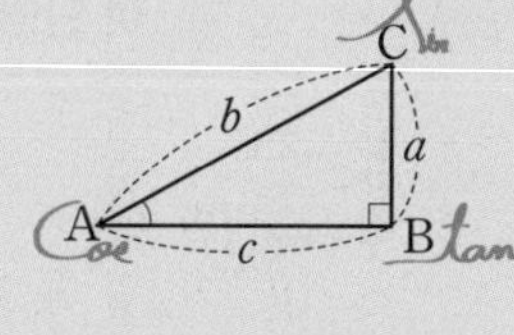
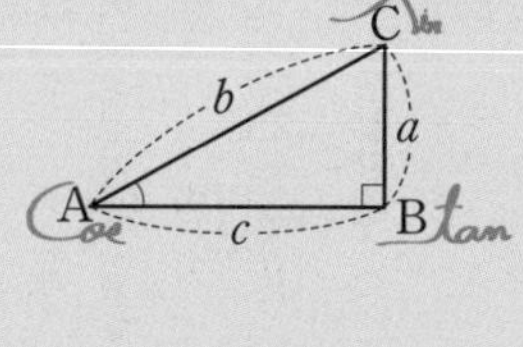

① $\angle A$의 **사인**: $\dfrac{(\text{높이})}{(\text{빗변의 길이})}$ ➡ $\sin A=\dfrac{a}{b}$

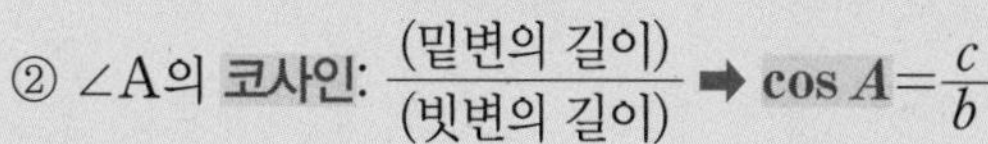

② $\angle A$의 **코사인**: $\dfrac{(\text{밑변의 길이})}{(\text{빗변의 길이})}$ ➡ $\cos A=\dfrac{c}{b}$

③ $\angle A$의 **탄젠트**: $\dfrac{(\text{높이})}{(\text{밑변의 길이})}$ ➡ $\tan A=\dfrac{a}{c}$

참고 • sin, cos, tan는 각각 sine, cosine, tangent를 줄여서 쓴 것이다.
• $\sin A$, $\cos A$, $\tan A$에서 A는 $\angle A$의 크기를 나타낸 것이다.

주의 삼각비의 값을 구할 때, 기준각에 따라 높이와 밑변이 바뀐다.
이때 기준각의 대변이 높이가 된다.

빗변 높이 밑변 / 빗변 밑변 높이

바/로/풀/기

빈칸을 채우시오.

Q1

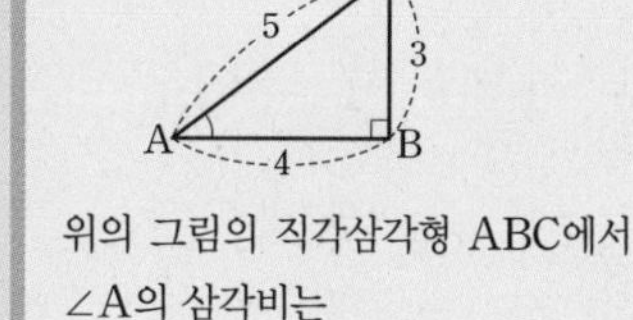

위의 그림의 직각삼각형 ABC에서 $\angle A$의 삼각비는

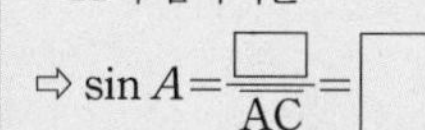

⇨ $\sin A=\dfrac{\square}{\overline{AC}}=\square$

$\cos A=\dfrac{\overline{AB}}{\square}=\square$

$\tan A=\dfrac{\square}{\overline{AB}}=\square$

개념 확인

● 정답 및 해설 2쪽

1 오른쪽 그림의 직각삼각형 ABC에서 다음 삼각비의 값을 구하시오.

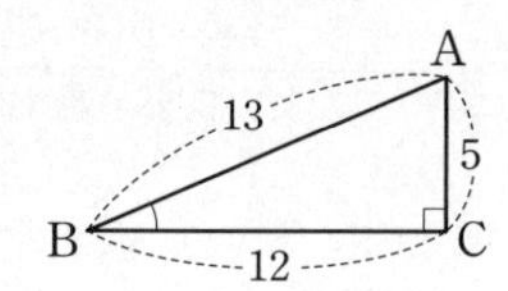

(1) $\sin B$　(2) $\cos B$　(3) $\tan B$

2 아래 그림의 직각삼각형 ABC에서 다음 삼각비의 값을 구하시오. 〈기준각에 따라 높이와 밑변을 먼저 파악해 봐.〉

(1)
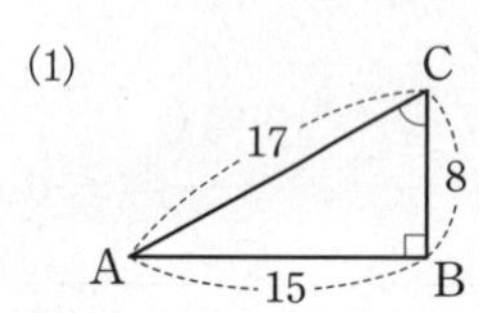

$\sin C$: ________
$\cos C$: ________
$\tan C$: ________

(2)
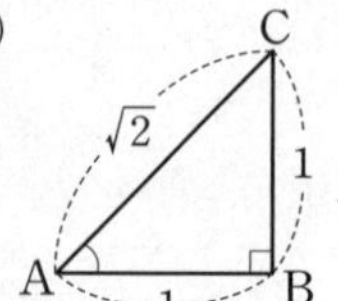

$\sin A$: ________
$\cos A$: ________
$\tan A$: ________

(3)
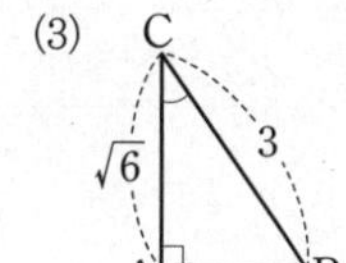

$\sin C$: ________
$\cos C$: ________
$\tan C$: ________

(4)
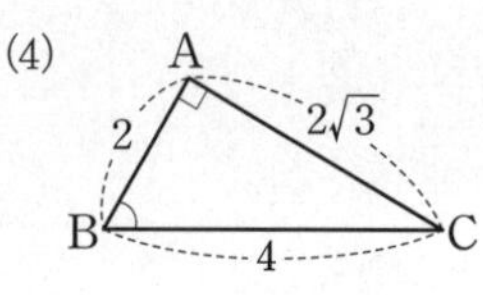

$\sin B$: ________
$\cos B$: ________
$\tan B$: ________

교과서 문제로 개념 다지기

1 해설 꼭 확인

오른쪽 그림과 같이 $\angle B=90^\circ$인 직각삼각형 ABC에서 다음 중 옳은 것은?

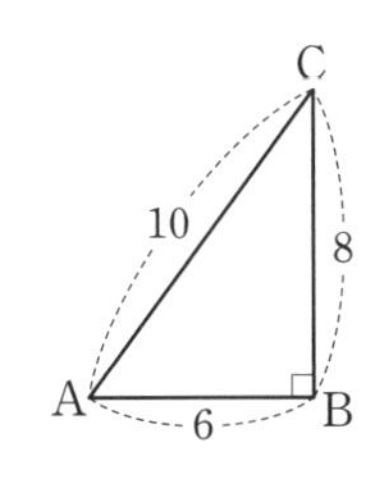

① $\sin A=\frac{3}{5}$ ② $\tan A=\frac{3}{4}$

③ $\sin C=\frac{3}{5}$ ④ $\cos C=\frac{3}{4}$

⑤ $\tan C=\frac{4}{3}$

2

오른쪽 그림과 같이 $\angle A$를 공통으로 하는 세 직각삼각형 ABC, ADE, AFG가 있다. 다음 중 옳지 않은 것은?

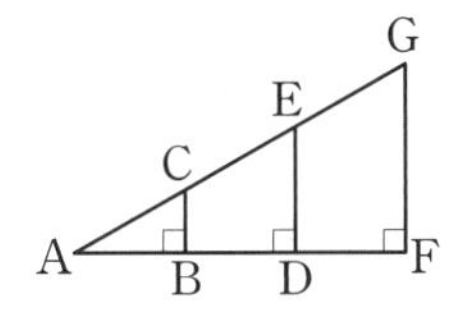

① $\frac{\overline{CB}}{\overline{AC}}=\frac{\overline{GF}}{\overline{AG}}$ ② $\frac{\overline{AD}}{\overline{EA}}=\frac{\overline{AF}}{\overline{GA}}$

③ $\sin A=\frac{\overline{ED}}{\overline{AE}}$ ④ $\cos A=\frac{\overline{CA}}{\overline{AB}}$

⑤ $\tan A=\frac{\overline{DE}}{\overline{AD}}$

3 (1) 피타고라스 정리를 이용해 봐.

오른쪽 그림과 같은 $\angle B=90^\circ$인 직각삼각형 ABC에서 다음을 구하시오.

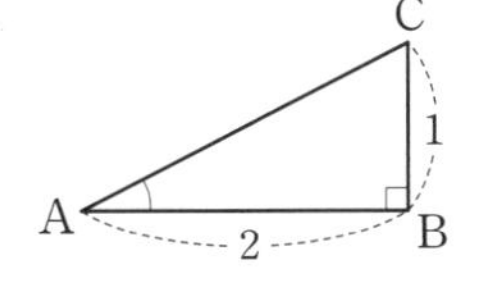

(1) $\overline{AC}$의 길이

(2) $\sin A$, $\cos A$, $\tan A$의 값

4

오른쪽 그림과 같이 $\angle B=90^\circ$인 직각삼각형 ABC에서 다음 중 옳지 않은 것은?

① $\sin A=\frac{2}{3}$ ② $\cos A=\frac{\sqrt{5}}{3}$

③ $\tan A=\frac{\sqrt{5}}{2}$ ④ $\sin C=\frac{\sqrt{5}}{3}$

⑤ $\cos C=\frac{2}{3}$

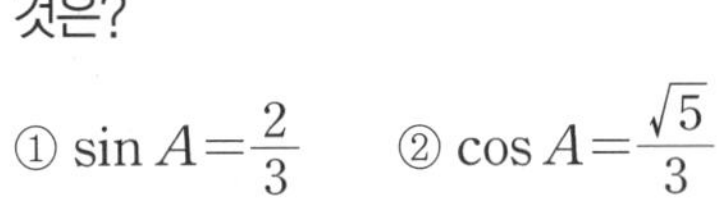

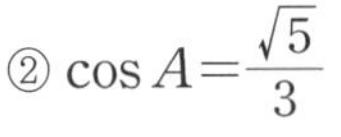

5

오른쪽 그림과 같이 $\angle B=90^\circ$인 직각삼각형 ABC에서 $\overline{AB}=2$, $\overline{BC}=3$일 때, $\sin A-\cos A$의 값을 구하시오.

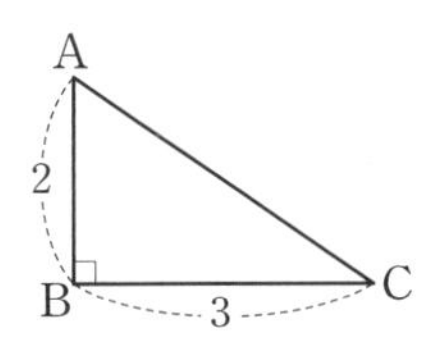

6 생각이 자라는 문제 해결

오른쪽 그림과 같이 한 모서리의 길이가 1인 정육면체에서 $\angle AGE=\angle x$일 때, $\cos x$의 값을 구하려고 한다. 다음을 구하시오.

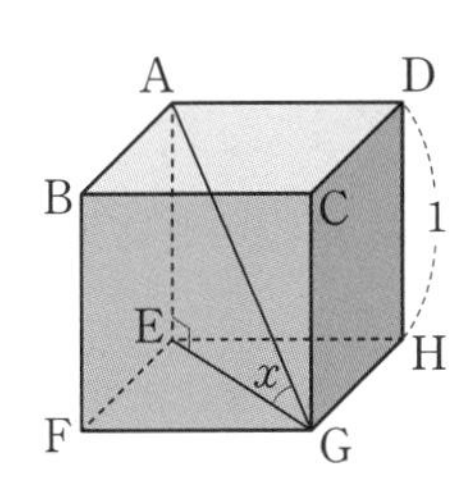

(1) $\overline{EG}$의 길이

(2) $\overline{AG}$의 길이

(3) $\cos x$의 값

▶ 문제 속 개념 도출

- 직각삼각형에서 두 변의 길이의 비를 통틀어 ① ______라 한다.
- 피타고라스 정리
  ➡ 직각삼각형에서 빗변의 길이의 제곱은 직각을 낀 두 변의 길이의 제곱의 ② ___과 같다.

개념 02 삼각비를 이용하여 변의 길이, 삼각비의 값 구하기

되짚어 보기 [중2] 피타고라스 정리 [중3] 삼각비

(1) 삼각비를 이용하여 변의 길이 구하기

$\angle C=90^\circ$인 직각삼각형 ABC에서 $\overline{AB}=c$와 $\sin B$의 값이 주어질 때

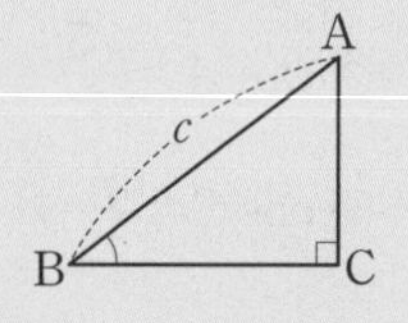

❶ $\sin B=\frac{\overline{AC}}{c}$임을 이용하여 $\overline{AC}$의 길이를 구한다.

❷ 피타고라스 정리를 이용하여 $\overline{BC}$의 길이를 구한다.

(2) 삼각비를 이용하여 다른 삼각비의 값 구하기

sin, cos, tan 중 어느 하나의 값이 주어질 때

❶ 주어진 삼각비의 값을 만족시키는 직각삼각형을 그린다.

❷ 피타고라스 정리를 이용하여 나머지 한 변의 길이를 구한다.

❸ 다른 삼각비의 값을 구한다.

개념 확인

● 정답 및 해설 3쪽

1

다음은 오른쪽 그림의 직각삼각형 ABC에서 $\overline{AC}=6$, $\sin A=\frac{1}{2}$일 때, $\overline{AB}$의 길이를 구하는 과정이다. □ 안에 알맞은 수를 쓰시오.

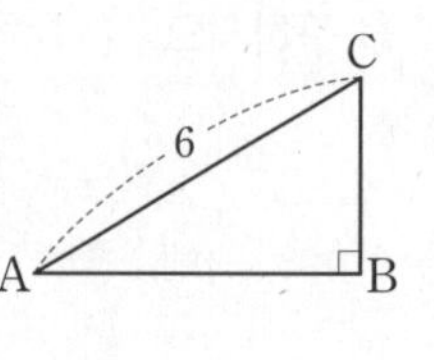

> $\sin A=\frac{\overline{BC}}{\square}=\frac{1}{2}$이므로
>
> $\overline{BC}=\square$
>
> $\therefore \overline{AB}=\sqrt{6^2-\overline{BC}^2}=\sqrt{6^2-\square^2}=\square$

2

오른쪽 그림과 같은 직각삼각형 ABC에서 $\overline{BC}=8$, $\cos B=\frac{\sqrt{2}}{2}$일 때, $\overline{AC}$의 길이를 구하시오.

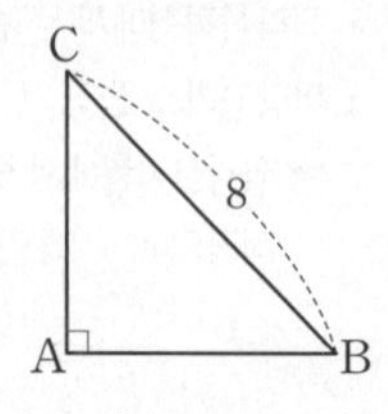

3

다음은 $\angle B=90^\circ$인 직각삼각형 ABC에서 $\cos A=\frac{2}{3}$일 때, $\sin A$, $\tan A$의 값을 각각 구하는 과정이다. □ 안에 알맞은 수를 쓰시오.

> $\cos A=\frac{2}{3}$에서 오른쪽 그림과 같이 $\overline{AC}=3$, $\overline{AB}=2$인 직각삼각형 ABC를 생각할 수 있으므로
>
> $\overline{BC}=\sqrt{3^2-2^2}=\square$
>
> $\therefore \sin A=\frac{\square}{3}$, $\tan A=\frac{\square}{2}$

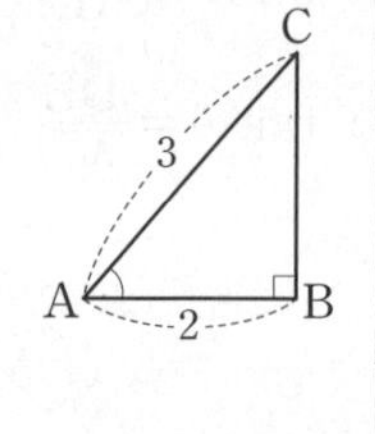

4

$\angle B=90^\circ$인 직각삼각형 ABC에서 $\sin A=\frac{3}{5}$일 때, $\cos A$, $\tan A$의 값을 각각 구하시오.

교과서 문제로 개념 다지기

1

오른쪽 그림과 같은 직각삼각형 ABC에서 $\overline{AC}=9$, $\sin A=\frac{2}{3}$일 때, $\overline{AB}$, $\overline{BC}$의 길이를 각각 구하시오.

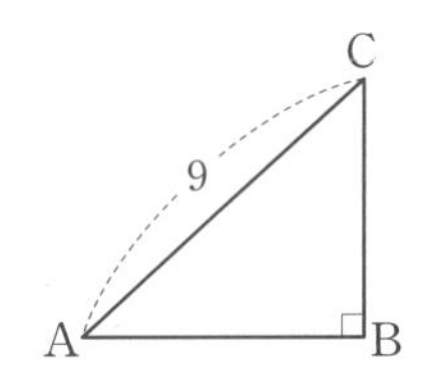

2

오른쪽 그림과 같은 직각삼각형 ABC에서 $\overline{BC}=1$, $\tan C=3$일 때, $\overline{AC}$의 길이를 구하시오.

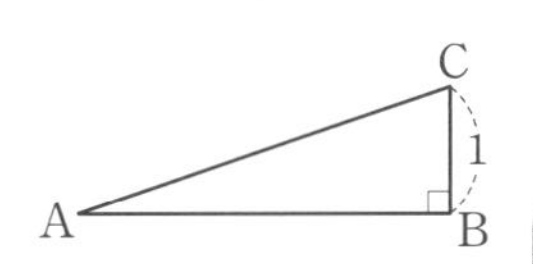

3

주어진 조건을 만족시키는 직각삼각형을 생각해 봐.

$\angle B=90°$인 직각삼각형 ABC에서 다음을 구하시오.

(1) $\sin A=\frac{3}{4}$일 때, $\cos A$의 값

(2) $\cos A=\frac{3}{5}$일 때, $\tan A$의 값

(3) $\tan A=\frac{1}{2}$일 때, $\sin A$의 값

4

$\angle B=90°$인 직각삼각형 ABC에서 $\sin A=\frac{\sqrt{5}}{5}$일 때, $\cos A\times\tan A$의 값을 구하시오.

5

오른쪽 그림과 같은 직각삼각형 ABC에서 $\overline{AB}=4$, $\cos B=\frac{1}{2}$일 때, △ABC의 넓이를 구하려고 한다. 다음을 구하시오.

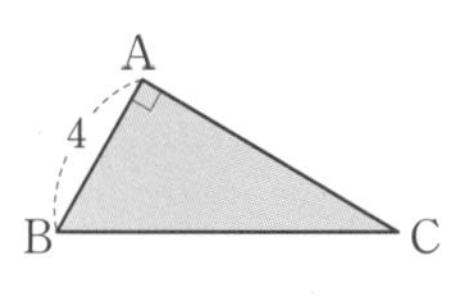

(1) $\overline{BC}$의 길이

(2) $\overline{AC}$의 길이

(3) △ABC의 넓이

6 생각이 자라는 창의·융합

도로의 경사도는 수평으로 이동하는 동안 수직으로 얼마만큼 이동했는가를 나타내는 값이다. 다음 그림과 같은 도로의 표지판에 써 있는 10 %는 도로의 수평 거리에 대한 수직 거리의 비의 값이 $\frac{1}{10}$임을 뜻한다. 이 도로에서 수평면에 대한 도로의 경사각을 ∠A라 할 때, $\sin A$의 값을 구하시오.

▶ 문제 속 개념 도출

• $\angle B=90°$인 직각삼각형 ABC에서

➡ $\sin A=$① ______, $\cos A=\frac{c}{b}$,

$\tan A=$② ______

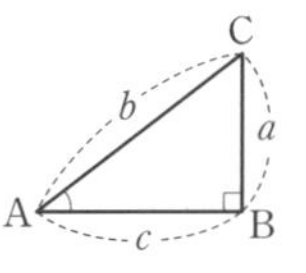

• 직각삼각형에서 두 변의 길이를 알면 피타고라스 정리를 이용하여 나머지 한 변의 길이를 구할 수 있다.

개념 03 삼각비와 직각삼각형의 닮음

되짚어 보기 [중2] 삼각형의 닮음 조건 / 피타고라스 정리 [중3] 삼각비

직각삼각형 ABC에서

(1)

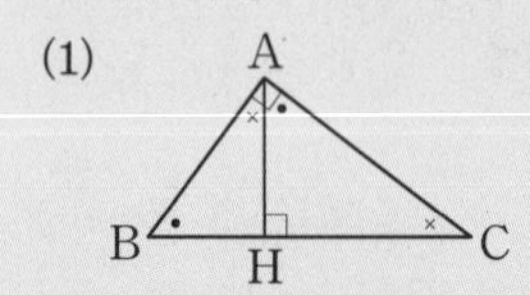

$\overline{AH}\perp\overline{BC}$일 때

$\triangle ABC \backsim \triangle HBA \backsim \triangle HAC$ → AA 닮음

➡ $\angle ABC=\angle HAC$, $\angle BCA=\angle BAH$

(2)

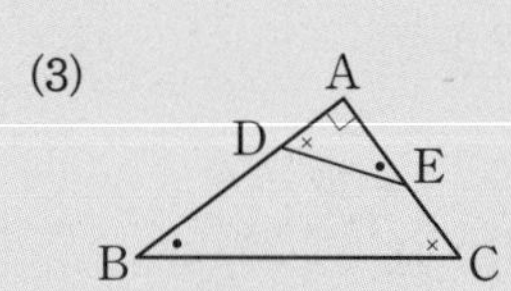

$\overline{DE}\perp\overline{BC}$일 때

$\triangle ABC \backsim \triangle EBD$ → AA 닮음

➡ $\angle ACB=\angle EDB$

(3)

A D E B C

$\angle ABC=\angle AED$일 때

$\triangle ABC \backsim \triangle AED$ → AA 닮음

➡ $\angle ACB=\angle ADE$

개념 확인 ● 정답 및 해설 4쪽

1 오른쪽 그림의 직각삼각형 ABC에 대하여 다음 □ 안에 알맞은 것을 쓰시오.

(1) $\sin A=\dfrac{\overline{BC}}{\overline{AC}}=\dfrac{\square}{\overline{AB}}=\dfrac{\overline{CD}}{\square}$

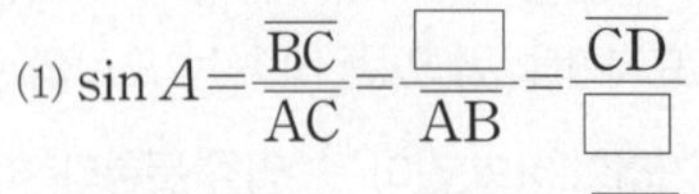

(2) $\cos A=\dfrac{\overline{AB}}{\overline{AC}}=\dfrac{\overline{AD}}{\square}=\dfrac{\square}{\overline{BC}}$

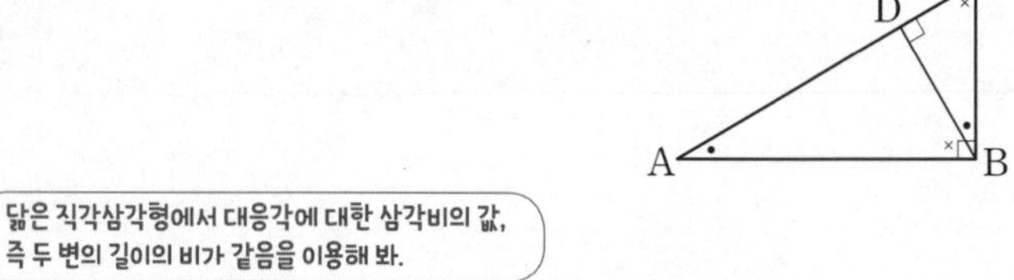

(3) $\tan A=\dfrac{\square}{\overline{AB}}=\dfrac{\overline{BD}}{\square}=\dfrac{\square}{\overline{BD}}$

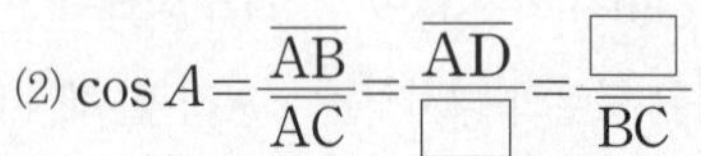

2 오른쪽 그림의 직각삼각형 ABC에서 $\overline{DE}\perp\overline{BC}$일 때, 다음을 구하시오.

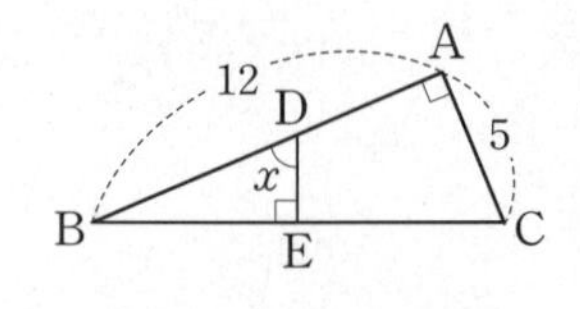

(1) $\overline{BC}$의 길이

(2) $\triangle ABC$에서 $\angle BDE$와 크기가 같은 각

(3) $\sin x$, $\cos x$, $\tan x$의 값

3 오른쪽 그림의 직각삼각형 ABC에서 $\angle ABC=\angle AED$일 때, 다음을 구하시오.

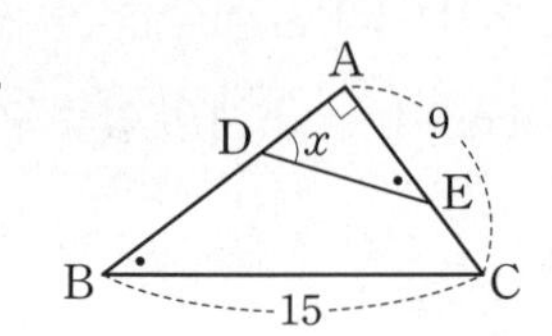

(1) $\overline{AB}$의 길이

(2) $\triangle ABC$에서 $\angle ADE$와 크기가 같은 각

(3) $\sin x$, $\cos x$, $\tan x$의 값

교과서 문제로 개념 다지기

1

오른쪽 그림의 직각삼각형 ABC에서 $\overline{AH}\perp\overline{BC}$이고 $\angle BAH=x$일 때, $\cos x$의 값을 구하시오.

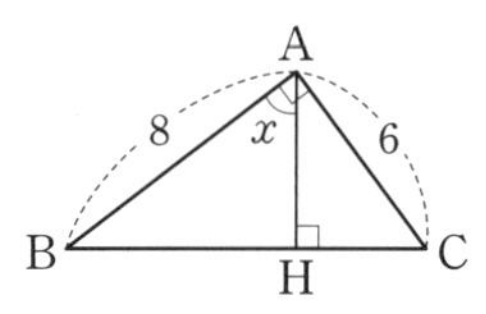

4

닮음을 이용하여 크기가 같은 각을 찾은 후, 두 변의 길이를 아는 직각삼각형에서 삼각비의 값을 구해 봐.

오른쪽 그림의 직각삼각형 ABC에서 $\overline{AD}\perp\overline{BC}$이고 $\overline{AB}=3$, $\overline{AC}=4$일 때, $\cos x+\sin y$의 값을 구하시오.

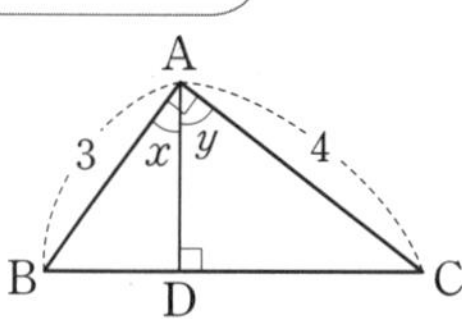

2

오른쪽 그림의 직각삼각형 ABC에서 $\overline{AB}\perp\overline{DE}$이고 $\overline{BD}=4$, $\overline{BE}=5$, $\overline{DE}=3$일 때, $\sin A$의 값을 구하시오.

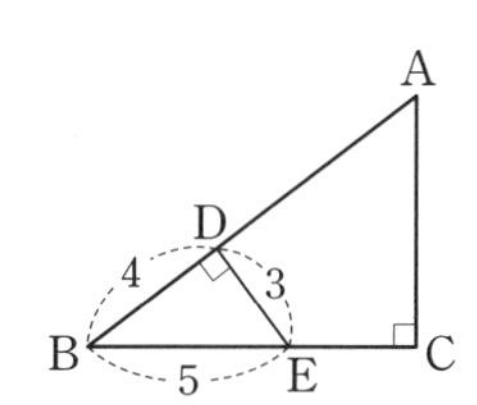

5 생각이 자라는 문제 해결

오른쪽 그림의 직각삼각형 ABC에서 $\overline{AD}\perp\overline{BC}$이고 $\angle DAC=x$일 때, 다음 |보기| 중 $\sin x$를 나타내는 것을 모두 고르시오.

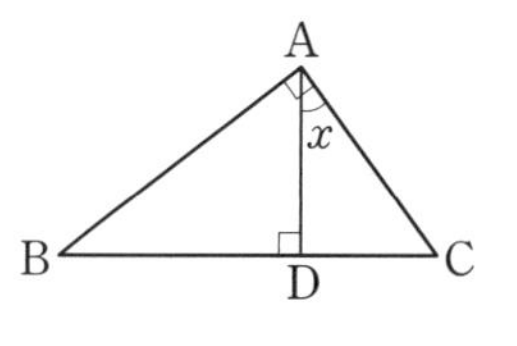

보기	
ㄱ. $\dfrac{\overline{AC}}{\overline{BC}}$	ㄴ. $\dfrac{\overline{AD}}{\overline{AB}}$
ㄷ. $\dfrac{\overline{BD}}{\overline{AB}}$	ㄹ. $\dfrac{\overline{CD}}{\overline{AD}}$

▶ 문제 속 개념 도출

- 닮은 직각삼각형에서 대응각에 대한 삼각비의 값은 같다.
- 오른쪽 그림의 직각삼각형 ABC에 대하여
  △ABC와 △HAC에서
  ∠ABC=∠① ______ 이고,
  △ABC와 △HBA에서
  ∠BCA=∠② ______ 이다.

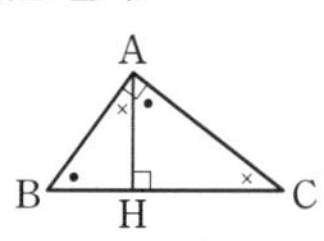

3

오른쪽 그림의 직각삼각형 ABC에서 $\angle ADE=\angle ACB$이고 $\overline{AD}=4$, $\overline{DE}=6$일 때, $\tan B$의 값을 구하시오.

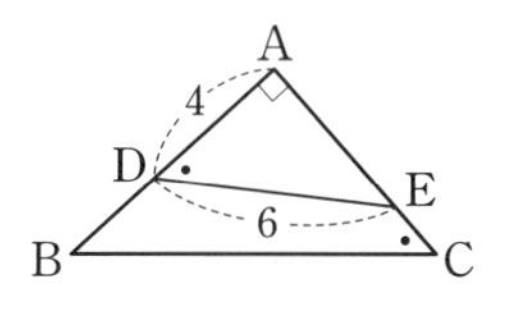

30°, 45°, 60°의 삼각비의 값

되짚어 보기 [중2] 피타고라스 정리 [중3] 삼각비

30°, 45°, 60°의 삼각비의 값은 다음과 같다.

삼각비 \ A	30°	45°	60°	
$\sin A$	$\frac{1}{2}$	$\frac{\sqrt{2}}{2}\left(=\frac{1}{\sqrt{2}}\right)$	$\frac{\sqrt{3}}{2}$	← sin의 값은 증가
$\cos A$	$\frac{\sqrt{3}}{2}$	$\frac{\sqrt{2}}{2}\left(=\frac{1}{\sqrt{2}}\right)$	$\frac{1}{2}$	← cos의 값은 감소
$\tan A$	$\frac{\sqrt{3}}{3}\left(=\frac{1}{\sqrt{3}}\right)$	1	$\sqrt{3}$	← tan의 값은 증가

참고 (1) 직각을 낀 두 변의 길이가 각각 1인 직각삼각형에서 빗변의 길이는 $\sqrt{1^2+1^2}=\sqrt{2}$이므로 세 변의 길이를 이용하여 45°의 삼각비의 값을 구하면

$\sin 45°=\frac{1}{\sqrt{2}}=\frac{\sqrt{2}}{2}$, $\cos 45°=\frac{1}{\sqrt{2}}=\frac{\sqrt{2}}{2}$, $\tan 45°=1$

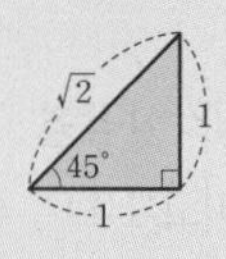

(2) 한 변의 길이가 2인 정삼각형의 높이는 $\sqrt{2^2-1^2}=\sqrt{3}$이므로 두 각의 크기가 각각 30°, 60°인 직각삼각형에서 세 변의 길이를 이용하여 30°, 60°의 삼각비의 값을 구하면

$\sin 30°=\frac{1}{2}$, $\cos 30°=\frac{\sqrt{3}}{2}$, $\tan 30°=\frac{1}{\sqrt{3}}=\frac{\sqrt{3}}{3}$

$\sin 60°=\frac{\sqrt{3}}{2}$, $\cos 60°=\frac{1}{2}$, $\tan 60°=\sqrt{3}$

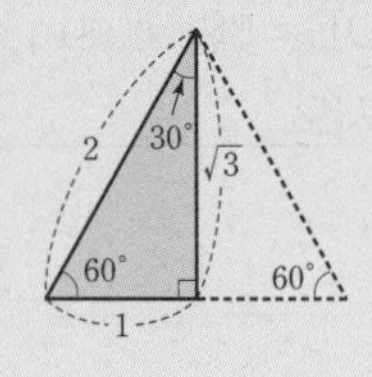

개념 확인

● 정답 및 해설 5쪽

1 다음을 계산하시오.

(1) $\sin 30°+\cos 60°$

(2) $\cos 30°-\sin 45°$

(3) $\sin 60°\times\tan 60°$

(4) $\sin 45°\div\cos 45°$

(5) $\sin 60°+\cos 30°+\tan 45°$

(6) $\sin 30°-\tan 45°+\cos 60°$

2 $0°<x<90°$일 때, 다음을 만족시키는 x의 크기를 구하시오.

(1) $\sin x=\frac{\sqrt{2}}{2}$

(2) $\sin x=\frac{\sqrt{3}}{2}$

(3) $\cos x=\frac{\sqrt{3}}{2}$

(4) $\cos x=\frac{1}{2}$

(5) $\tan x=\sqrt{3}$

(6) $\tan x=1$

교과서 문제로 개념 다지기

1
다음 중 옳은 것은?

① $\cos 60^\circ+\sin 60^\circ=\sqrt{3}$
② $\sin 60^\circ-\tan 30^\circ=2$
③ $\cos 45^\circ\div\sin 45^\circ=\sqrt{2}$
④ $\sin 30^\circ\times\cos 30^\circ=\frac{\sqrt{3}}{4}$
⑤ $\cos 45^\circ+\tan 60^\circ=\sqrt{3}$

2 해설 꼭 확인
다음을 계산하시오.

(1) $\cos 30^\circ\times\tan 60^\circ\div\sin 45^\circ$
(2) $2\tan 30^\circ\times\sin 60^\circ$
(3) $\sin^2 30^\circ+\cos^2 30^\circ$

$\sin^2 A$, $\cos^2 A$는 각각 $(\sin A)^2$, $(\cos A)^2$을 의미해.

3
다음 식의 값을 구하시오.

$$2\sin 60^\circ\times\cos 45^\circ+\sin 45^\circ\times\tan 30^\circ$$

4
$\cos(2x+10^\circ)=\frac{1}{2}$을 만족시키는 x의 크기는? (단, $0^\circ<x<40^\circ$)

① 15° ② 20° ③ 25°
④ 30° ⑤ 35°

5
다음 그림의 직각삼각형에서 x, y의 값을 각각 구하시오.

(1)
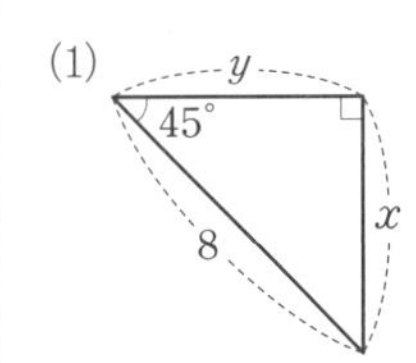

(2)
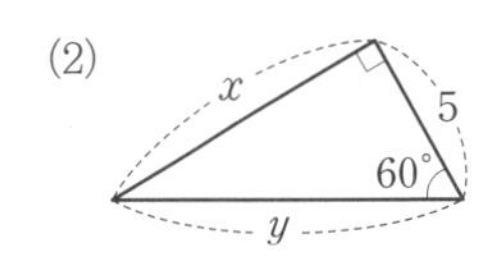

6
오른쪽 그림에서 $\angle ADC=\angle BAC=90^\circ$이고 $\angle CBA=60^\circ$, $\angle CAD=45^\circ$, $\overline{BC}=12$일 때, 다음을 구하시오.

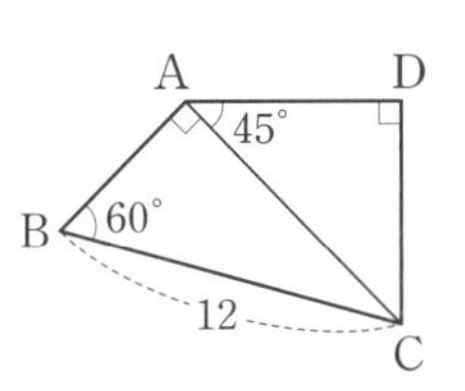

(1) $\overline{AC}$의 길이 (2) $\overline{AD}$의 길이

7 생각이 자라는 창의·융합
다음은 네 학생이 아래 등식이 성립하도록 30°, 45°, 60° 중에서 □ 안에 들어갈 알맞은 각도를 차례로 구한 것이다. 바르게 구한 학생을 모두 고르시오.
(단, 각도는 중복하여 사용할 수 있다.)

$$\sin\square-\cos\square=0$$

은지: 30°, 45°	세윤: 30°, 60°
민주: 45°, 45°	아랑: 45°, 60°

▶ 문제 속 개념 도출

- $\sin 30^\circ=\frac{1}{2}$, $\cos 30^\circ=$① ____, $\tan 30^\circ=\frac{\sqrt{3}}{3}$
  $\sin 45^\circ=$② ____, $\cos 45^\circ=\frac{\sqrt{2}}{2}$, $\tan 45^\circ=1$
  $\sin 60^\circ=\frac{\sqrt{3}}{2}$, $\cos 60^\circ=\frac{1}{2}$, $\tan 60^\circ=$③ ____

개념 04에 대한 이해도를 표시해 보세요. 0 50 100

개념 05 예각에 대한 삼각비의 값

되짚어 보기 [중1] 원과 부채꼴 [중3] 삼각비

반지름의 길이가 1인 사분원에서 임의의 예각 x에 대하여

(1) $\sin x=\frac{\overline{AB}}{\overline{OA}}=\frac{\overline{AB}}{1}=\overline{AB}$

(2) $\cos x=\frac{\overline{OB}}{\overline{OA}}=\frac{\overline{OB}}{1}=\overline{OB}$

(3) $\tan x=\frac{\overline{CD}}{\overline{OD}}=\frac{\overline{CD}}{1}=\overline{CD}$

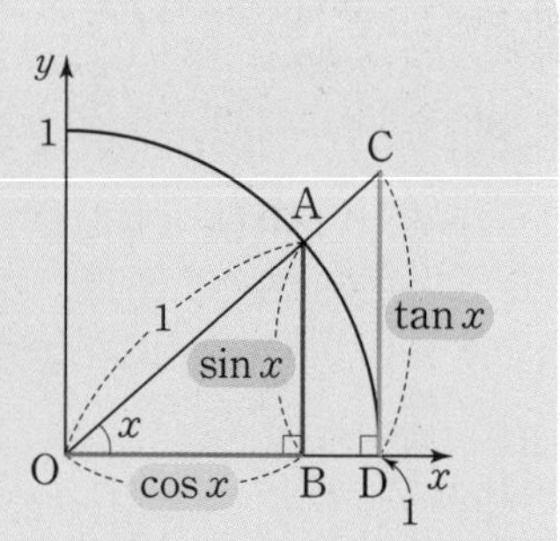

참고 예각의 sin, cos의 값을 구할 때는 빗변의 길이가 1인 직각삼각형을 이용하면 편리하고, 예각의 tan의 값을 구할 때는 밑변의 길이가 1인 직각삼각형을 이용하면 편리하다.

개념 확인

● 정답 및 해설 6쪽

1

다음 그림과 같이 반지름의 길이가 1인 사분원을 이용하여 예각 x에 대한 삼각비를 구하려고 한다. □ 안에 알맞은 것을 쓰시오.

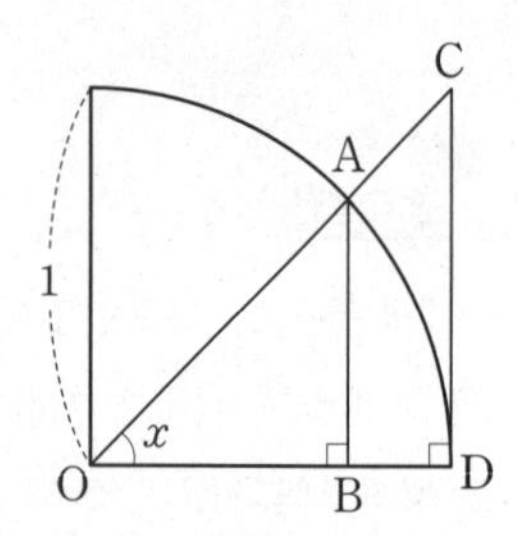

(1) $\sin x=\frac{\square}{\overline{OA}}=\frac{\overline{AB}}{\square}=\square$

(2) $\cos x=\frac{\square}{\overline{OA}}=\frac{\overline{OB}}{\square}=\square$

(3) $\tan x=\frac{\overline{CD}}{\square}=\frac{\overline{CD}}{\square}=\square$

▶ 삼각비에서 분모가 되는 변의 길이를 1이 되도록 만들면 분자가 되는 변의 길이가 구하는 삼각비의 값이 된다.

2

다음 그림은 반지름의 길이가 1인 사분원을 좌표평면 위에 나타낸 것이다. 40°에 대한 삼각비의 값을 구하려고 할 때, □ 안에 알맞은 것을 쓰시오.

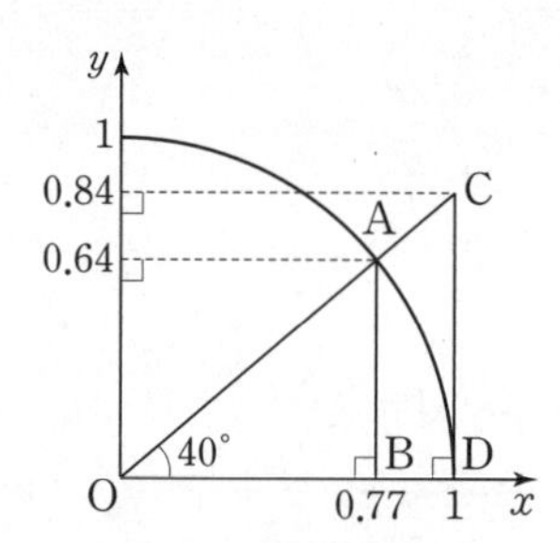

(1) $\sin 40^\circ=\frac{\square}{\overline{OA}}=\overline{AB}=\square$

(2) $\cos 40^\circ=\frac{\square}{\overline{OA}}=\overline{OB}=\square$

(3) $\tan 40^\circ=\frac{\overline{CD}}{\square}=\square=\square$

▶ 반지름의 길이가 1인 사분원에서 삼각비의 값은 길이가 1인 선분을 이용하여 구한다.

교과서 문제로 **개념 다지기**

1 삼각비에서 분모 자리에 오는 선분의 길이가 1인 직각삼각형을 생각해 봐.

오른쪽 그림과 같이 반지름의 길이가 1인 사분원에서 다음 선분의 길이를 나타내는 삼각비를 | 보기 |에서 모두 고르시오.

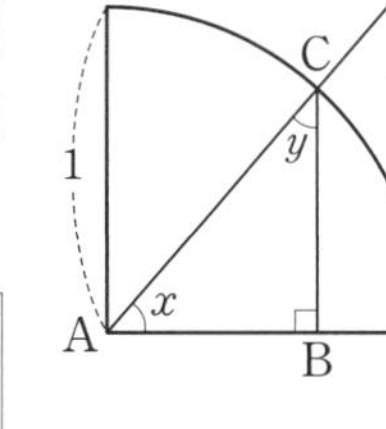

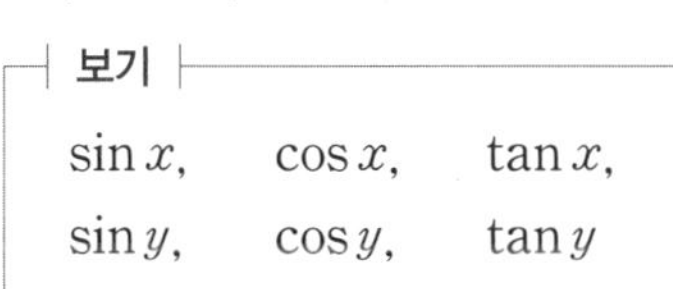

| 보기 |

$\sin x$, $\cos x$, $\tan x$,
$\sin y$, $\cos y$, $\tan y$

(1) $\overline{AB}$
(2) $\overline{BC}$
(3) $\overline{DE}$

2

오른쪽 그림과 같이 반지름의 길이가 1인 사분원에서 다음 중 옳은 것은?

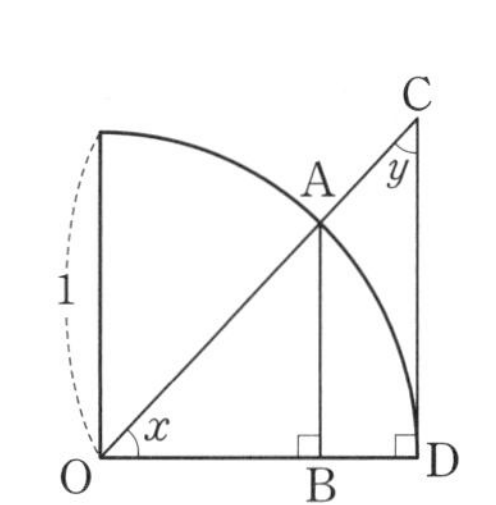

① $\sin x=\overline{OB}$
② $\cos x=\overline{AB}$
③ $\tan y=\overline{CD}$
④ $\cos y=\overline{AB}$
⑤ $\sin y=\overline{OC}$

3

오른쪽 그림은 반지름의 길이가 1인 사분원을 좌표평면 위에 나타낸 것이다. $\sin 57^\circ+\cos 57^\circ$의 값을 구하시오.

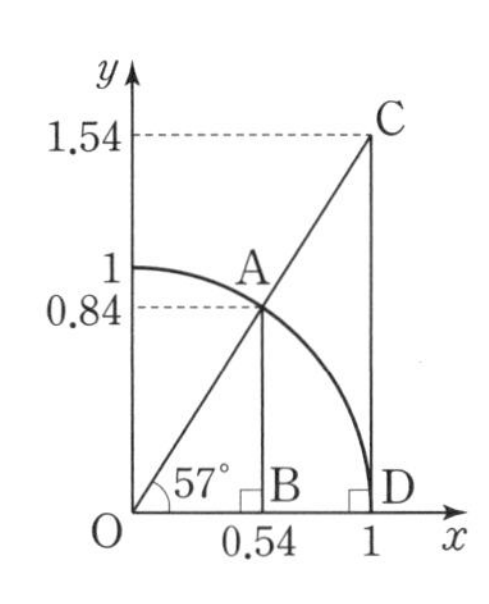

4 삼각형의 세 내각의 크기의 합을 이용하여 ∠OAB의 크기를 구해 봐.

오른쪽 그림은 반지름의 길이가 1인 사분원을 좌표평면 위에 나타낸 것이다. 다음 중 옳지 않은 것은?

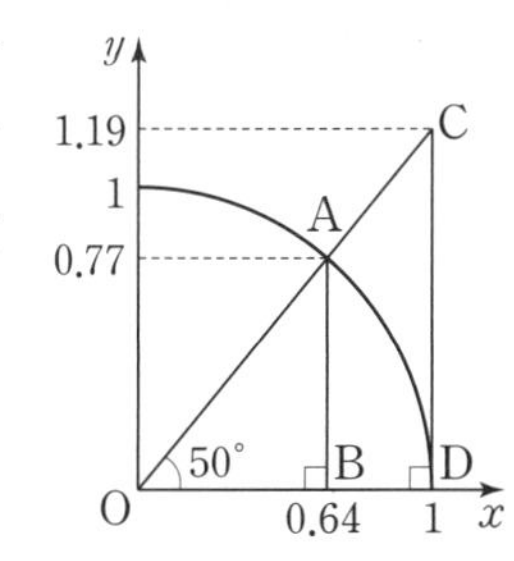

① $\sin 50^\circ=0.77$
② $\cos 50^\circ=0.64$
③ $\tan 50^\circ=1.19$
④ $\sin 40^\circ=0.36$
⑤ $\cos 40^\circ=0.77$

5 생각이 자라는 **문제 해결**

오른쪽 그림과 같이 반지름의 길이가 1인 사분원에서 색칠한 부분의 넓이를 구하려고 한다. 다음을 구하시오.

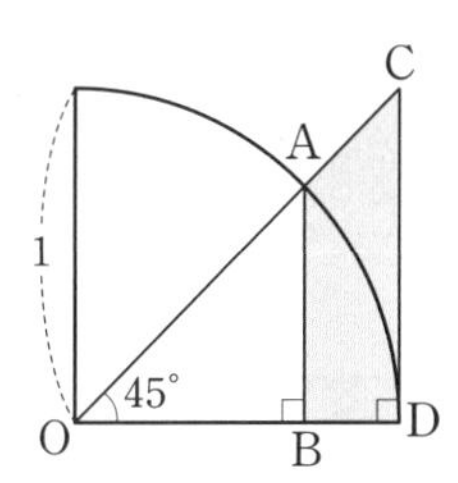

(1) $\overline{CD}$의 길이
(2) $\overline{AB}$의 길이
(3) $\overline{OB}$의 길이
(4) 색칠한 부분의 넓이

▶ 문제 속 개념 도출

• 반지름의 길이가 1인 사분원에서 예각의 $\sin x$, $\cos x$의 값을 구할 때는 빗변의 길이가 1인 직각삼각형을 이용하고, 예각의 $\tan x$의 값을 구할 때는 ① ______의 길이가 1인 직각삼각형을 이용한다.

• 45°에 대한 삼각비

➡ $\sin 45^\circ=\frac{\sqrt{2}}{2}$, $\cos 45^\circ=$② ______, $\tan 45^\circ=1$

• (삼각형의 넓이)$=\frac{1}{2}\times$(밑변의 길이)$\times$(높이)

0°, 90°의 삼각비의 값 / 삼각비의 값의 대소 관계

되짚어 보기 [중3] 삼각비 / 예각에 대한 삼각비의 값

1 0°, 90°의 삼각비의 값

오른쪽 그림에서 $\sin x=\overline{AB}$, $\cos x=\overline{OB}$, $\tan x=\overline{CD}$

(1) x의 크기가 0°에 가까워지면

$\overline{AB} \longrightarrow 0$, $\overline{OB} \longrightarrow 1$, $\overline{CD} \longrightarrow 0$

➡ $\sin 0°=0$, $\cos 0°=1$, $\tan 0°=0$

(2) x의 크기가 90°에 가까워지면

$\overline{AB} \longrightarrow 1$, $\overline{OB} \longrightarrow 0$, $\overline{CD} \longrightarrow$ 한없이 길어진다.

➡ $\sin 90°=1$, $\cos 90°=0$, $\tan 90°$의 값은 정할 수 없다.

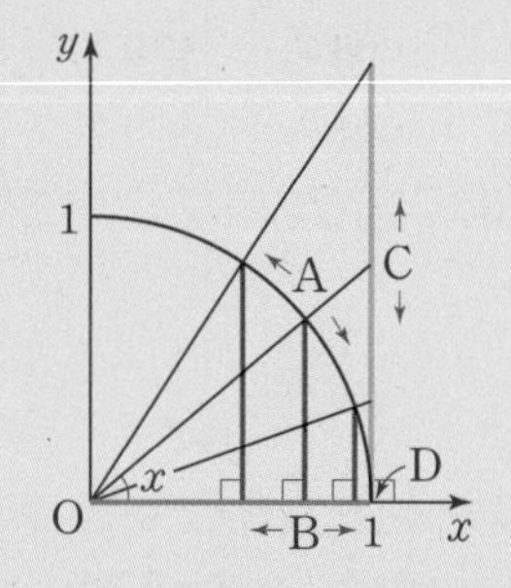

2 삼각비의 값의 대소 관계

$0° \le x \le 90°$일 때, x의 크기가 0°에서 90°까지 증가하면

(1) $\sin x$의 값은 0에서 1까지 증가한다.

(2) $\cos x$의 값은 1에서 0까지 감소한다.

(3) $\tan x$의 값은 0에서 무한히 증가한다.

참고
- $0° \le x < 45°$일 때, $\sin x < \cos x$
- $x=45°$일 때, $\sin x = \cos x < \tan x$
- $45° < x < 90°$일 때, $\cos x < \sin x < \tan x$

개념 확인

● 정답 및 해설 7쪽

1 다음을 계산하시오.

(1) $\sin 0° + \cos 0°$

(2) $\sin 0° + \tan 0°$

(3) $\sin 90° - \cos 90°$

(4) $\cos 90° \times \tan 0°$

(5) $\sin 90° + \cos 0° + \tan 0°$

(6) $\cos 90° + \sin 0° \times \sin 90°$

2 다음 ◯ 안에 >, =, < 중 알맞은 것을 쓰시오.

(1) $\sin 30°$ ◯ $\sin 90°$

(2) $\cos 45°$ ◯ $\cos 90°$

(3) $\tan 0°$ ◯ $\tan 45°$

(4) $\sin 45°$ ◯ $\cos 45°$

(5) $\sin 0°$ ◯ $\cos 60°$

(6) $\cos 0°$ ◯ $\sin 45°$

1

다음을 만족시키는 것을 | 보기 |에서 모두 고르시오.

| 보기 |

$\sin 0°$, $\cos 0°$, $\tan 45°$,
$\sin 90°$, $\cos 90°$, $\tan 90°$

(1) 삼각비의 값이 1이다.
(2) 삼각비의 값이 0이다.

2

다음 중 옳지 않은 것을 모두 고르면? (정답 2개)

① $\sin 0° + \cos 90° = 0$
② $\cos 0° + \cos 90° = 1$
③ $\cos 0° + \tan 0° = 0$
④ $2\cos 0° + \sin 90° = 3$
⑤ $2\sin 90° + \tan 45° = 1$

3

다음을 계산하시오.

(1) $\cos 0° \times \tan 45° \div \sin 90°$
(2) $\sin^2 90° + \cos^2 90° - \tan^2 45°$
(3) $(1 + \cos 0°) \times \tan 60° - \sin 0°$

4

다음 | 보기 |의 삼각비의 값을 작은 것부터 순서대로 나열하시오.

| 보기 |

ㄱ. $\sin 60°$ ㄴ. $\cos 45°$ ㄷ. $\tan 0°$
ㄹ. $\sin 30°$ ㅁ. $\tan 45°$

5 생각이 자라는 창의·융합

다음은 ∠A가 예각일 때, ∠A의 삼각비의 값에 대하여 네 명의 학생이 설명한 것이다. 바르게 설명한 학생을 말하시오.

▶ 문제 속 개념 도출

• $0° \leq A \leq 90°$인 범위에서 A의 크기가 $0°$에서 $90°$까지 증가할 때
➡ $\sin A$의 값은 0에서 ① ____ 까지 증가
$\cos A$의 값은 ② ____ 에서 0까지 감소
$\tan A$의 값은 0에서 무한히 ③ ____

삼각비의 표

되짚어 보기 [중3] 삼각비 / 예각에 대한 삼각비의 값

(1) 삼각비의 표 ← 90쪽 참고

0°에서 90°까지의 각에 대한 삼각비의 값을 반올림하여 소수점 아래 넷째 자리까지 나타낸 표

(2) 삼각비의 표를 보는 방법

삼각비의 표에서 가로줄과 세로줄이 만나는 곳의 수가 삼각비의 값이다.

예 sin 40°의 값은 삼각비의 표에서 40°의 가로줄과 사인(sin)의 세로줄이 만나는 곳의 수이다. 즉, 오른쪽 표에서

$\sin 40° = 0.6428$

마찬가지 방법으로

$\cos 41° = 0.7547$,

$\tan 42° = 0.9004$

각도	사인(sin)	코사인(cos)	탄젠트(tan)
⋮	⋮	⋮	⋮
40°	0.6428	0.7660	0.8391
41°	0.6561	0.7547	0.8693
42°	0.6691	0.7431	0.9004
⋮	⋮	⋮	⋮

참고 삼각비의 표에 있는 삼각비의 값은 대부분 반올림하여 얻은 값이지만 편의상 등호 =를 사용하여 나타낸다.

개념 확인

● 정답 및 해설 8쪽

1 오른쪽 삼각비의 표를 이용하여 다음 삼각비의 값을 구하시오.

(1) $\sin 49°$

(2) $\cos 51°$

(3) $\tan 53°$

(4) $\sin 52°$

(5) $\cos 54°$

(6) $\tan 50°$

각도	사인(sin)	코사인(cos)	탄젠트(tan)
49°	0.7547	0.6561	1.1504
50°	0.7660	0.6428	1.1918
51°	0.7771	0.6293	1.2349
52°	0.7880	0.6157	1.2799
53°	0.7986	0.6018	1.3270
54°	0.8090	0.5878	1.3764

2 오른쪽 삼각비의 표를 이용하여 다음을 만족시키는 x의 크기를 구하시오.

(1) $\sin x = 0.3746$

(2) $\cos x = 0.9135$

(3) $\tan x = 0.3839$

(4) $\sin x = 0.4067$

(5) $\cos x = 0.9397$

(6) $\tan x = 0.4245$

각도	사인(sin)	코사인(cos)	탄젠트(tan)
20°	0.3420	0.9397	0.3640
21°	0.3584	0.9336	0.3839
22°	0.3746	0.9272	0.4040
23°	0.3907	0.9205	0.4245
24°	0.4067	0.9135	0.4452

교과서 문제로 개념 다지기

1

아래 삼각비의 표를 이용하여 다음을 계산하시오.

각도	사인(sin)	코사인(cos)	탄젠트(tan)
15°	0.2588	0.9659	0.2679
16°	0.2756	0.9613	0.2867
17°	0.2924	0.9563	0.3057

(1) $\sin 15° + \cos 16°$

(2) $\cos 17° - \tan 15°$

2

$\sin x = 0.7771$, $\tan y = 1.3270$일 때, 다음 삼각비의 표를 이용하여 $x+y$의 값을 구하시오.

각도	사인(sin)	코사인(cos)	탄젠트(tan)
50°	0.7660	0.6428	1.1918
51°	0.7771	0.6293	1.2349
52°	0.7880	0.6157	1.2799
53°	0.7986	0.6018	1.3270
54°	0.8090	0.5878	1.3764

3

오른쪽 그림과 같은 직각삼각형 ABC에서 다음 삼각비의 표를 이용하여 x의 크기를 구하시오.

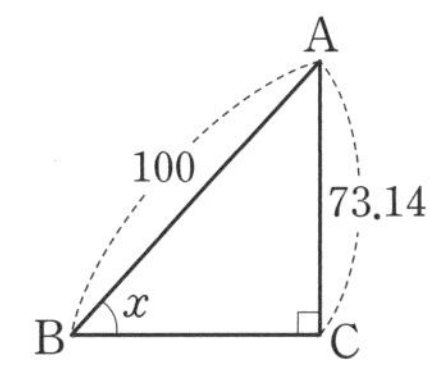

각도	사인(sin)	코사인(cos)	탄젠트(tan)
45°	0.7071	0.7071	1.0000
46°	0.7193	0.6947	1.0355
47°	0.7314	0.6820	1.0724
48°	0.7431	0.6691	1.1106

4

오른쪽 그림과 같은 직각삼각형 ABC에서 다음 삼각비의 표를 이용하여 $\overline{AC}+\overline{BC}$의 값을 구하시오.

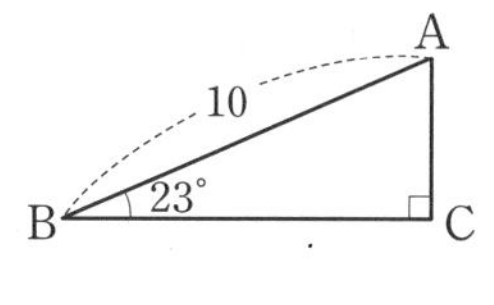

각도	사인(sin)	코사인(cos)	탄젠트(tan)
22°	0.3746	0.9272	0.4040
23°	0.3907	0.9205	0.4245
24°	0.4067	0.9135	0.4452

5 생각이 자라는 문제 해결

오른쪽 그림과 같이 반지름의 길이가 1인 부채꼴 ABC에서 $\overline{AD}\perp\overline{BC}$이고 $\overline{BD}=0.7431$일 때, 다음 삼각비의 표를 이용하여 $\overline{AD}$의 길이를 구하시오.

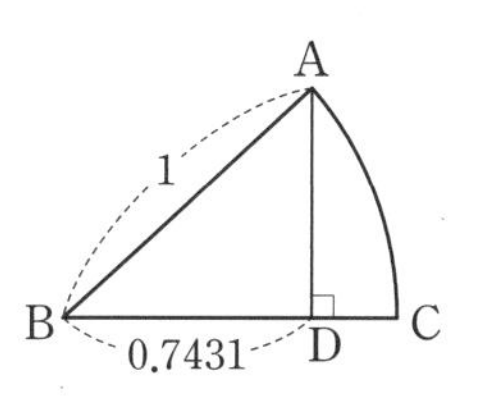

각도	사인(sin)	코사인(cos)	탄젠트(tan)
40°	0.6428	0.7660	0.8391
41°	0.6561	0.7547	0.8693
42°	0.6691	0.7431	0.9004
43°	0.6820	0.7314	0.9325

▶ 문제 속 개념 도출

• ① ________에서 삼각비의 값은 각도의 가로줄과 삼각비의 세로줄이 만나는 곳의 수이다.

개념 07에 대한 이해도를 표시해 보세요. 0 50 100

삼각비의 활용(1) - 직각삼각형의 변의 길이

되짚어 보기 [중3] 삼각비

$\angle B=90^\circ$인 직각삼각형 ABC에서

(1) $\angle A$의 크기와 빗변의 길이 b를 알 때

➡ $a=b\sin A$, $c=b\cos A$ ← $\sin A=\frac{a}{b}$, $\cos A=\frac{c}{b}$

(2) $\angle A$의 크기와 밑변의 길이 c를 알 때

➡ $a=c\tan A$, $b=\dfrac{c}{\cos A}$ ← $\tan A=\frac{a}{c}$, $\cos A=\frac{c}{b}$

(3) $\angle A$의 크기와 높이 a를 알 때

➡ $b=\dfrac{a}{\sin A}$, $c=\dfrac{a}{\tan A}$ ← $\sin A=\frac{a}{b}$, $\tan A=\frac{a}{c}$

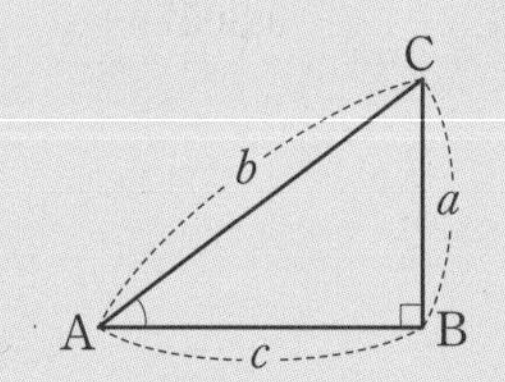

바/로/풀/기

빈칸을 채우시오.

Q1

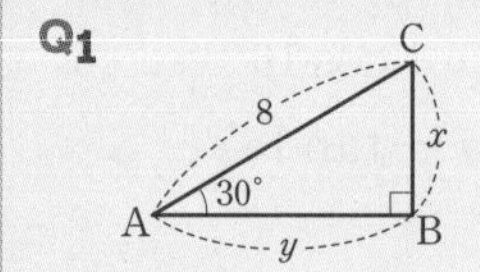

(1) $\sin 30^\circ=\dfrac{x}{\square}$

⇨ $x=\square\sin 30^\circ=\square$

(2) $\cos\square=\dfrac{y}{8}$

⇨ $y=8\cos\square=\square$

개념 확인

● 정답 및 해설 8쪽

1

다음 그림과 같은 직각삼각형 ABC에서 삼각비를 이용하여 x의 값을 구하시오.

(1)

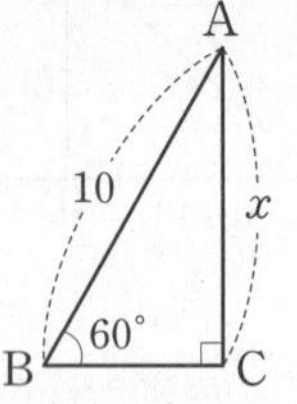

(2)

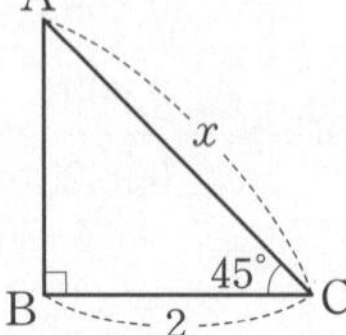

(3)

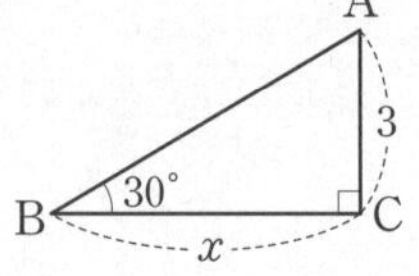

2

다음 그림과 같은 직각삼각형 ABC에서 삼각비를 이용하여 x의 값을 구하시오. (단, $\sin 50^\circ=0.77$, $\cos 50^\circ=0.64$, $\tan 50^\circ=1.19$로 계산한다.)

(1)

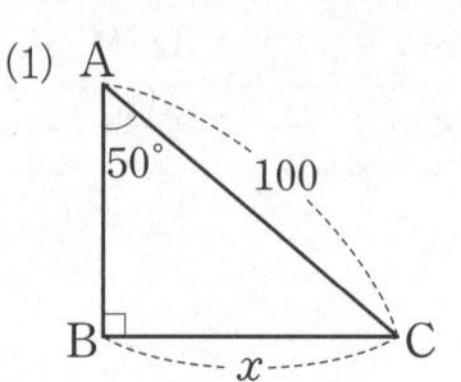

(2)

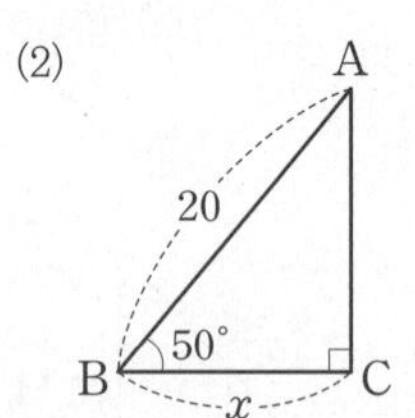

(3)

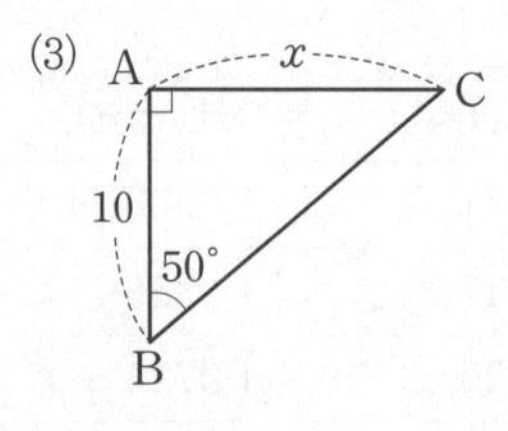

교과서 문제로 개념 다지기

1 해설 꼭 확인

오른쪽 그림의 직각삼각형 ABC에서 다음을 구하시오. (단, $\sin 55°=0.82$, $\cos 55°=0.57$로 계산한다.)

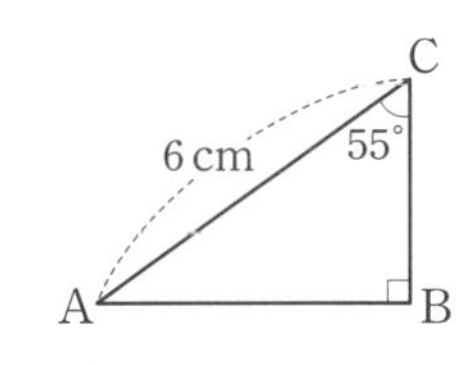

(1) $\overline{AB}$의 길이

(2) $\overline{BC}$의 길이

2

오른쪽 그림과 같이 나무로부터 50 m 떨어져 있는 C지점에서 나무의 꼭대기를 올려본각의 크기가 38°일 때, 나무의 높이를 구하시오. (단, $\tan 38°=0.78$로 계산한다.)

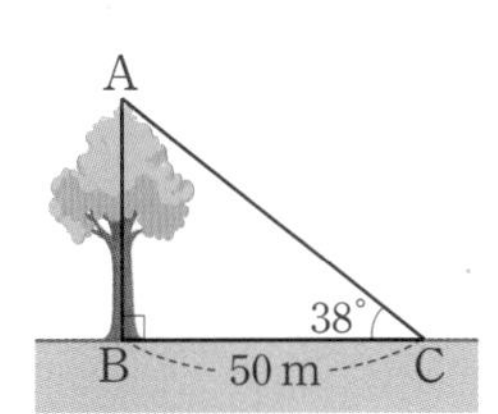

3

오른쪽 그림과 같은 직각삼각형 ABC에서 $\angle C=43°$, $\overline{AC}=20$ cm일 때, $y-x$의 값을 구하시오. (단, $\sin 43°=0.68$, $\cos 43°=0.73$, $\tan 43°=0.93$으로 계산한다.)

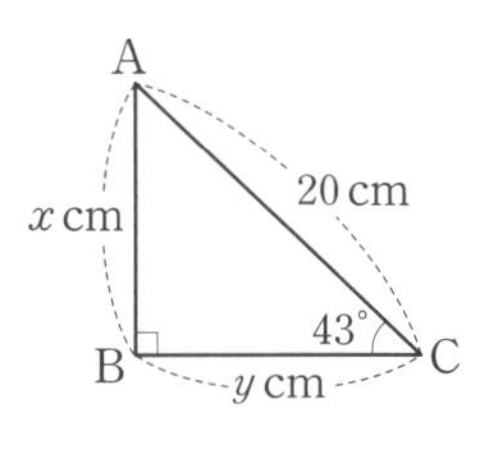

4

다음 중 오른쪽 그림의 직각삼각형에서 x의 값을 구하는 식으로 옳은 것은?

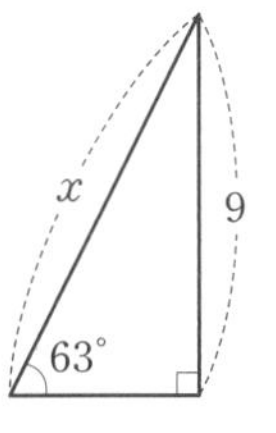

① $9\sin 63°$　② $9\cos 63°$　③ $9\tan 63°$　④ $\dfrac{9}{\sin 63°}$　⑤ $\dfrac{9}{\cos 63°}$

5

다음 그림과 같이 직각삼각형 모양의 삼각자 2개를 놓았을 때, $\overline{BD}$의 길이를 구하시오.

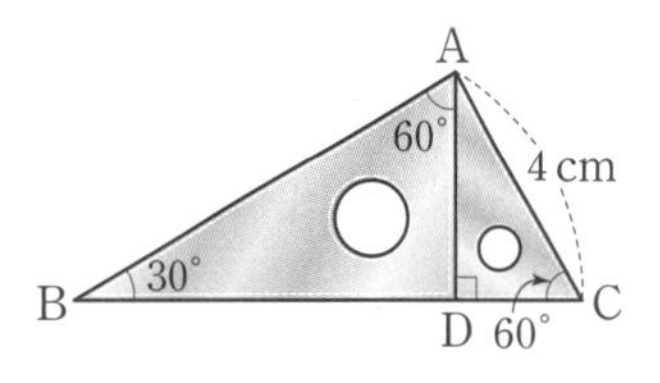

6 생각이 자라는 창의·융합

오른쪽 그림과 같이 60 m 떨어져 있는 두 건물 (가), (나)가 있다. 건물 (가)의 A지점에서 건물 (나)의 C지점을 올려본각의 크기는 30°, D지점을 내려본각의 크기는 45°일 때, 다음 물음에 답하시오.

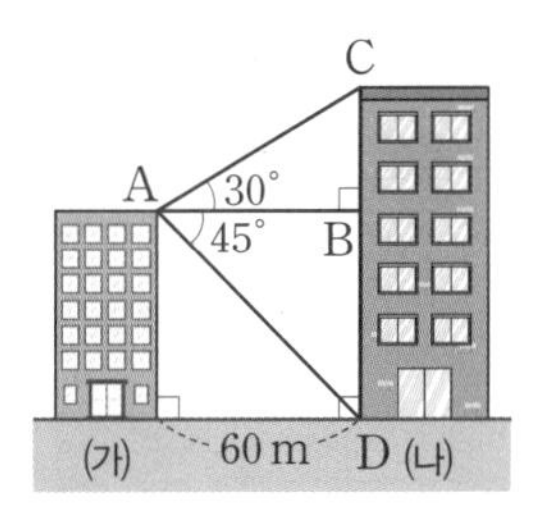

(1) $\overline{BC}$, $\overline{BD}$의 길이를 각각 구하시오.

(2) 건물 (나)의 높이를 구하시오.

▶ 문제 속 개념 도출

• 직각삼각형에서 변의 길이를 구할 때는 직각삼각형에서 주어진 한 예각의 크기와 한 변의 길이에 따라 sin, cos, ① ______ 중 알맞은 삼각비의 값을 이용한다.

삼각비의 활용 (2) - 일반 삼각형의 변의 길이

되짚어 보기 [중2] 피타고라스 정리 [중3] 삼각비 / 삼각비의 활용(직각삼각형의 변의 길이)

일반 삼각형의 변의 길이는 30°, 45°, 60°의 삼각비의 값을 이용할 수 있도록 수선을 그어 직각삼각형을 만든 후 구할 수 있다.

(1) 두 변의 길이와 그 끼인각의 크기를 아는 경우

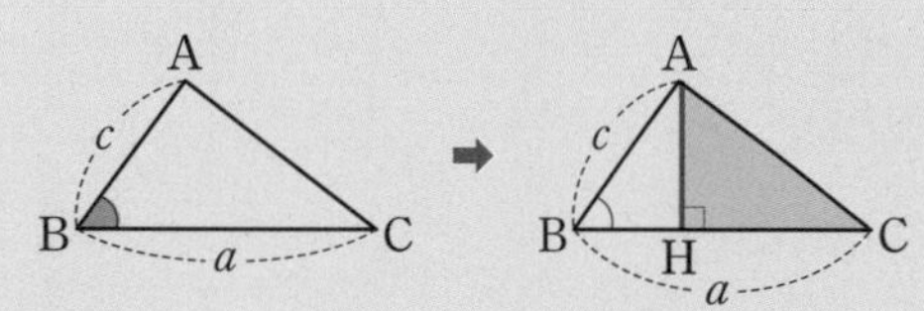

$\overline{AH}=c\sin B$, $\overline{BH}=c\cos B$이므로

$\overline{CH}=a-c\cos B$

$\therefore \overline{AC}=\sqrt{(c\sin B)^2+(a-c\cos B)^2}$ ← $\overline{AH}^2+\overline{CH}^2$

(2) 한 변의 길이와 그 양 끝 각의 크기를 아는 경우

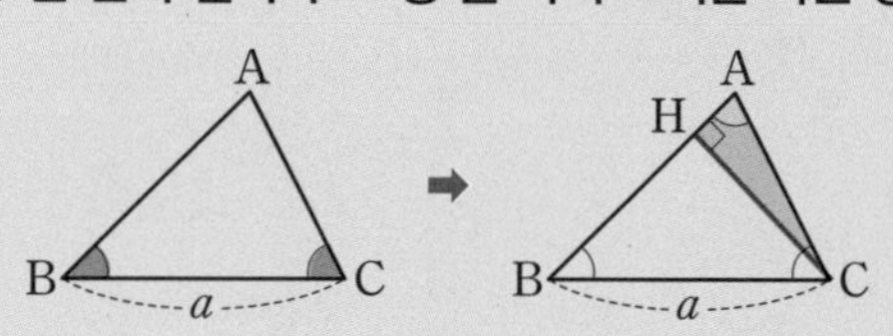

$\overline{CH}=a\sin B$

$\therefore \overline{AC}=\dfrac{\overline{CH}}{\sin A}=\dfrac{a\sin B}{\sin A}$ ← $\angle A=180°-(\angle B+\angle C)$

개념 확인

● 정답 및 해설 9쪽

1

다음은 오른쪽 그림의 $\triangle ABC$에서 $\overline{AC}$의 길이를 구하는 과정이다. □ 안에 알맞은 것을 쓰시오.

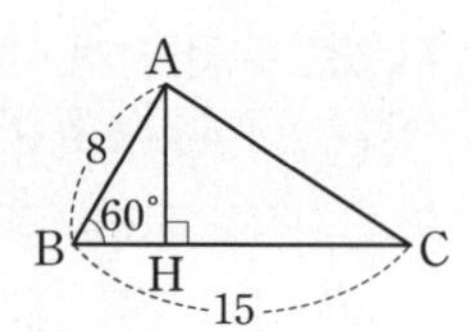

$\triangle ABH$에서

$\overline{AH}=8\sin$ □ $=$ □, $\overline{BH}=8\cos$ □ $=$ □

$\therefore \overline{CH}=\overline{BC}-\overline{BH}=$ □

따라서 $\triangle AHC$에서 $\overline{AC}=\sqrt{(4\sqrt{3})^2+\square^2}=$ □

2

오른쪽 그림과 같이 $\triangle ABC$에서 $\overline{AC}$의 길이를 구하기 위해 꼭짓점 A에서 $\overline{BC}$에 내린 수선의 발을 H라 할 때, 다음을 구하시오.

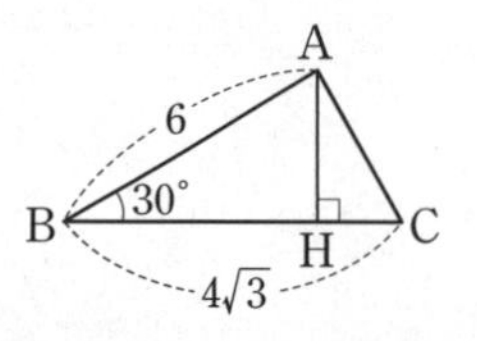

(1) $\overline{AH}$의 길이 (2) $\overline{BH}$의 길이

(3) $\overline{CH}$의 길이 (4) $\overline{AC}$의 길이

3

다음은 오른쪽 그림의 $\triangle ABC$에서 $\overline{AC}$의 길이를 구하는 과정이다. □ 안에 알맞은 것을 쓰시오.

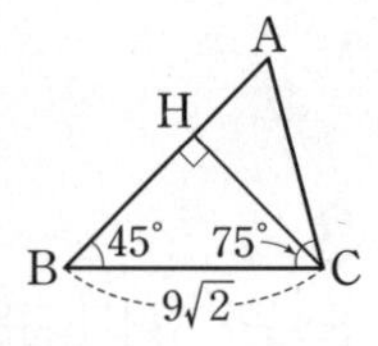

$\triangle BCH$에서 $\overline{CH}=9\sqrt{2}\sin$ □ $=$ □

따라서 $\triangle AHC$에서 $\angle A=$ □이므로

$\overline{AC}=\dfrac{\square}{\sin\square}=$ □

4

오른쪽 그림과 같이 $\triangle ABC$에서 $\overline{BC}$의 길이를 구하기 위해 꼭짓점 B에서 $\overline{AC}$에 내린 수선의 발을 H라 할 때, 다음을 구하시오.

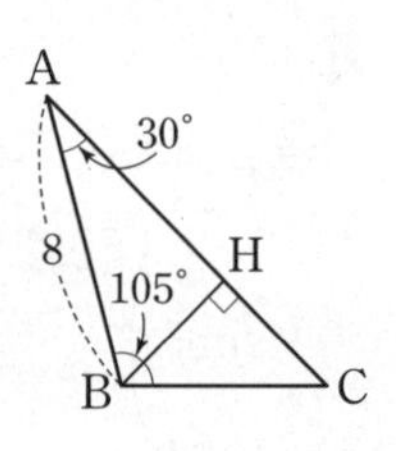

(1) $\overline{BH}$의 길이

(2) $\angle C$의 크기

(3) $\overline{BC}$의 길이

교과서 문제로 개념 다지기

1 30°, 45°, 60°의 삼각비를 이용할 수 있도록 수선을 그어 봐.

다음 그림과 같은 $\triangle$ABC에서 x의 값을 구하시오.

(1)

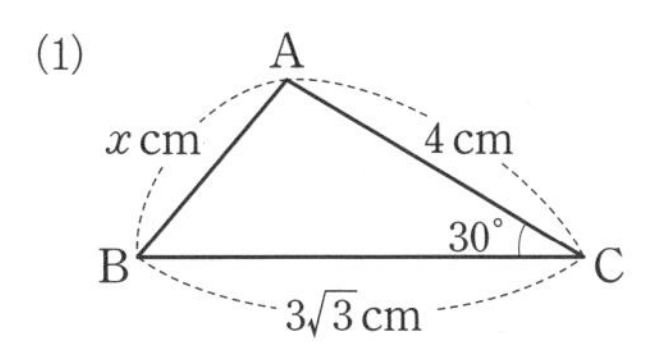

(2)

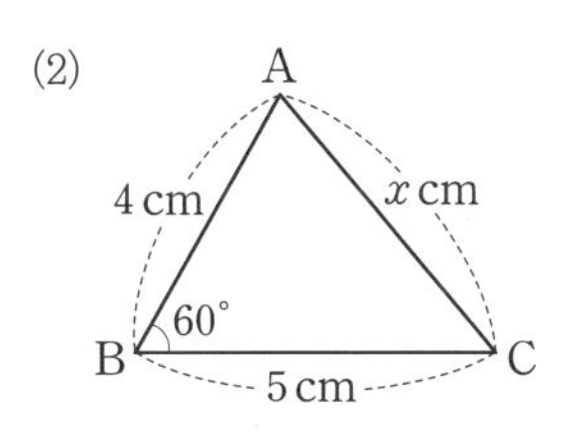

2 해설 꼭 확인

다음 그림과 같은 $\triangle$ABC에서 x의 값을 구하시오.

(1)

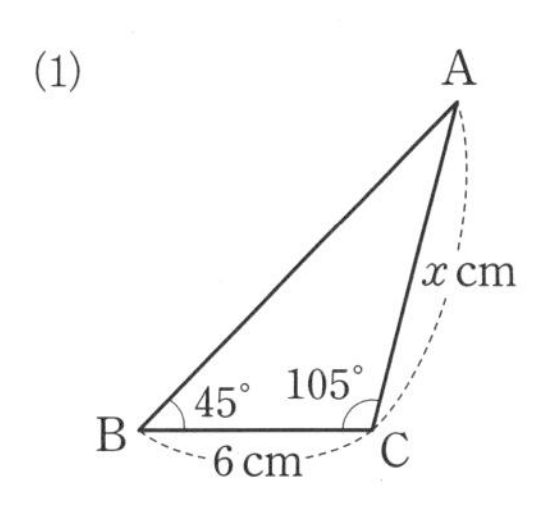

(2)

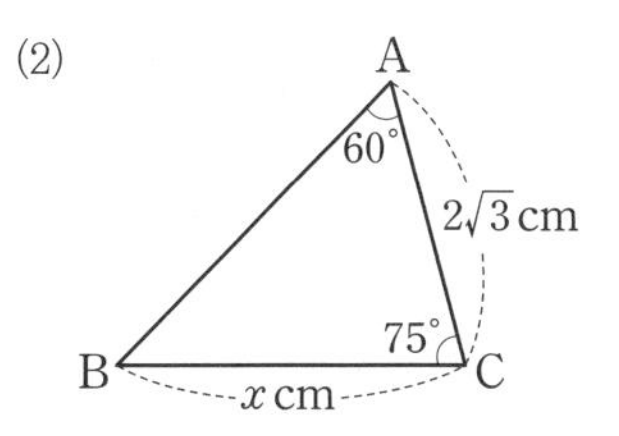

3

오른쪽 그림과 같은 $\triangle$ABC에서 $\angle A=75°$, $\angle C=45°$이고 $\overline{AC}=6\,\text{cm}$일 때, $\overline{AB}$의 길이를 구하시오.

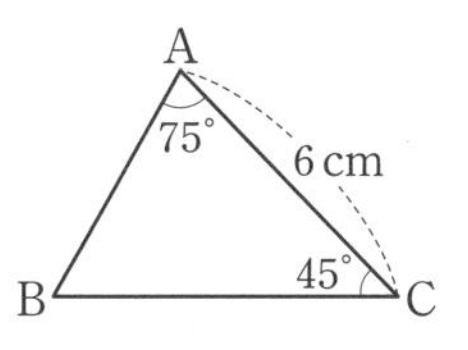

4 생각이 자라는 창의·융합

다음 그림과 같이 공원의 세 지점 A, B, C를 각각 직선으로 연결하는 길을 만들었더니 삼각형이 되었다. 두 지점 A와 B를 연결하는 길의 길이와 두 지점 B와 C를 연결하는 길의 길이가 각각 200 m, 300 m이고 이 두 길이 이루는 각의 크기가 60°이었다. 두 지점 A와 C 사이의 거리를 구하시오.

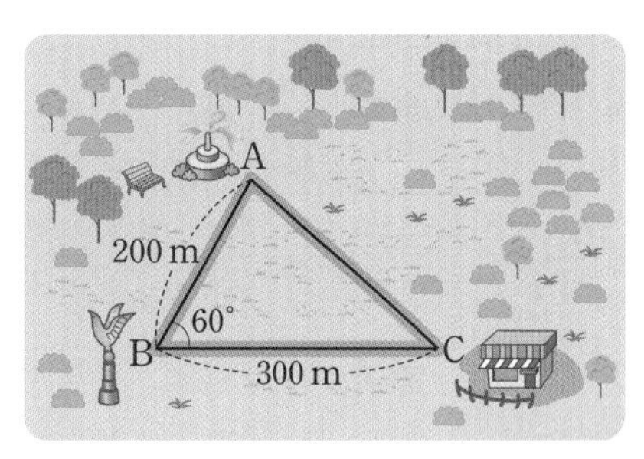

▶ 문제 속 개념 도출

- 두 변의 길이와 그 끼인각의 크기가 주어진 삼각형의 다른 한 변의 길이를 구하려면
  ➡ ① ______을 그어 구하는 변을 빗변으로 하는 직각삼각형을 만든다.

개념 10 삼각비의 활용(3) - 삼각형의 높이

되짚어 보기 [중3] 삼각비 / 삼각비의 활용(직각삼각형의 변의 길이)

삼각형에서 한 변의 길이와 그 양 끝 각의 크기를 알면 삼각형의 높이 h를 구할 수 있다.

(1) 밑변의 양 끝 각이 모두 예각인 경우

$\triangle$ABH에서 $\overline{BH}=h\tan x$

$\triangle$AHC에서 $\overline{CH}=h\tan y$

➡ $a=h\tan x+h\tan y$

➡ $h=\dfrac{a}{\tan x+\tan y}$

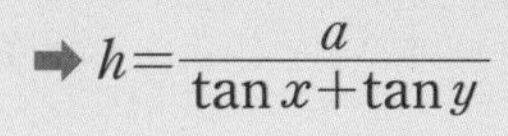

$a=\overline{BH}+\overline{CH}$

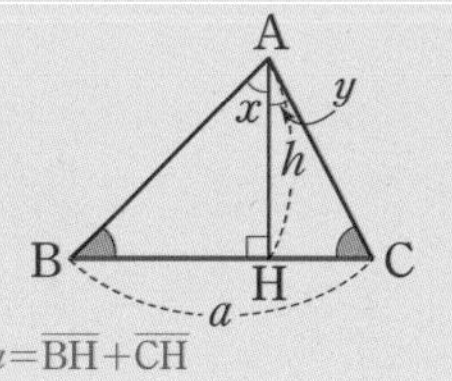

(2) 밑변의 한 끝 각이 둔각인 경우

$\triangle$ABH에서 $\overline{BH}=h\tan x$

$\triangle$ACH에서 $\overline{CH}=h\tan y$

➡ $a=h\tan x-h\tan y$

➡ $h=\dfrac{a}{\tan x-\tan y}$

$a=\overline{BH}-\overline{CH}$

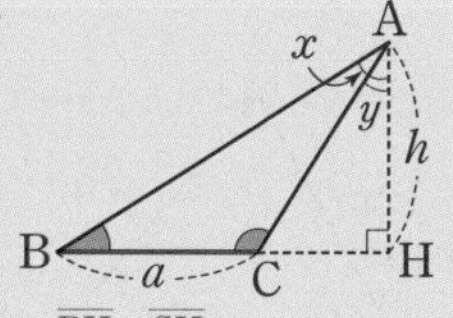

개념 확인

● 정답 및 해설 11쪽

1

다음은 오른쪽 그림의 $\triangle$ABC에서 높이 h를 구하는 과정이다. □ 안에 알맞은 것을 쓰시오.

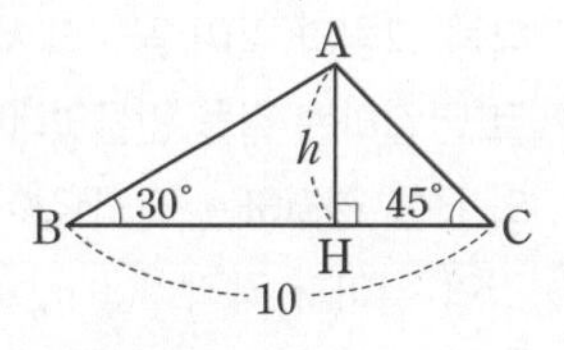

$\angle$BAH=□, $\angle$CAH=□이므로

$\triangle$ABH에서 $\overline{BH}=h\tan$□

$\triangle$AHC에서 $\overline{CH}=h\tan$□

$\overline{BC}=\overline{BH}+\overline{CH}=$□$h+h=10$이므로

$h=\dfrac{10}{\square+1}=$□

2

오른쪽 그림의 $\triangle$ABC에서 $\overline{BC}=10$이고 $\angle B=60°$, $\angle C=45°$일 때, 다음 물음에 답하시오.

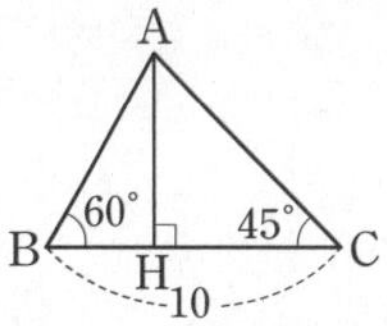

(1) $\angle$BAH와 $\angle$CAH의 크기를 각각 구하시오.

(2) $\overline{BH}$와 $\overline{CH}$의 길이를 각각 $\overline{AH}$와 tan의 값을 이용하여 나타내시오.

(3) $\overline{BC}=\overline{BH}+\overline{CH}$임을 이용하여 $\overline{AH}$의 길이를 구하시오.

3

다음은 오른쪽 그림의 $\triangle$ABC에서 높이 h를 구하는 과정이다. □ 안에 알맞은 것을 쓰시오.

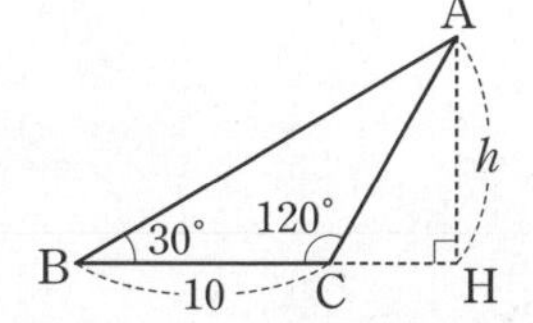

$\angle$BAH=□, $\angle$CAH=□이므로

$\triangle$ABH에서 $\overline{BH}=h\tan$□

$\triangle$ACH에서 $\overline{CH}=h\tan$□

$\overline{BC}=\overline{BH}-\overline{CH}=$□$h-$□$h=10$이므로

$h=10\times\dfrac{3}{\square}=$□

4

오른쪽 그림의 $\triangle$ABC에서 $\overline{BC}=10$이고 $\angle B=30°$, $\angle C=135°$일 때, 다음 물음에 답하시오.

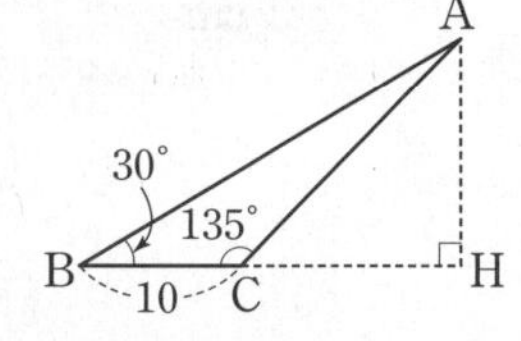

(1) $\angle$BAH와 $\angle$CAH의 크기를 각각 구하시오.

(2) $\overline{BH}$와 $\overline{CH}$의 길이를 각각 $\overline{AH}$와 tan의 값을 이용하여 나타내시오.

(3) $\overline{BC}=\overline{BH}-\overline{CH}$임을 이용하여 $\overline{AH}$의 길이를 구하시오.

교과서 문제로 개념 다지기

1

오른쪽 그림의 $\triangle ABC$에서 $\overline{AH}\perp\overline{BC}$이고 $\overline{BC}=12\,cm$, $\angle B=45°$, $\angle C=60°$일 때, $\overline{AH}$의 길이를 구하시오.

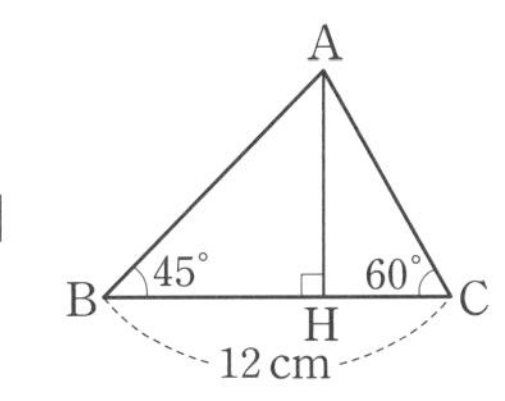

2

오른쪽 그림의 $\triangle ABC$에서 $\angle B=45°$, $\angle ACB=120°$이고 $\overline{BC}=6\,cm$일 때, $\overline{AH}$의 길이를 구하시오.

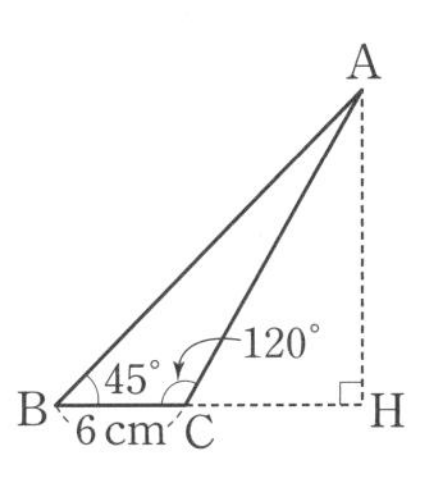

3

오른쪽 그림과 같이 $\triangle ABC$의 꼭짓점 A에서 $\overline{BC}$에 내린 수선의 발을 H라 할 때, 다음 중 $\overline{AH}$의 길이를 구하는 식으로 옳은 것은?

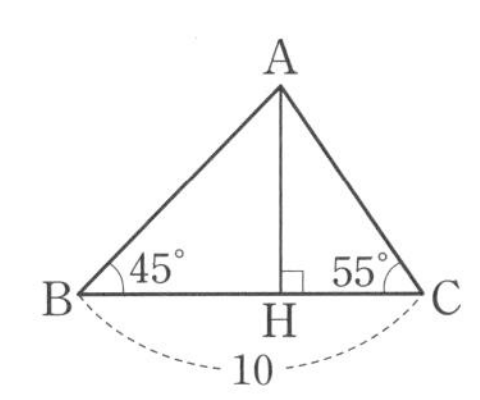

① $\dfrac{10}{\tan 55°+1}$ ② $\dfrac{10}{\tan 55°-1}$

③ $\dfrac{10}{1+\tan 35°}$ ④ $\dfrac{10}{1-\tan 35°}$

⑤ $10(\tan 55°+1)$

4

꼭짓점 A에서 $\overline{BC}$의 연장선에 수선을 그어 봐.

오른쪽 그림의 $\triangle ABC$에서 $\overline{BC}=6\,cm$이고 $\angle B=30°$, $\angle ACB=120°$일 때, $\triangle ABC$의 넓이를 구하시오.

A B C 30° 120° 6 cm

5

다음 그림과 같이 200 m 떨어져 있는 지면 위의 두 지점 A, B에서 열기구의 아랫부분 C를 올려본각의 크기가 각각 45°, 30°일 때, 지면으로부터 열기구의 아랫부분 C까지의 높이를 구하시오.

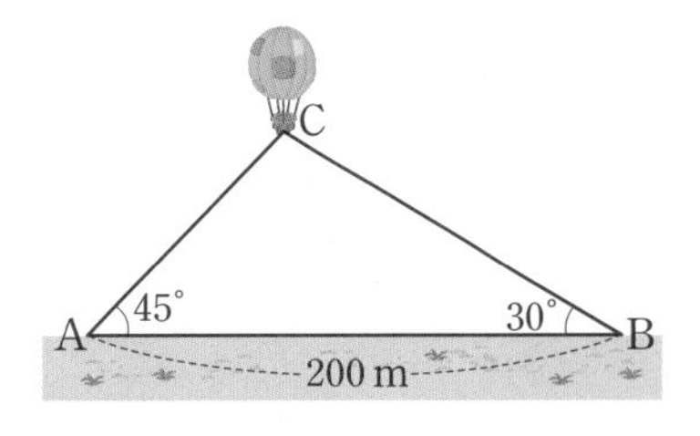

▶ 문제 속 개념 도출

- 한 변의 길이와 그 양 끝 각의 크기가 주어진 삼각형의 높이를 구하려면
  ➡ 그 삼각형을 두 개의 직각삼각형으로 나눈 후, 밑변의 길이를 ①_____의 값을 이용하여 높이에 대한 식으로 나타낸다.

삼각비의 활용(4) - 삼각형의 넓이

되짚어 보기 [중3] 삼각비의 활용(직각삼각형의 변의 길이)

삼각형에서 두 변의 길이와 그 끼인각의 크기를 알면 삼각형의 넓이를 구할 수 있다.

(1) 끼인각이 예각인 경우

$\triangle$ABC에서 두 변의 길이가 a, c이고 그 끼인각 $\angle$B가 예각일 때

$\triangle$ABH에서

$\overline{\text{AH}}=c\sin B$

➡ $\triangle \text{ABC}=\frac{1}{2}ac\sin B$

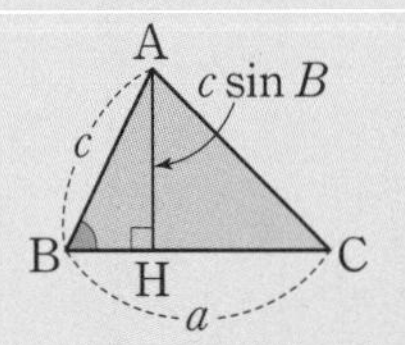

(2) 끼인각이 둔각인 경우

$\triangle$ABC에서 두 변의 길이가 a, c이고 그 끼인각 $\angle$B가 둔각일 때

$\triangle$AHB에서

$\overline{\text{AH}}=c\sin(180^\circ-B)$

➡ $\triangle \text{ABC}=\frac{1}{2}ac\sin(180^\circ-B)$

참고 끼인각 $\angle$B가 직각인 경우 ➡ $\triangle \text{ABC}=\frac{1}{2}ac\sin B=\frac{1}{2}ac\sin 90^\circ=\frac{1}{2}ac$

개념 확인

● 정답 및 해설 12쪽

1 다음 그림과 같은 $\triangle$ABC의 넓이를 구할 때, □ 안에 알맞은 것을 쓰시오.

(1)

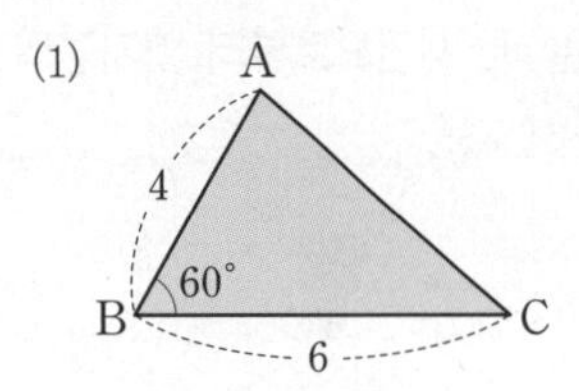

⇨ $\triangle \text{ABC}=\frac{1}{2}\times 6\times \square \times \sin \square$

$=\square$

(2)

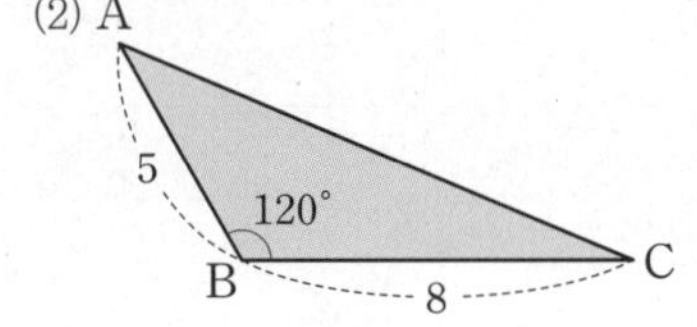

⇨ $\triangle \text{ABC}=\frac{1}{2}\times \square \times 5\times \sin(180^\circ-\square)$

$=\frac{1}{2}\times \square \times 5\times \sin \square$

$=\square$

2 다음 그림과 같은 $\triangle$ABC의 넓이를 구하시오.

(1)

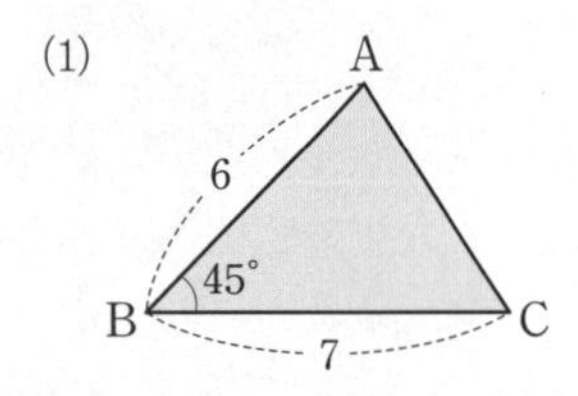

(2)

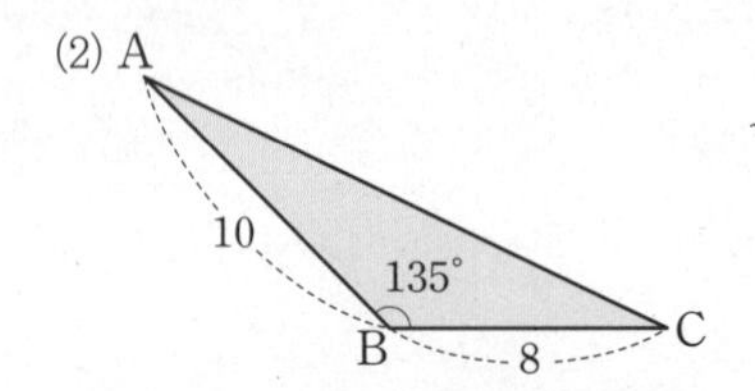

교과서 문제로 개념 다지기

1

오른쪽 그림과 같이 $\angle B=45°$이고 $\overline{AB}=6\,\text{cm}$, $\overline{BC}=10\,\text{cm}$인 $\triangle ABC$의 넓이를 구하시오.

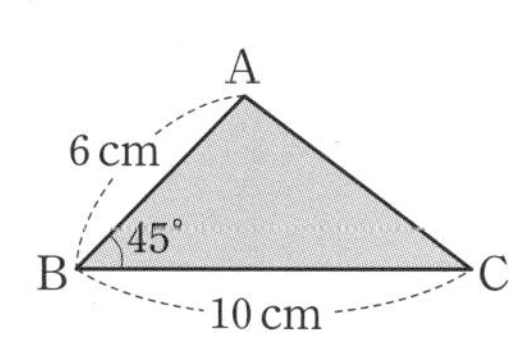

2

길이가 주어진 두 변의 끼인각인 $\angle A$의 크기를 구해 봐.

다음 그림과 같이 $\overline{AB}=4\,\text{cm}$, $\overline{AC}=6\,\text{cm}$이고 $\angle B=37°$, $\angle C=23°$인 $\triangle ABC$의 넓이를 구하시오.

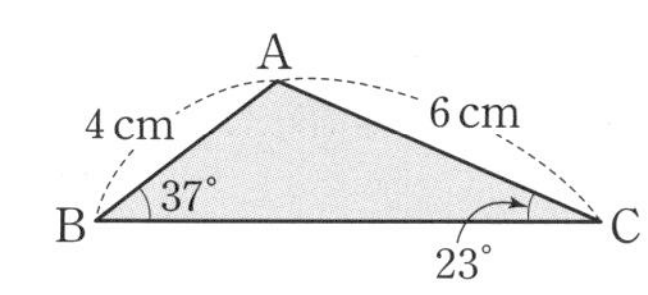

3

오른쪽 그림과 같이 $\overline{AB}=\overline{AC}=2\sqrt{5}\,\text{cm}$이고 $\angle B=75°$인 이등변삼각형 ABC의 넓이는?

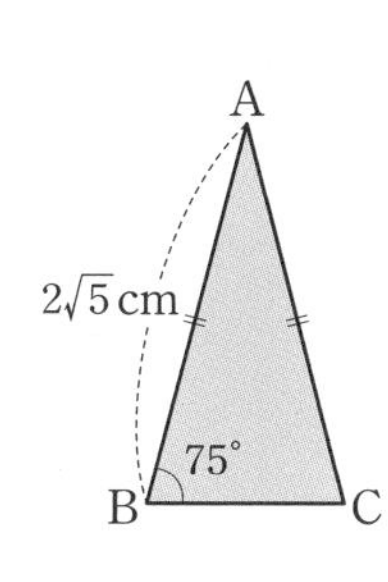

① $\frac{5}{2}\,\text{cm}^2$　② $3\,\text{cm}^2$　③ $\frac{5\sqrt{2}}{2}\,\text{cm}^2$　④ $\frac{5\sqrt{3}}{2}\,\text{cm}^2$　⑤ $5\,\text{cm}^2$

4

다음 그림과 같은 $\triangle ABC$에서 $\angle C=150°$, $\overline{BC}=12\,\text{cm}$이고 넓이가 $15\sqrt{3}\,\text{cm}^2$일 때, $\overline{AC}$의 길이를 구하시오.

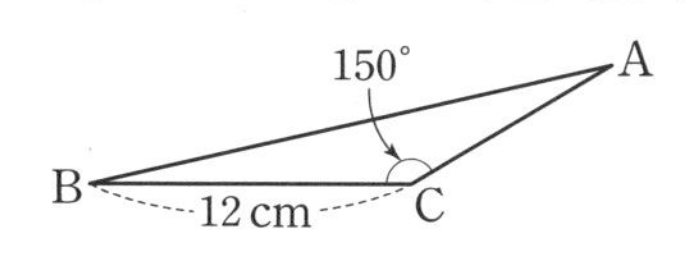

5

오른쪽 그림과 같이 $\overline{AB}=10\,\text{cm}$, $\overline{AC}=12\,\text{cm}$이고 $\angle A$가 예각인 $\triangle ABC$의 넓이가 $30\sqrt{3}\,\text{cm}^2$일 때, $\angle A$의 크기를 구하시오.

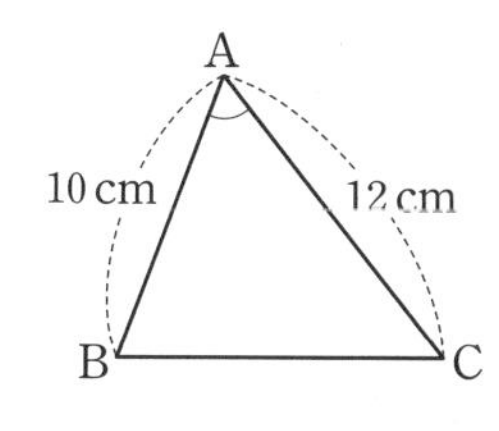

6

생각이 자라는 **창의·융합**

다음 그림과 같은 사각형 모양의 잔디밭 ABCD의 넓이를 구하시오.

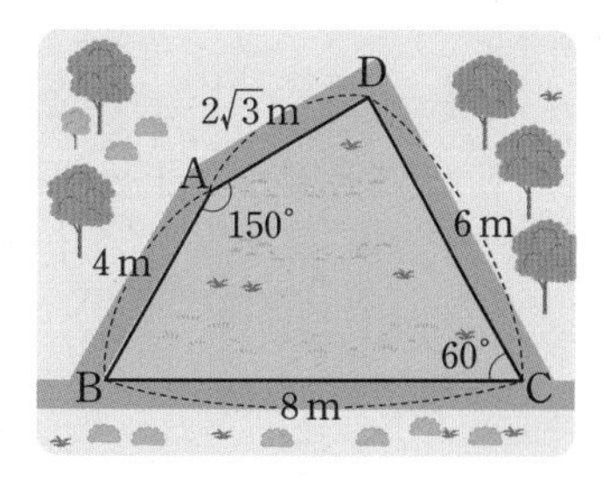

▶ 문제 속 개념 도출

- 두 변의 길이가 a, b이고 그 끼인각이 $\angle x$인 삼각형의 넓이는
  (i) $\angle x$가 예각일 때 ➡ (넓이)=① ______
  (ii) $\angle x$가 ② ______일 때 ➡ (넓이)$=\frac{1}{2}ab\sin(180°-x)$
- 다각형의 넓이는 다각형에 보조선을 그어 여러 개의 삼각형으로 나눈 후, 각 삼각형의 넓이를 더하여 구할 수 있다.

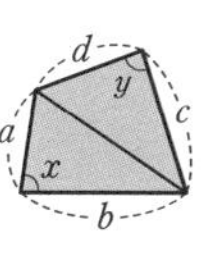

개념 12 삼각비의 활용(5) - 사각형의 넓이

되짚어 보기 [중1] 평행선의 성질 [중2] 평행사변형의 성질 [중3] 삼각비의 활용(삼각형의 넓이)

1 평행사변형의 넓이

평행사변형 ABCD의 이웃하는 두 변의 길이가 a, b이고 그 끼인각 $\angle x$의 크기를 알 때, 넓이 S는

(1) $\angle x$가 예각인 경우 ➡ $S=ab\sin x$

(2) $\angle x$가 둔각인 경우 ➡ $S=ab\sin(180^\circ-x)$

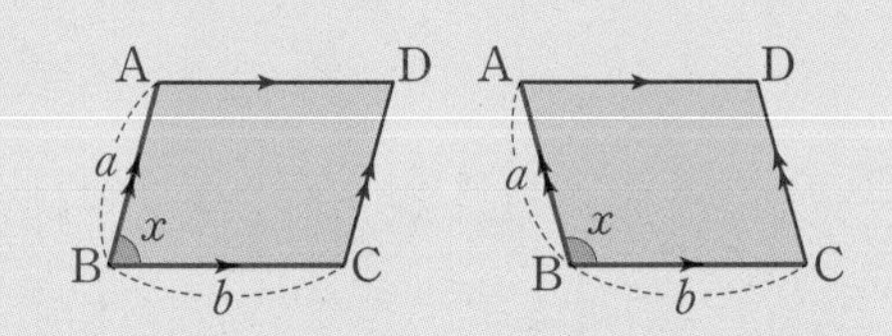

2 사각형의 넓이

사각형 ABCD의 두 대각선의 길이가 a, b이고 두 대각선이 이루는 각 $\angle x$의 크기를 알 때, 넓이 S는

(1) $\angle x$가 예각인 경우 ➡ $S=\frac{1}{2}ab\sin x$

(2) $\angle x$가 둔각인 경우 ➡ $S=\frac{1}{2}ab\sin(180^\circ-x)$

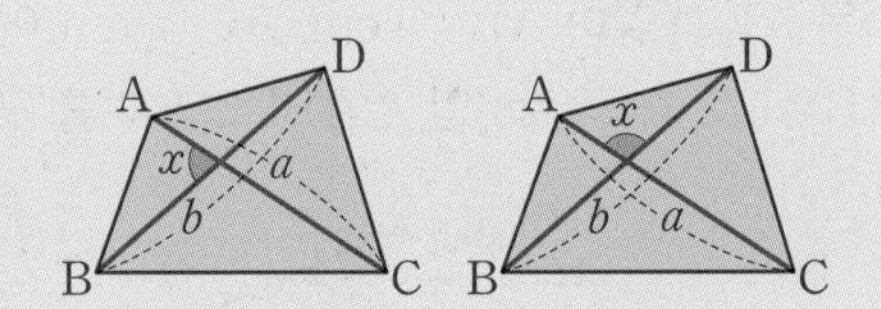

개념 확인 ● 정답 및 해설 13쪽

1 $\overline{AB}=3$, $\overline{BC}=4$, $\angle B=45^\circ$인 평행사변형 ABCD의 넓이 S를 다음과 같이 두 가지 방법으로 구할 때, □ 안에 알맞은 것을 쓰시오.

(1)

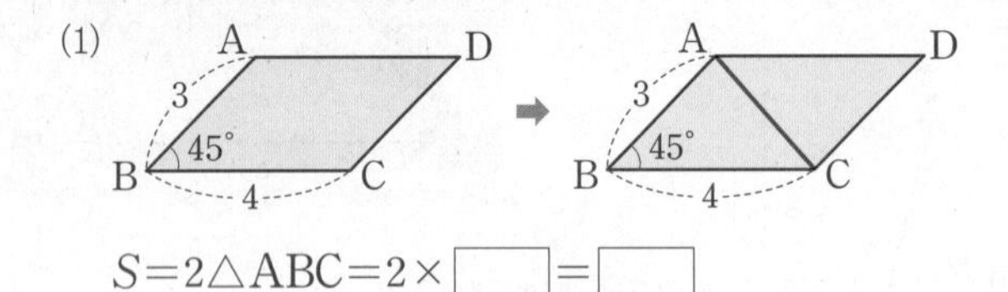

$S=2\triangle ABC=2\times$ □ $=$ □

(2) 넓이를 구하는 공식을 이용하면

$S=3\times4\times$ □ $=$ □

2 $\overline{AC}=7$, $\overline{BD}=8$, $\angle AOB=60^\circ$인 사각형 ABCD의 넓이 S를 다음과 같이 두 가지 방법으로 구할 때, □ 안에 알맞은 것을 쓰시오. (단, 점 O는 두 대각선 AC, BD의 교점이다.)

(1)

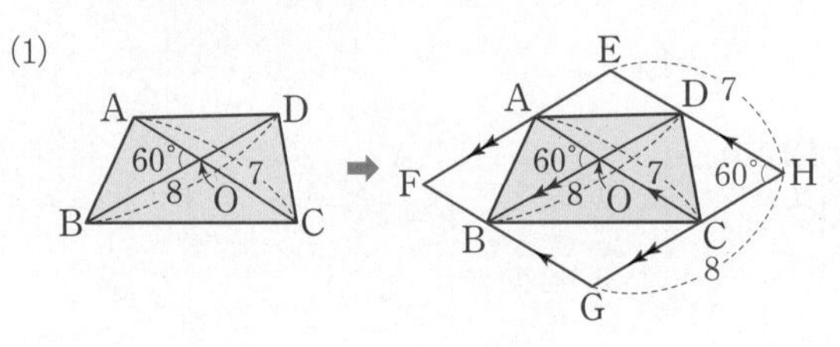

$S=\frac{1}{2}\square EFGH=\frac{1}{2}\times$ □ $=$ □

(2) 넓이를 구하는 공식을 이용하면

$S=\frac{1}{2}\times7\times8\times$ □ $=$ □

교과서 문제로 개념 다지기

1

다음 그림과 같은 □ABCD의 넓이를 구하시오.

(1)

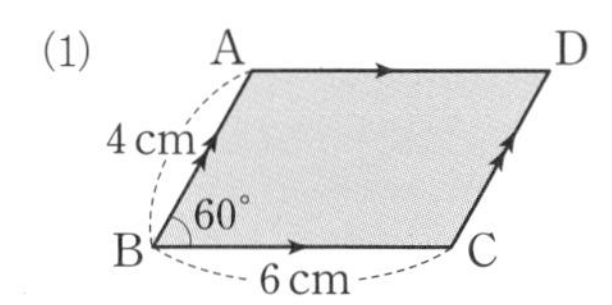

(2)

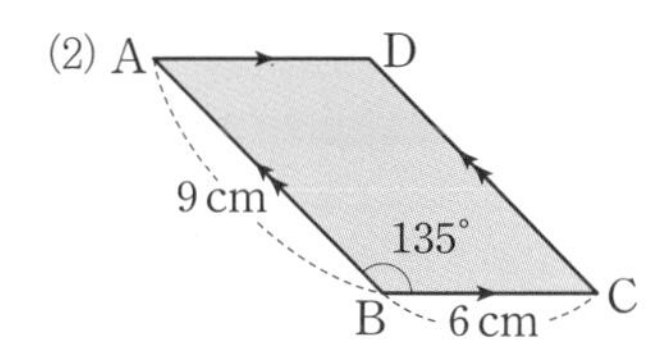

(3)

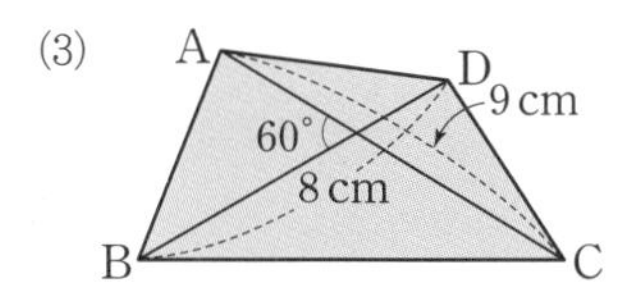

(4)

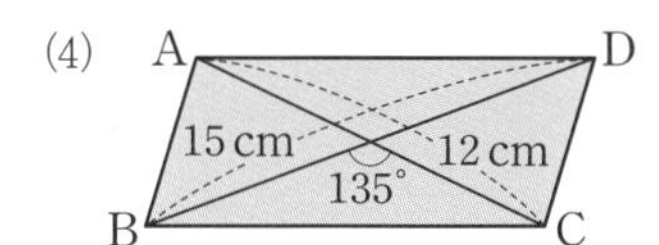

2

다음 그림과 같은 평행사변형 ABCD의 넓이가 $20\sqrt{3}\,\text{cm}^2$일 때, $\overline{BC}$의 길이를 구하시오.

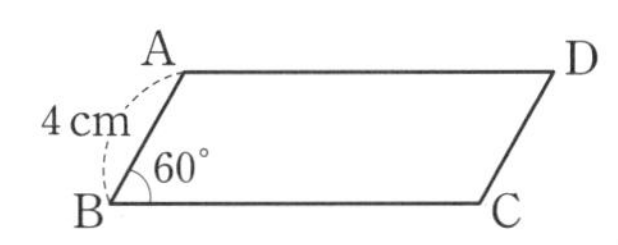

3

오른쪽 그림과 같이 두 대각선이 이루는 각의 크기가 135°이고 $\overline{BD}=10\,\text{cm}$인 □ABCD의 넓이가 $15\sqrt{2}\,\text{cm}^2$일 때, $\overline{AC}$의 길이를 구하시오.

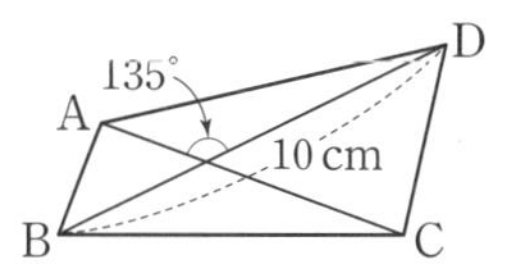

4

등변사다리꼴의 두 대각선의 길이가 같음을 이용해 봐.

오른쪽 그림과 같이 $\overline{AD}\,/\!/\,\overline{BC}$인 등변사다리꼴 ABCD에서 두 대각선이 이루는 각의 크기가 120°이고 □ABCD의 넓이가 $9\sqrt{3}\,\text{cm}^2$일 때, $\overline{AC}$의 길이를 구하시오.

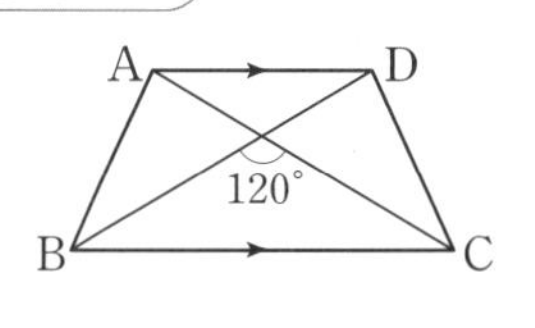

5 생각이 자라는 창의·융합

오른쪽 그림은 어느 건물의 벽을 마름모 모양의 타일을 붙여 장식한 것이다. 마름모의 한 변의 길이가 10 cm일 때, 마름모 모양의 타일 한 개의 넓이를 구하시오.

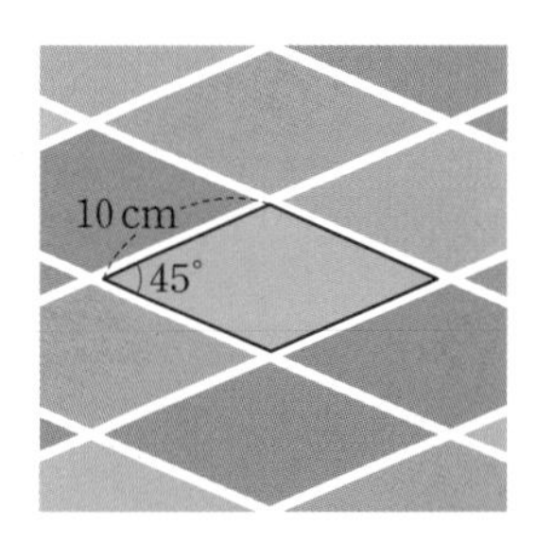

▶ 문제 속 개념 도출

- 이웃하는 두 변의 길이가 a, b이고 그 끼인각이 $\angle x$인 평행사변형의 넓이는
  (i) $\angle x$가 예각일 때 ➡ (넓이)=① ________
  (ii) $\angle x$가 둔각일 때 ➡ (넓이)$=ab\sin(180^\circ-x)$
- 마름모는 네 변의 길이가 같은 사각형이므로 두 쌍의 대변의 길이가 각각 같아서 ② ________ 이 된다.

개념 12에 대한 이해도를 표시해 보세요. 0 50 100

학교 시험 문제로 **단원 마무리**

점수 /100점

개념 01

1 오른쪽 그림과 같이 $\angle A=90^{\circ}$인 직각삼각형 ABC에서 $\cos B+\tan C$의 값을 구하시오. [10점]

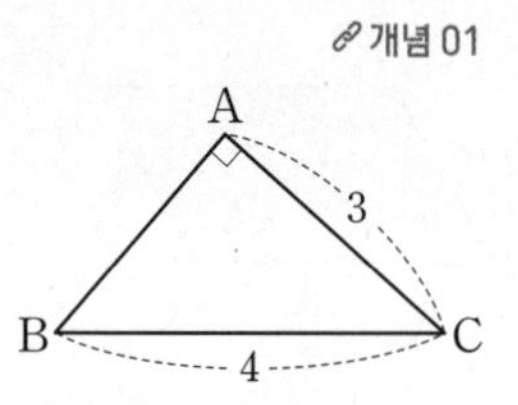

개념 02

2 $5\cos A-2=0$일 때, $\tan A$의 값을 구하시오. (단, $0^{\circ}<A<90^{\circ}$) [10점]

개념 01, 04

3 오른쪽 그림과 같이 x절편이 -6이고, x축과 이루는 예각의 크기가 30°인 직선의 기울기를 구하시오. [10점]

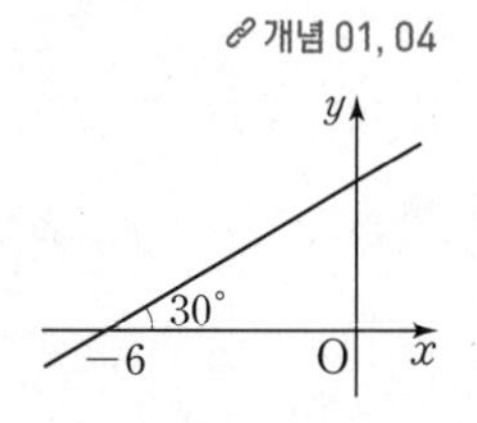

개념 05

4 오른쪽 그림은 반지름의 길이가 1인 사분원을 좌표평면 위에 나타낸 것이다. 다음 중 $\overline{AC}$의 길이를 나타내는 식은? [10점]

① $1+\sin 48^{\circ}$ ② $1-\cos 48^{\circ}$
③ $\sin 48^{\circ}+\cos 48^{\circ}$ ④ $\tan 48^{\circ}-\cos 48^{\circ}$
⑤ $\tan 48^{\circ}-\sin 48^{\circ}$

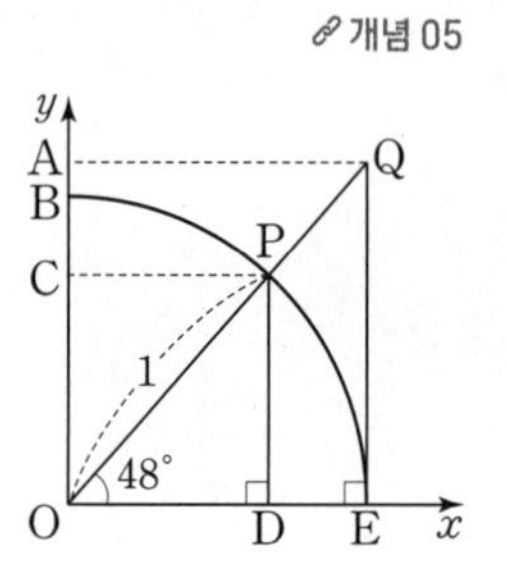

개념 04, 06

5 다음 | 보기 | 중 옳은 것을 모두 고르시오. [10점]

보기

ㄱ. $\sin 30° + \tan 45° = \frac{1+\sqrt{2}}{2}$

ㄴ. $\cos 45° \times \cos 60° = \frac{\sqrt{6}}{4}$

ㄷ. $\tan 60° \div \cos 30° = 2$

ㄹ. $\sin 90° \times \cos 0° = 2$

ㅁ. $(\sin 0° + \cos 90°) \times \tan 30° = 0$

개념 08

6 오른쪽 그림과 같이 $\angle C = 90°$인 직각삼각형 ABC에서 $\angle B = 30°$이고 $\overline{AB} = 6$이다. $\overline{AD}$가 $\angle A$의 이등분선일 때, $\overline{CD}$의 길이를 구하시오. [15점]

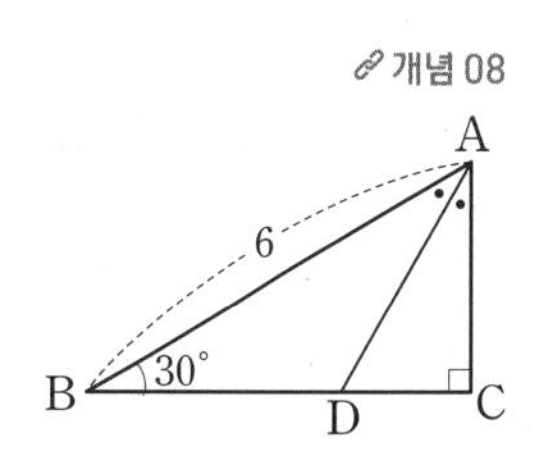

개념 09

7 연못의 폭인 $\overline{AC}$의 길이를 구하기 위하여 필요한 부분을 측량하였더니 오른쪽 그림과 같았다. $\overline{AC}$의 길이를 구하시오. [10점]

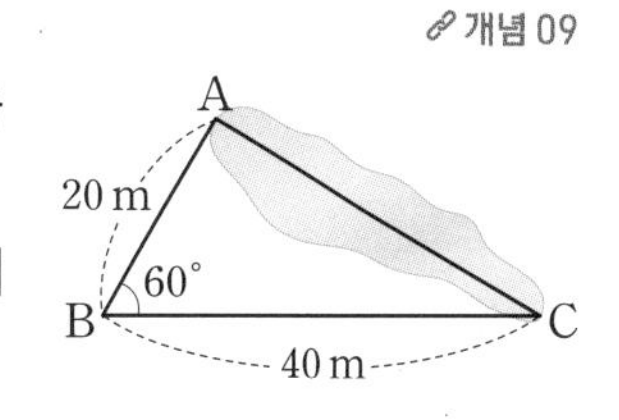

개념 08, 11

8 오른쪽 그림과 같은 □ABCD의 넓이를 구하시오. [10점]

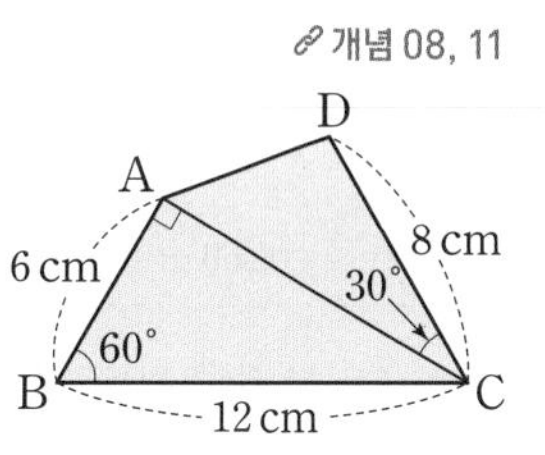

개념 04, 12

9 오른쪽 그림과 같이 $\overline{AB} = 15\,\text{cm}$, $\overline{BC} = 10\,\text{cm}$인 평행사변형 ABCD의 넓이가 $75\,\text{cm}^2$일 때, $\angle x$의 크기를 구하시오. (단, $90° < \angle x < 180°$) [15점]

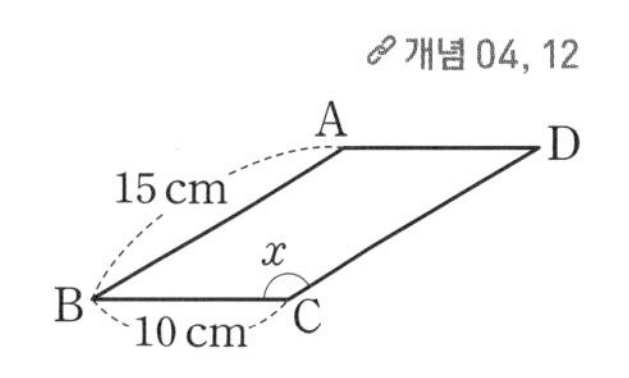

배운 내용 돌아보기

마인드맵으로 정리하기

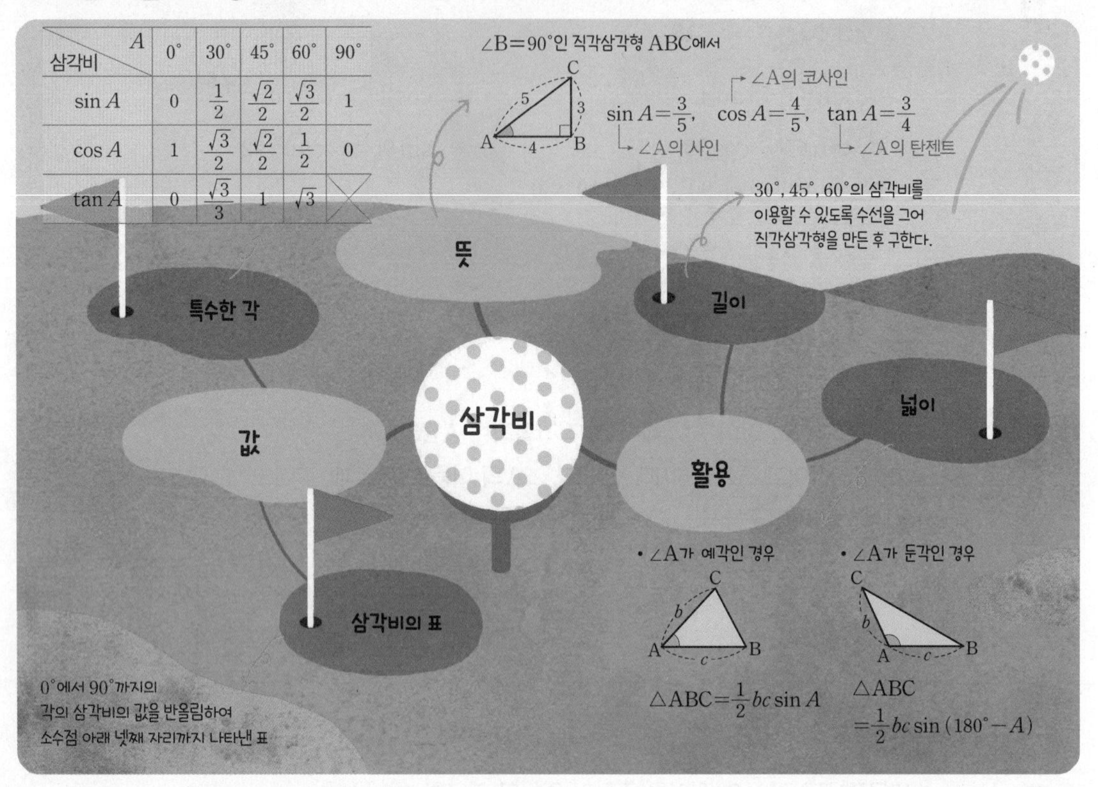

삼각비 \ A	$0°$	$30°$	$45°$	$60°$	$90°$
$\sin A$	0	$\frac{1}{2}$	$\frac{\sqrt{2}}{2}$	$\frac{\sqrt{3}}{2}$	1
$\cos A$	1	$\frac{\sqrt{3}}{2}$	$\frac{\sqrt{2}}{2}$	$\frac{1}{2}$	0
$\tan A$	0	$\frac{\sqrt{3}}{3}$	1	$\sqrt{3}$	

OX 문제로 확인하기

옳은 것은 O, 옳지 않은 것은 X를 택하시오.

● 정답 및 해설 15쪽

❶ 오른쪽 그림의 직각삼각형 ABC에서 $\sin A=\frac{a}{b}$, $\cos A=\frac{c}{b}$, $\tan A=\frac{a}{c}$이다. O | X

❷ ∠B=90°인 직각삼각형 ABC에서 $\cos A=\frac{3}{5}$이면 $\sin A=\frac{3}{4}$이다. O | X

❸ $\sin 30°+\cos 60°-\tan 45°=0$이다. O | X

❹ $0°<x<90°$일 때, $\cos x=\frac{1}{2}$이면 $x=30°$이다. O | X

❺ ∠A가 예각일 때, ∠A의 크기가 커지면 $\tan A$의 값은 작아진다. O | X

❻ 오른쪽 그림의 직각삼각형 ABC에서 $\overline{AB}$와 $\overline{BC}$의 길이는 모두 2이다. O | X

❼ 두 변의 길이가 각각 6 cm, 8 cm이고 그 끼인각의 크기가 60°인 삼각형의 넓이는 12 cm²이다. O | X

2 원과 직선

배운 내용	이 단원의 내용	배울 내용
• 중학교 1학년 기본 도형 작도와 합동 평면도형의 성질 **• 중학교 2학년** 삼각형과 사각형의 성질 피타고라스 정리	◆ 원의 현 ◆ 원의 접선	**• 고등학교 수학** 원의 방정식

학습 내용	학습 날짜	학습 확인	복습 날짜
개념 13 현의 수직이등분선	/	☺ 😐 ☹	/
개념 14 현의 수직이등분선의 응용	/	☺ 😐 ☹	/
개념 15 현의 길이	/	☺ 😐 ☹	/
개념 16 원의 접선의 성질	/	☺ 😐 ☹	/
개념 17 원의 접선의 성질의 응용	/	☺ 😐 ☹	/
개념 18 삼각형의 내접원	/	☺ 😐 ☹	/
개념 19 원에 외접하는 사각형	/	☺ 😐 ☹	/
학교 시험 문제로 단원 마무리	/	☺ 😐 ☹	/

13 현의 수직이등분선

되짚어 보기 [중1] 원과 부채꼴 [중2] 이등변삼각형 / 직각삼각형의 합동 조건 / 피타고라스 정리

(1) 원의 중심에서 현에 내린 수선은 그 현을 수직이등분한다.
⇒ $\overline{AB}\perp\overline{OM}$이면 $\overline{AM}=\overline{BM}$

↳ 원 위의 두 점을 이은 선분

(2) 원에서 현의 수직이등분선은 그 원의 중심을 지난다.

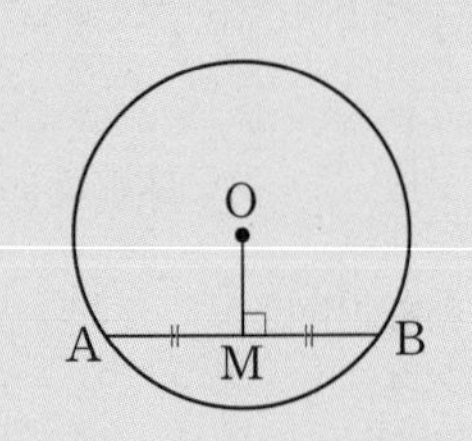

개념 확인

● 정답 및 해설 16쪽

1 다음 그림의 원 O에서 $\overline{AB}\perp\overline{OM}$일 때, x의 값을 구하시오.

(1)

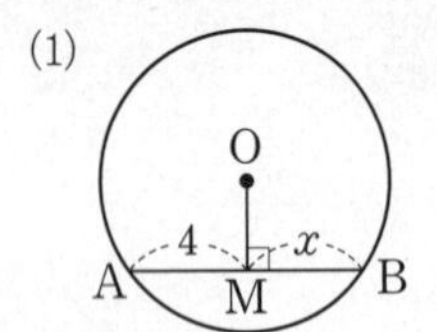

(2)

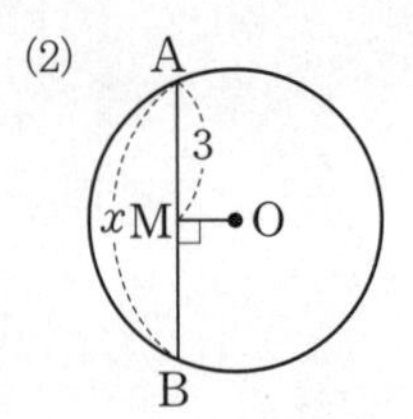

(3)

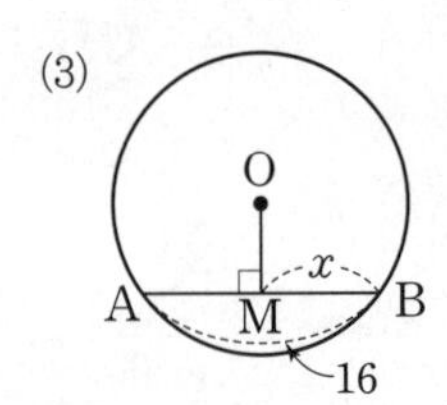

2 오른쪽 그림의 원 O에서 $\overline{AB}\perp\overline{OM}$일 때, 다음을 구하시오.

(1) 피타고라스 정리를 이용해 봐.

(1) $\overline{AM}$의 길이

(2) $\overline{AB}$의 길이

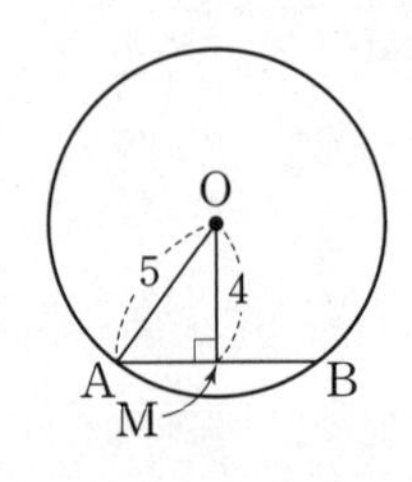

3 다음 그림의 원 O에서 $\overline{AB}\perp\overline{OM}$일 때, x의 값을 구하시오.

(1)

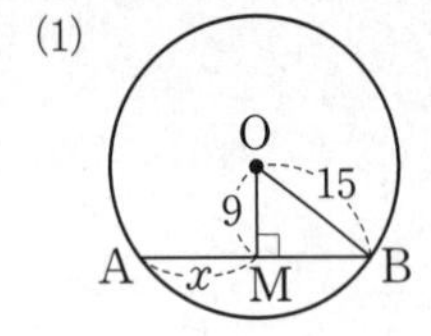

(2)

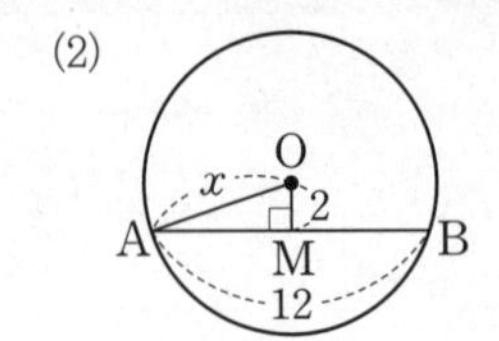

(3)

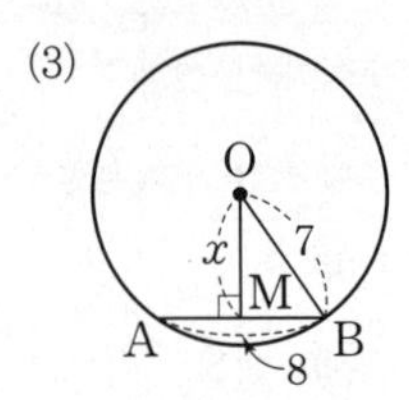

교과서 문제로 개념 다지기

1

오른쪽 그림의 원 O에서 $\overline{AB}\perp\overline{OM}$이고 $\overline{OB}=10\,\text{cm}$, $\overline{OM}=6\,\text{cm}$일 때, $\overline{AB}$의 길이를 구하시오.

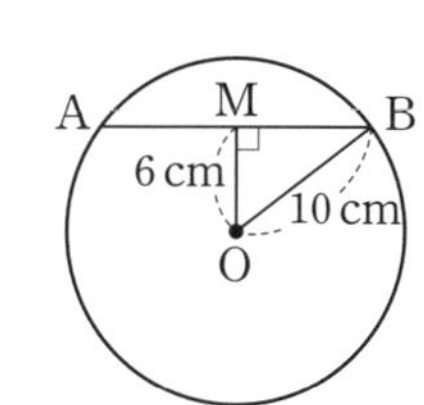

2

오른쪽 그림의 원 O에서 $\overline{AB}\perp\overline{OC}$이고 $\overline{AB}=6\sqrt{3}\,\text{cm}$, $\overline{OB}=6\,\text{cm}$일 때, $\overline{OC}$의 길이는?

① $\sqrt{3}\,\text{cm}$ ② $\sqrt{6}\,\text{cm}$
③ $3\,\text{cm}$ ④ $2\sqrt{3}\,\text{cm}$
⑤ $3\sqrt{3}\,\text{cm}$

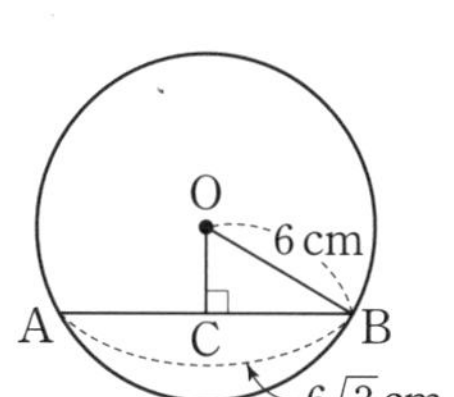
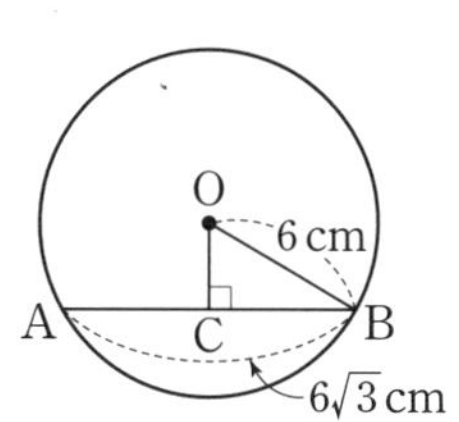

3

다음 그림의 원 O에서 $\overline{AB}\perp\overline{OC}$일 때, 원 O의 반지름의 길이인 x의 값을 구하시오.

(1)

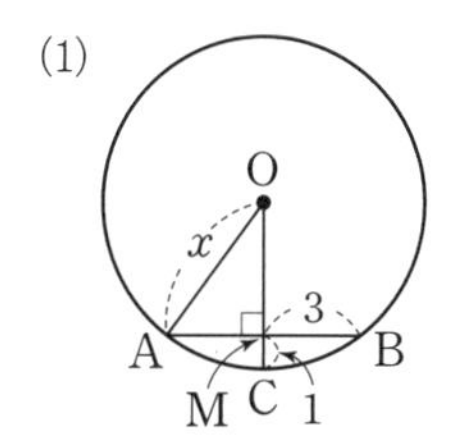

(2)

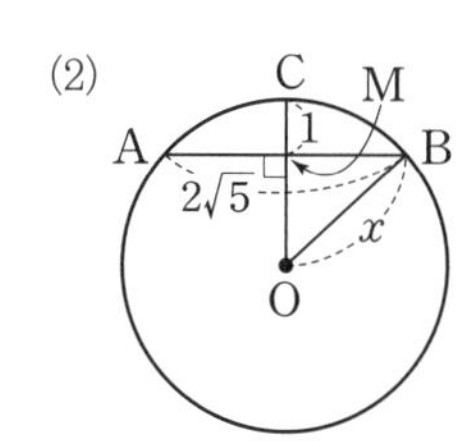

4 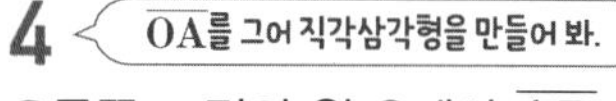

오른쪽 그림의 원 O에서 $\overline{AB}\perp\overline{OC}$이고 $\overline{AB}=6\,\text{cm}$, $\overline{OM}=\sqrt{3}\,\text{cm}$일 때, 원 O의 반지름의 길이를 구하시오.

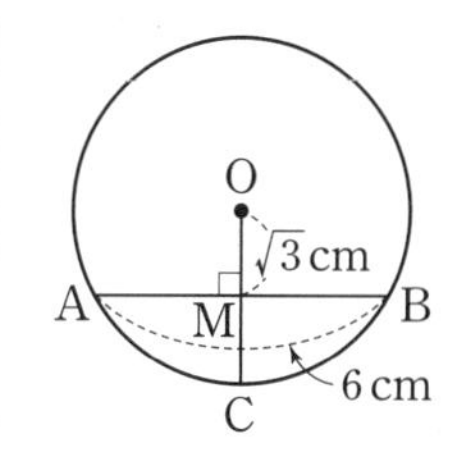

5 ($\overline{OC}$를 그어 직각삼각형을 만들어 봐.)

오른쪽 그림과 같이 원 O에 지름 AB와 이에 평행한 현 CD를 그었다. $\overline{OH}\perp\overline{CD}$이고 $\overline{AB}=10\,\text{cm}$, $\overline{CD}=8\,\text{cm}$일 때, x의 값을 구하시오.

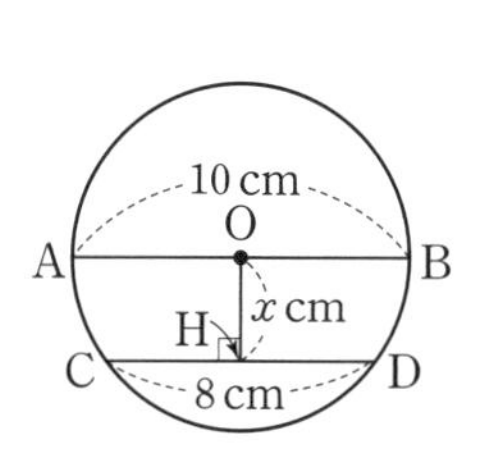

6 생각이 자라는 **창의·융합**

오른쪽 그림과 같이 중심이 같은 두 원 모양으로 이루어진 트랙이 있다. 원의 중심 O에서 현 AB에 내린 수선의 발을 H라 할 때, $\overline{AB}=120\,\text{m}$, $\overline{CD}=80\,\text{m}$, $\overline{OH}=30\,\text{m}$이다. 다음을 구하시오.

(1) 바깥쪽 원의 반지름의 길이
(2) 안쪽 원의 반지름의 길이
(3) 트랙의 넓이

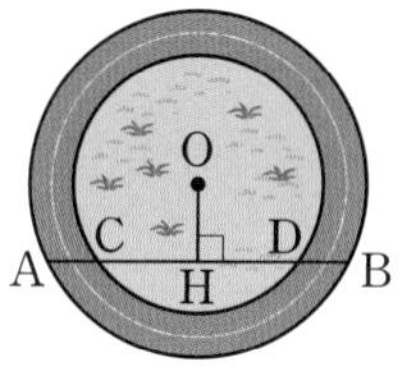

▶ 문제 속 개념 도출

- 원의 중심에서 현에 내린 수선은 그 현을 ① ________ 한다.
- 피타고라스 정리
  ➡ 직각삼각형에서 빗변의 길이의 제곱은 직각을 낀 두 변의 길이의 제곱의 ② ____ 과 같다.

현의 수직이등분선의 응용

되짚어 보기 [중1] 원과 부채꼴 [중2] 피타고라스 정리 [중3] 현의 수직이등분선

(1) **원의 일부분이 주어지는 경우**

원의 중심을 찾아 반지름의 길이를 r로 놓고, 피타고라스 정리를 이용한다.

➡ $r^2=b^2+(r-a)^2$

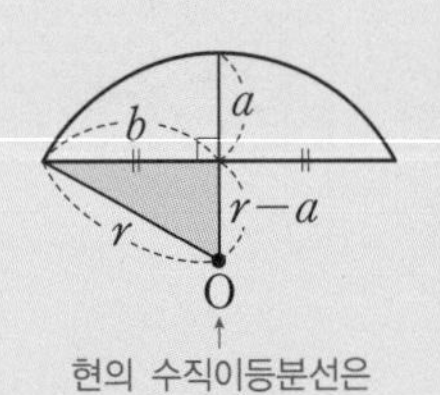

(2) **접힌 원이 주어지는 경우**

원의 중심에서 현에 수선을 긋고, 피타고라스 정리를 이용한다.

① $\overline{OM}=\overline{CM}=\frac{1}{2}\overline{OA}$

② 직각삼각형 OAM에서 $\overline{OA}^2=\overline{AM}^2+\overline{OM}^2$

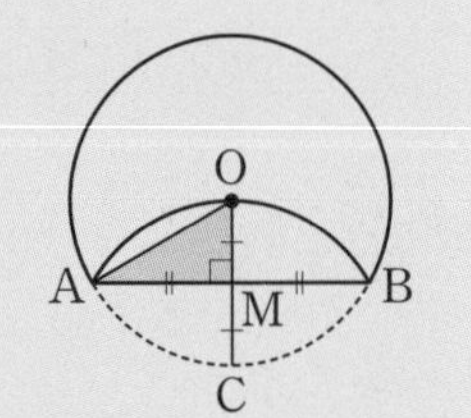

개념 확인 ● 정답 및 해설 17쪽

1 오른쪽 그림에서 $\widehat{AB}$는 원의 일부이고 $\overline{CM}$은 $\overline{AB}$의 수직이등분선일 때, 다음은 이 원의 반지름의 길이를 구하는 과정이다. □ 안에 알맞은 것을 쓰시오.

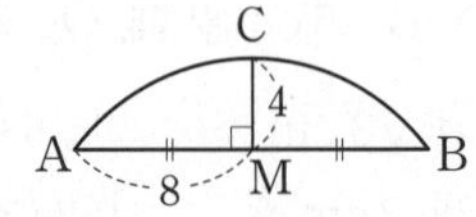

현의 수직이등분선은 원의 중심을 지나므로 원의 중심을 O라 하면 □의 연장선은 점 O를 지난다.

원 O의 반지름의 길이를 r라 하면

$\overline{OA}=$□, $\overline{OM}=$□

따라서 △AOM에서 $8^2+($□$)^2=r^2$

□$r=80$ ∴ $r=$□

즉, 원의 반지름의 길이는 □이다.

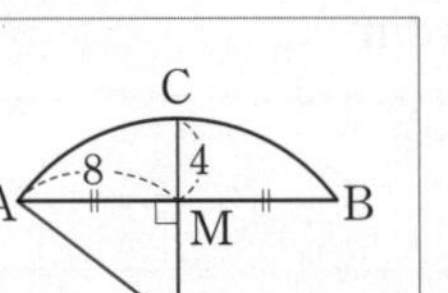

2 오른쪽 그림과 같이 반지름의 길이가 10인 원 모양의 종이를 현 AB를 접는 선으로 하여 $\widehat{AB}$가 원의 중심 O를 지나도록 접었을 때, 다음은 $\overline{AB}$의 길이를 구하는 과정이다. □ 안에 알맞은 수를 쓰시오.

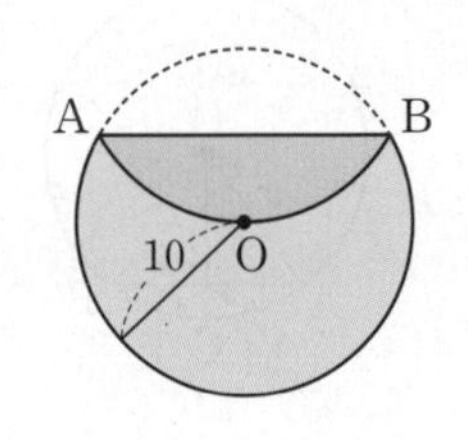

원의 중심 O에서 현 AB에 내린 수선의 발을 M이라 하면

$\overline{OA}=$□(원의 반지름)

$\overline{OM}=\frac{1}{2}\overline{OA}=$□

따라서 △AOM에서

$\overline{AM}=\sqrt{□^2-□^2}=$□

∴ $\overline{AB}=2\times$□$=$□

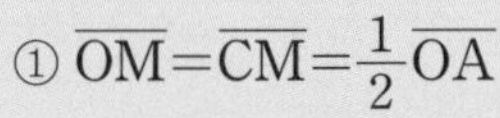

교과서 문제로 개념 다지기

1

오른쪽 그림에서 $\widehat{AB}$는 원의 일부이고 $\overline{CD}$는 $\overline{AB}$의 수직이등분선이다. $\overline{AB}=8\text{cm}$, $\overline{CD}=2\text{cm}$일 때, 이 원의 반지름의 길이를 구하시오.

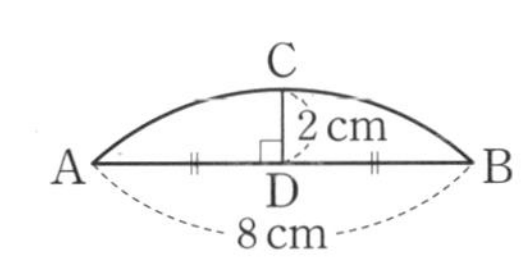

2

오른쪽 그림과 같이 반지름의 길이가 6 cm인 원 모양의 종이를 $\widehat{AB}$가 원의 중심 O를 지나도록 접었다. 원의 중심 O에서 $\overline{AB}$에 내린 수선의 발을 M이라 할 때, 다음을 구하시오.

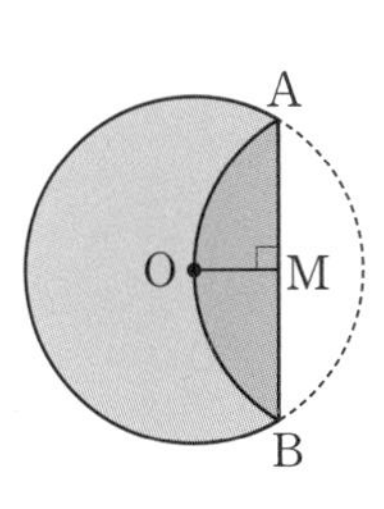

(1) $\overline{OM}$의 길이
(2) $\overline{AM}$의 길이
(3) $\overline{AB}$의 길이

3

오른쪽 그림에서 $\widehat{AB}$는 반지름의 길이가 10 cm인 원의 일부이다. $\overline{CD}$가 $\overline{AB}$의 수직이등분선이고 $\overline{AB}=12\text{cm}$일 때, $\overline{CD}$의 길이를 구하시오.

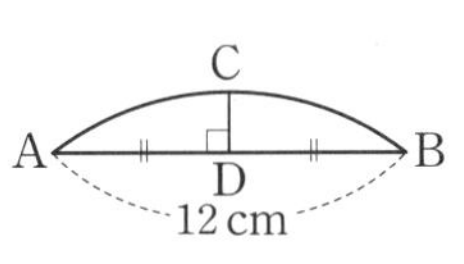

4

오른쪽 그림과 같이 반지름의 길이가 12 cm인 원 모양의 종이를 $\widehat{AB}$가 원의 중심 O를 지나도록 접었을 때, $\overline{AB}$의 길이는?

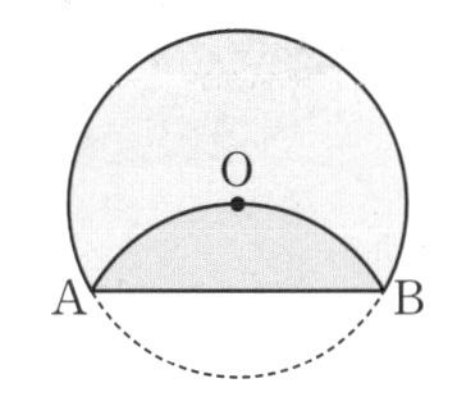

① $6\sqrt{3}$ cm　② 8 cm
③ $8\sqrt{3}$ cm　④ 12 cm
⑤ $12\sqrt{3}$ cm

5 생각이 자라는 창의·융합

오른쪽 그림은 어느 고분에서 출토된 원 모양의 접시의 깨진 조각들이다. $\widehat{AB}$는 원래 접시의 둘레의 일부이고 $\overline{CD}$는 $\overline{AB}$의 수직이등분선일 때, 원래 접시의 둘레의 길이를 구하시오.

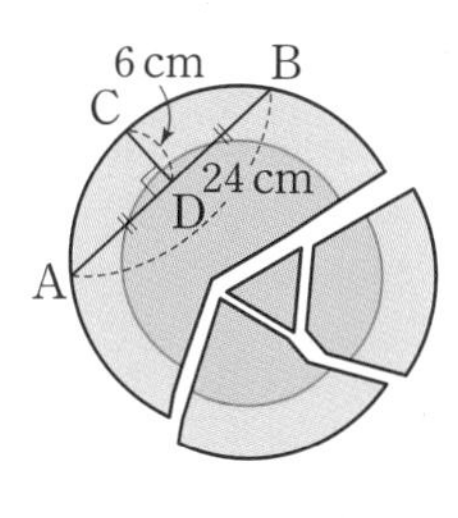

▶ 문제 속 개념 도출

- 원에서 현의 수직이등분선은 그 원의 ① ______ 을 지난다.
- 피타고라스 정리
  ➡ 직각삼각형에서 빗변의 길이의 제곱은 직각을 낀 두 변의 길이의 제곱의 ② ____ 과 같다.
- (원의 둘레의 길이)$=2\pi\times$(원의 ③ ______________)

개념 15 현의 길이

되짚어 보기 [중1] 원과 부채꼴 [중2] 직각삼각형의 합동 조건 [중3] 현의 수직이등분선

한 원 또는 합동인 두 원에서

(1) 원의 중심으로부터 같은 거리에 있는 두 현의 길이는 같다.
➡ $\overline{OM}=\overline{ON}$이면 $\overline{AB}=\overline{CD}$

(2) 길이가 같은 두 현은 원의 중심으로부터 같은 거리에 있다.
➡ $\overline{AB}=\overline{CD}$이면 $\overline{OM}=\overline{ON}$

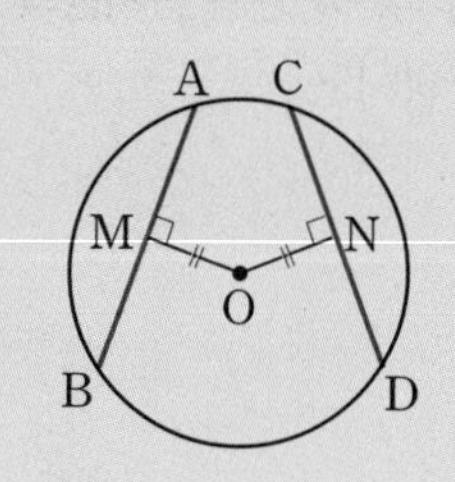

개념 확인

● 정답 및 해설 18쪽

1 다음 그림의 원 O에서 x의 값을 구하시오.

(1)
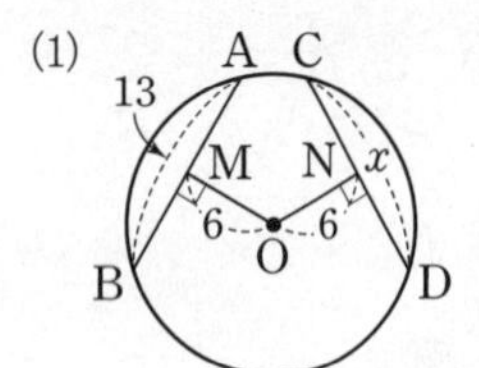

(2)
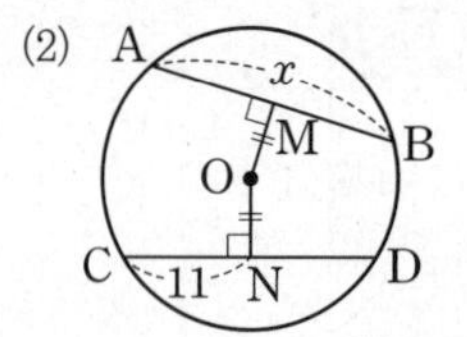

(3)
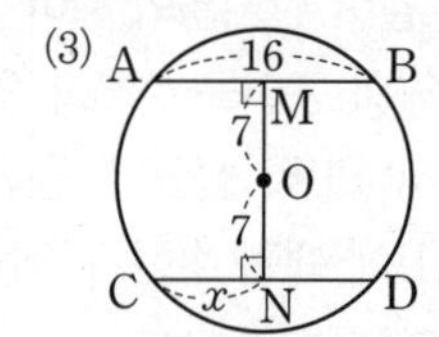

2 다음 그림의 원 O에서 x의 값을 구하시오.

(1)
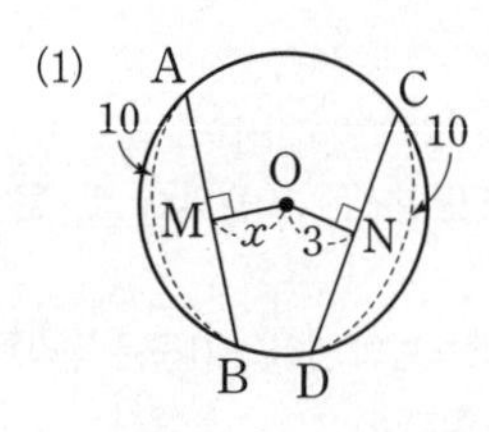

(2)
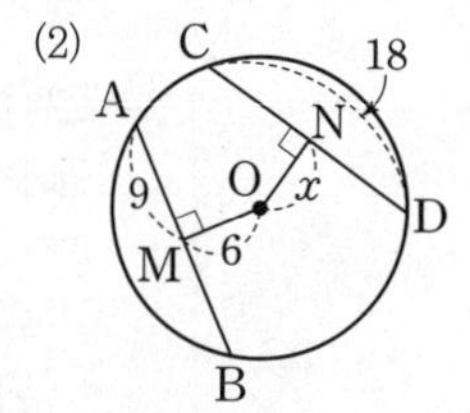

(3)
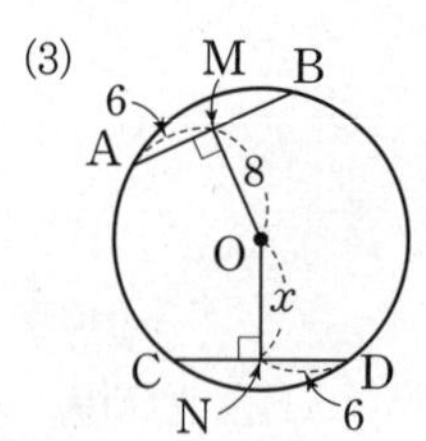

(1) $\triangle$OBM에서 피타고라스 정리를 이용해 봐.

3 오른쪽 그림과 같이 원의 중심 O에서 $\overline{AB}$, $\overline{CD}$에 내린 수선의 발을 각각 M, N이라 할 때, 다음을 구하시오.

(1) $\overline{BM}$의 길이

(2) $\overline{AB}$의 길이

(3) $\overline{CD}$의 길이

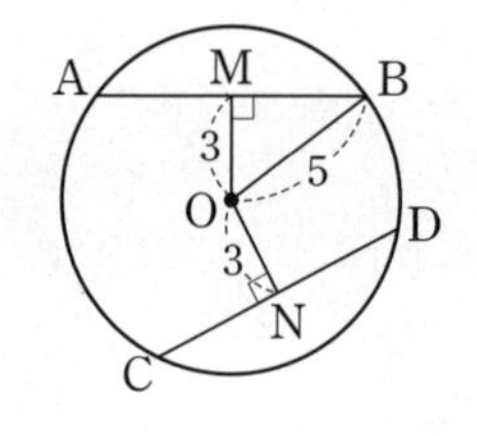

교과서 문제로 개념 다지기

1

다음은 원의 중심 O에서 두 현 AB, CD에 내린 수선의 발을 각각 M, N이라 할 때, $\overline{AB}=\overline{CD}$이면 $\overline{OM}=\overline{ON}$임을 설명하는 과정이다. (가)~(다)에 알맞은 것을 구하시오.

> 원의 중심 O에서 현에 내린 수선은 그 현을 수직이등분하므로
> $\overline{AM}=\overline{BM}$, $\overline{CN}=\overline{DN}$
> 이때 $\overline{AB}=\overline{CD}$이므로
> $\overline{AM}=\overline{CN}$
> △OAM과 △OCN에서
> ∠OMA=∠ONC=90°,
> $\overline{OA}=$ (가), $\overline{AM}=$ (나)
> 따라서 △OAM≡△OCN ((다) 합동)이므로
> $\overline{OM}=\overline{ON}$

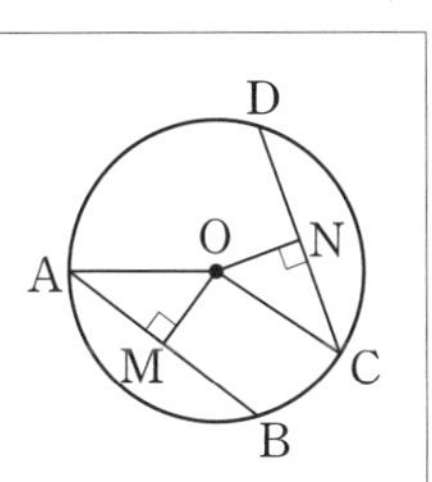

2

오른쪽 그림과 같이 원의 중심 O에서 두 현 AB와 CD에 이르는 거리가 같고 $\overline{BM}=5\,\text{cm}$일 때, $\overline{CD}$의 길이를 구하시오.

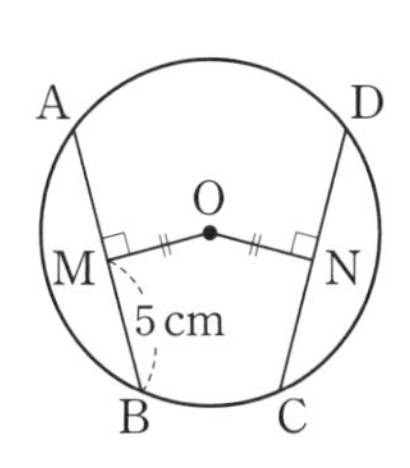

3

오른쪽 그림과 같이 반지름의 길이가 7 cm인 원의 중심 O에서 $\overline{AB}$, $\overline{CD}$에 내린 수선의 발을 각각 M, N이라 하자. $\overline{OM}=\overline{ON}=3\,\text{cm}$일 때, $\overline{CD}$의 길이를 구하시오.

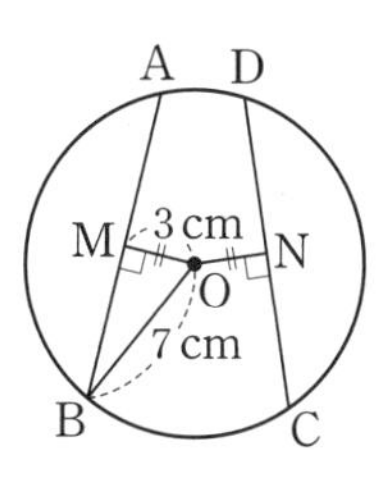

4

오른쪽 그림과 같이 원 O에서 $\overline{AB}\perp\overline{OM}$, $\overline{CD}\perp\overline{ON}$이고 $\overline{OM}=\overline{ON}=3\,\text{cm}$, $\overline{CD}=8\,\text{cm}$일 때, $\overline{OA}$의 길이를 구하시오.

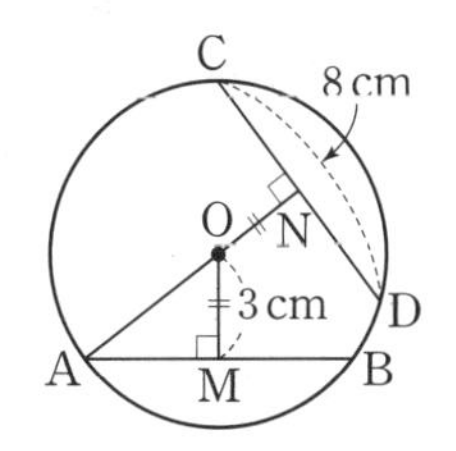

5

△ABC가 어떤 삼각형인지 생각해 봐.

오른쪽 그림과 같은 원 O에서 $\overline{AB}\perp\overline{OM}$, $\overline{AC}\perp\overline{ON}$이고 $\overline{OM}=\overline{ON}$이다. ∠BAC=40°일 때, ∠$x$의 크기를 구하시오.

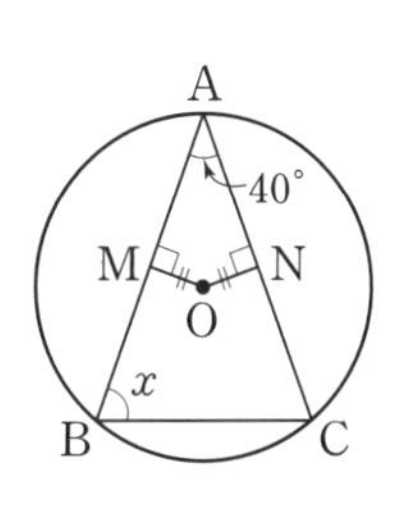

6

생각이 자라는 **창의·융합**

다음 그림은 원 모양의 색종이를 접어 삼각형 ABC를 만드는 과정을 나타낸 것이다. ∠BAC의 크기를 구하시오.

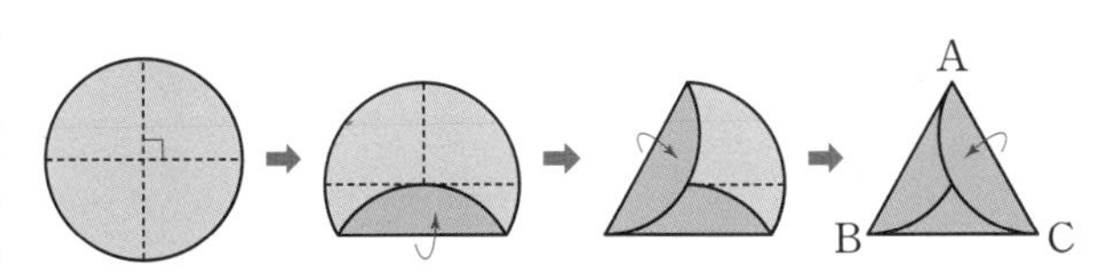

▶ 문제 속 개념 도출

- 원의 중심으로부터 같은 거리에 있는 ① ___의 길이는 같다.
- 세 변의 길이가 모두 같은 삼각형은 ② ________이다.

개념 16 원의 접선의 성질

되짚어 보기 [중1] 원과 부채꼴 [중2] 직각삼각형의 합동 조건

1 접선의 길이

원 O 밖의 한 점 P에서 원 O에 그을 수 있는 접선은 2개이다.
이 두 접선의 접점을 각각 A, B라 할 때, $\overline{PA}$, $\overline{PB}$의 길이를 점 P에서 원 O에 그은 접선의 길이라 한다.

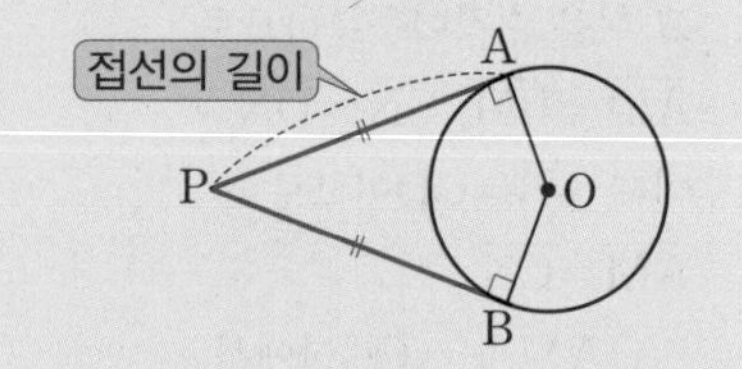

2 접선의 성질

(1) 원의 접선은 그 접점을 지나는 반지름에 수직이다.
➡ $\overline{PA}$, $\overline{PB}$가 원 O의 접선일 때, $\angle PAO=\angle PBO=90^\circ$

(2) 원 밖의 한 점에서 그 원에 그은 두 접선의 길이는 같다. ➡ $\overline{PA}=\overline{PB}$

참고 $\triangle APO$와 $\triangle BPO$에서
$\angle PAO=\angle PBO=90^\circ$, $\overline{PO}$는 공통, $\overline{OA}=\overline{OB}$이므로
$\triangle APO\equiv\triangle BPO$ (RHS 합동)
$\therefore \overline{PA}=\overline{PB}$

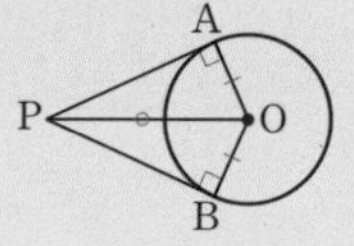

개념 확인

● 정답 및 해설 19쪽

1 다음 그림에서 $\overrightarrow{PA}$, $\overrightarrow{PB}$는 원 O의 접선이고 두 점 A, B는 그 접점일 때, $\angle x$의 크기를 구하시오.

(1)

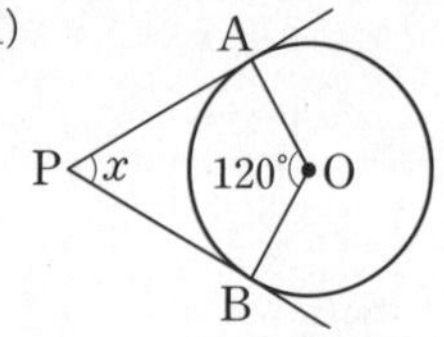

(2)

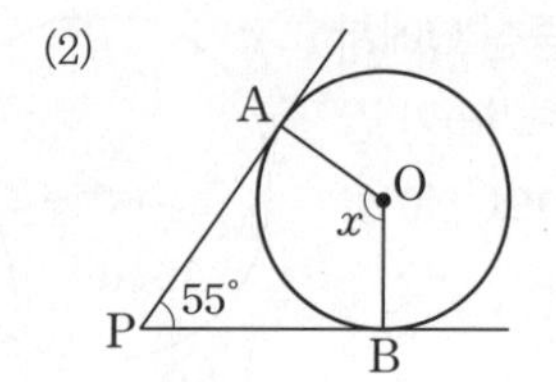

2 다음 그림의 두 점 A, B는 점 P에서 원 O에 그은 접선의 접점일 때, x의 값을 구하시오.

(1)

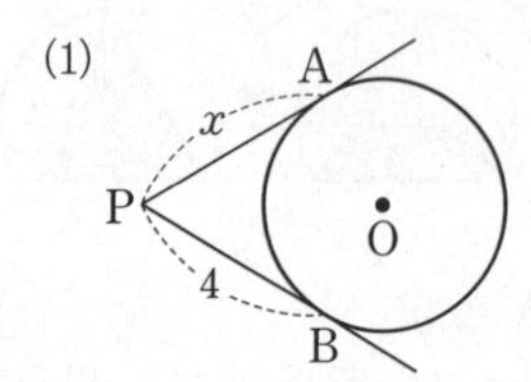

(2)

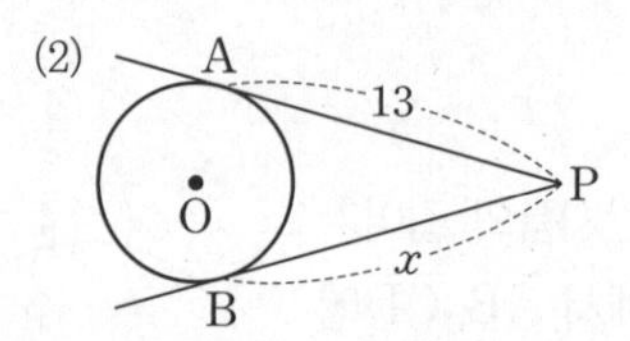

3 오른쪽 그림에서 $\overline{PA}$, $\overline{PB}$는 원 O의 접선이고 두 점 A, B는 그 접점일 때, 다음을 구하시오.

(1) $\overline{PB}$의 길이

(2) $\overline{PO}$의 길이

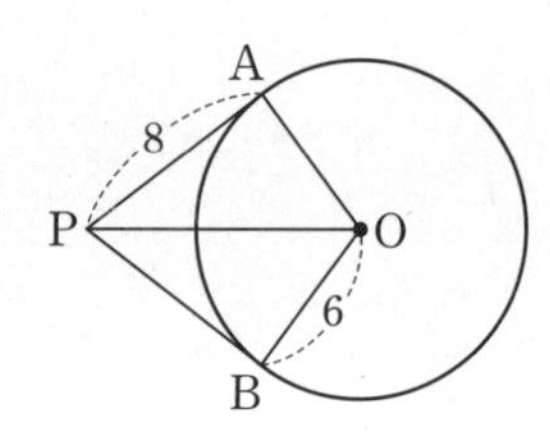

● 정답 및 해설 19쪽

1

오른쪽 그림과 같이 원 밖의 한 점 P에서 원 O에 그은 두 접선의 접점을 각각 A, B라 할 때, x의 값을 구하시오.

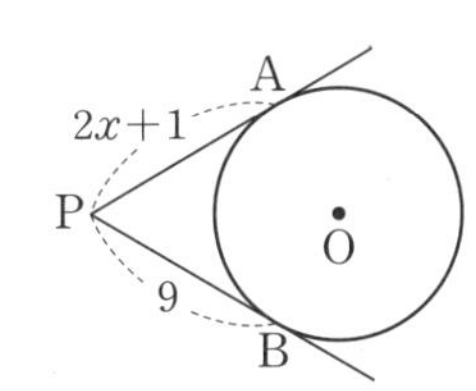

2

오른쪽 그림과 같이 원 밖의 한 점 P에서 원 O에 그은 두 접선의 접점을 각각 A, B라 하자. $\angle APB=48^\circ$일 때, $\angle PAB$의 크기를 구하시오.

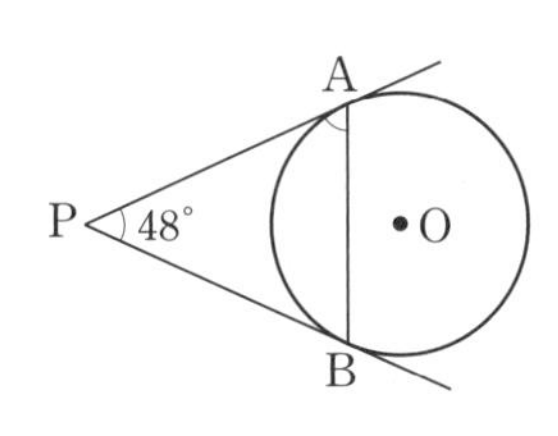

3

오른쪽 그림에서 $\overline{PA}$, $\overline{PB}$는 원 O의 접선이고 두 점 A, B는 그 접점이다. $\overline{OA}=9\,\text{cm}$, $\angle APB=60^\circ$일 때, 색칠한 부분의 넓이를 구하시오.

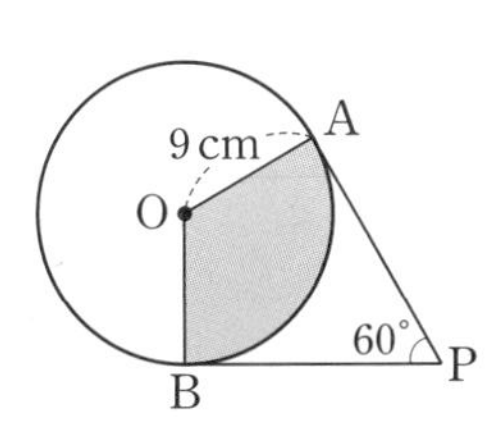

4

다음 그림에서 두 점 A, B는 점 P에서 원 O에 그은 접선의 접점이고 점 C는 $\overline{OP}$와 원 O의 교점이다. $\overline{PC}=6\,\text{cm}$, $\overline{OA}=3\,\text{cm}$일 때, $\overline{PB}$의 길이를 구하시오.

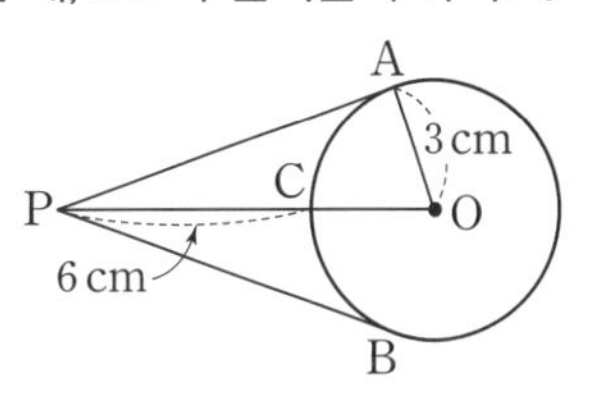

5

오른쪽 그림과 같이 원 밖의 한 점 P에서 원 O에 그은 두 접선의 접점을 각각 A, B라 하자. $\angle APB=90^\circ$, $\overline{PA}=11\,\text{cm}$일 때, □APBO의 둘레의 길이를 구하시오.

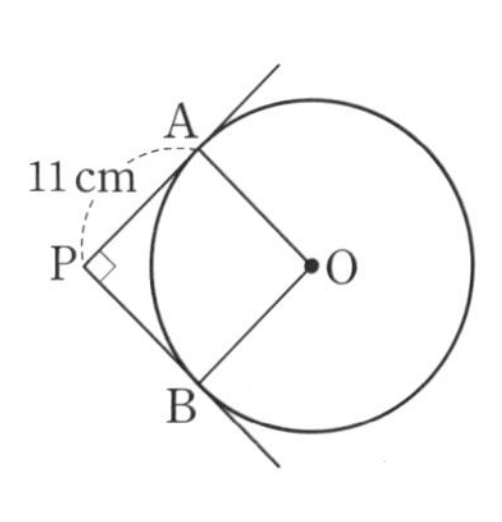

6 생각이 자라는 **창의·융합**

오른쪽 그림과 같이 지구의 상공 3200 km에서 지구 둘레를 도는 인공위성이 있다. 지구는 구 모양이고 지구의 반지름의 길이가 6400 km일 때, 이 인공위성으로부터 인공위성이 관찰할 수 있는 지표면까지의 최대 거리를 구하시오.

(단, 인공위성의 크기는 생각하지 않는다.)

▶ 문제 속 개념 도출

- 원의 접선은 그 접점을 지나는 반지름에 ① ______ 이다.
- 직각삼각형에서 두 변의 길이를 알면 피타고라스 정리를 이용하여 나머지 한 변의 길이를 구할 수 있다.

개념 17 원의 접선의 성질의 응용

되짚어 보기 [중2] 피타고라스 정리 [중3] 원의 접선의 성질

(1) $\overrightarrow{AD}$, $\overrightarrow{AE}$, $\overline{BC}$가 원 O의 접선이고 세 점 D, E, F가 그 접점일 때

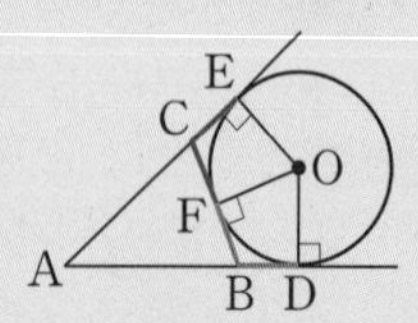

① $\overline{AD}=\overline{AE}$, $\overline{BD}=\overline{BF}$, $\overline{CE}=\overline{CF}$

② (△ABC의 둘레의 길이)
$=\overline{AB}+\overline{BF}+\overline{CF}+\overline{CA}$
$=(\overline{AB}+\overline{BD})+(\overline{CE}+\overline{CA})$
$=\overline{AD}+\overline{AE}=2\overline{AD}=2\overline{AE}$

(2) $\overline{AB}$, $\overline{DC}$, $\overline{AD}$가 반원 O의 접선이고 세 점 B, C, E가 그 접점일 때

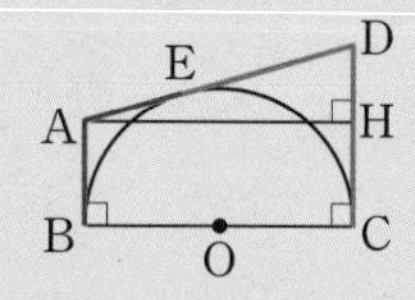

① $\overline{AB}=\overline{AE}$, $\overline{DC}=\overline{DE}$
$\therefore \overline{AB}+\overline{DC}=\overline{AD}$

② 점 A에서 $\overline{CD}$에 내린 수선의 발을 H라 하면
$\overline{BC}=\overline{AH}=\sqrt{\overline{AD}^2-\overline{DH}^2}$
└→ △AHD에서 피타고라스 정리 이용

개념 확인

● 정답 및 해설 20쪽

1 오른쪽 그림에서 $\overrightarrow{AT}$, $\overrightarrow{AT'}$, $\overline{BC}$가 원 O의 접선이고 세 점 T, T′, D가 그 접점일 때, 다음은 △ABC의 둘레의 길이를 구하는 과정이다. □ 안에 알맞은 수를 쓰시오.

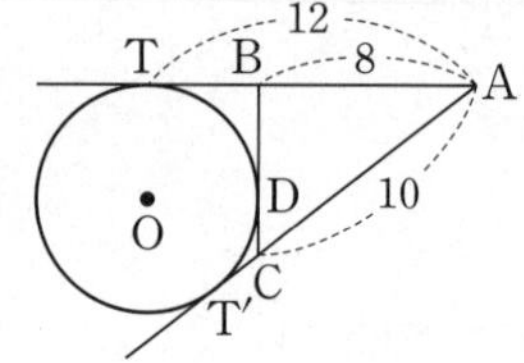

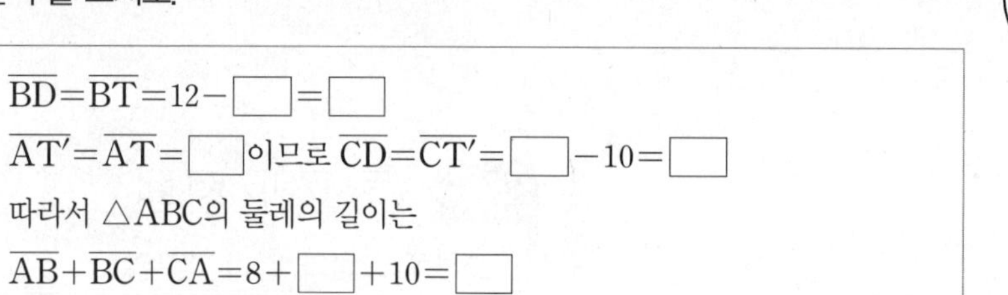

$\overline{BD}=\overline{BT}=12-\square=\square$
$\overline{AT'}=\overline{AT}=\square$이므로 $\overline{CD}=\overline{CT'}=\square-10=\square$
따라서 △ABC의 둘레의 길이는
$\overline{AB}+\overline{BC}+\overline{CA}=8+\square+10=\square$

2 오른쪽 그림에서 $\overline{AD}$, $\overline{BC}$, $\overline{CD}$가 반원 O의 접선이고 세 점 A, B, P가 그 접점일 때, 다음은 $\overline{AB}$의 길이를 구하는 과정이다. □ 안에 알맞은 수를 쓰시오.

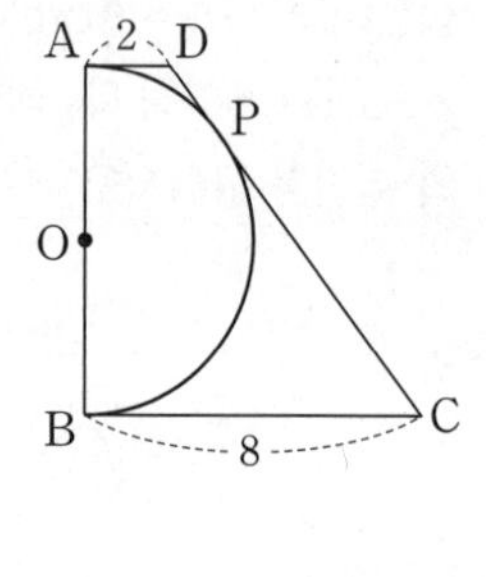

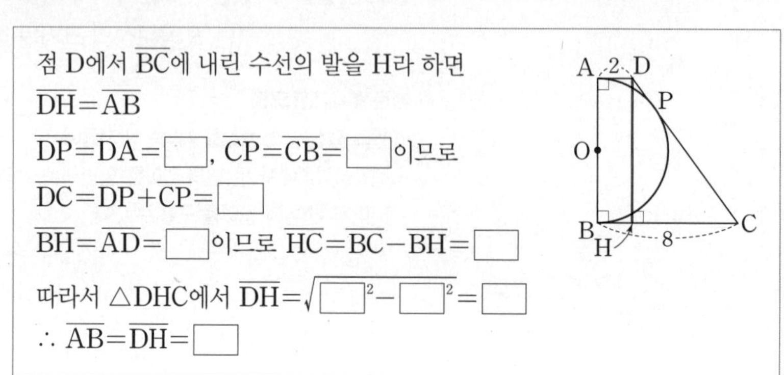

점 D에서 $\overline{BC}$에 내린 수선의 발을 H라 하면
$\overline{DH}=\overline{AB}$
$\overline{DP}=\overline{DA}=\square$, $\overline{CP}=\overline{CB}=\square$이므로
$\overline{DC}=\overline{DP}+\overline{CP}=\square$
$\overline{BH}=\overline{AD}=\square$이므로 $\overline{HC}=\overline{BC}-\overline{BH}=\square$
따라서 △DHC에서 $\overline{DH}=\sqrt{\square^2-\square^2}=\square$
$\therefore \overline{AB}=\overline{DH}=\square$

교과서 문제로 개념 다지기

1

다음 그림에서 $\overline{AD}$, $\overline{AE}$, $\overline{BC}$는 원 O의 접선이고 세 점 D, E, F는 그 접점이다. $\overline{AB}=7\,cm$, $\overline{AC}=8\,cm$, $\overline{CE}=1\,cm$일 때, $\overline{BF}$의 길이를 구하시오.

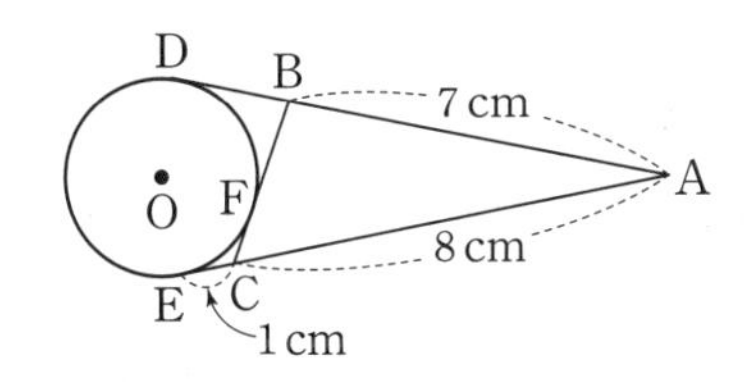

2

오른쪽 그림에서 $\overrightarrow{PC}$, $\overrightarrow{PE}$, $\overline{AB}$는 원 O의 접선이고 세 점 C, E, D는 그 접점이다. $\overline{PC}=9\,cm$, $\overline{PA}=5\,cm$, $\overline{PB}=7\,cm$일 때, $\overline{AB}$의 길이를 구하시오.

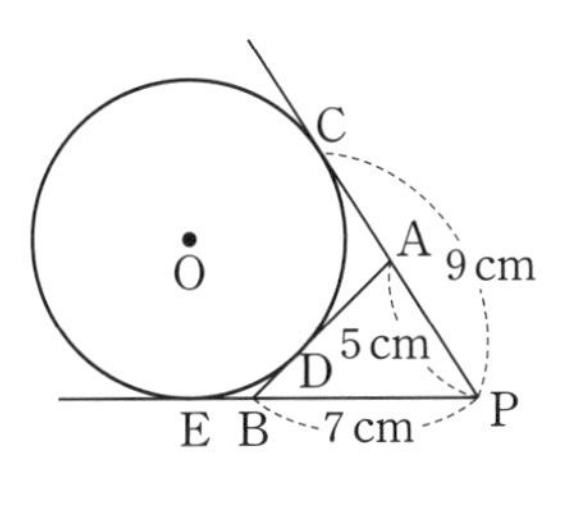

3

오른쪽 그림에서 $\overline{AD}$, $\overline{BC}$, $\overline{CD}$는 반원 O의 접선이고 세 점 A, B, E는 그 접점이다. $\overline{AD}=3\,cm$, $\overline{BC}=12\,cm$이고 점 D에서 $\overline{BC}$에 내린 수선의 발을 H라 할 때, 다음을 구하시오.

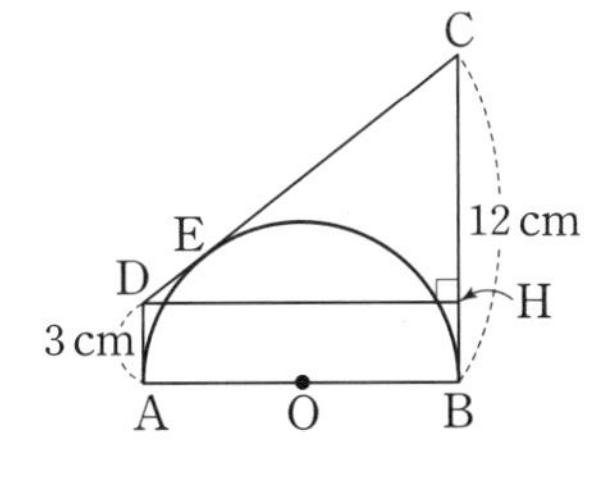

(1) $\overline{CD}$의 길이
(2) $\overline{CH}$의 길이
(3) $\overline{DH}$의 길이
(4) $\overline{AB}$의 길이

4

지름과 평행한 보조선을 그어 직각삼각형을 만들어 봐.

오른쪽 그림에서 $\overline{AD}$, $\overline{BC}$, $\overline{CD}$는 반원 O의 접선이고 세 점 A, B, E는 그 접점이다. $\overline{AD}=4\,cm$, $\overline{BC}=9\,cm$일 때, □ABCD의 둘레의 길이를 구하시오.

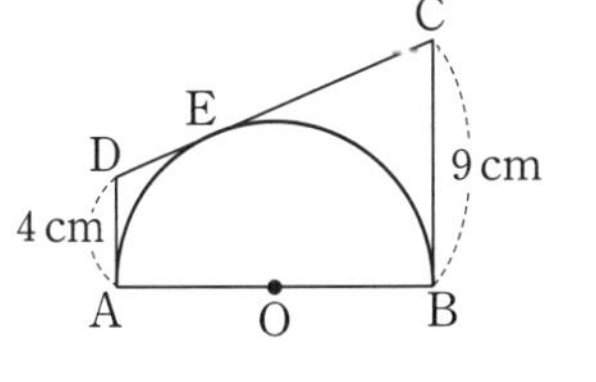

5 생각이 자라는 문제 해결

오른쪽 그림과 같이 원 O의 지름의 양 끝 점 A, B에서 그은 접선과 원 O 위의 한 점 P에서 그은 접선이 만나는 점을 각각 C, D라 하자. $\overline{AC}=2\,cm$, $\overline{BD}=5\,cm$일 때, 다음을 구하시오.

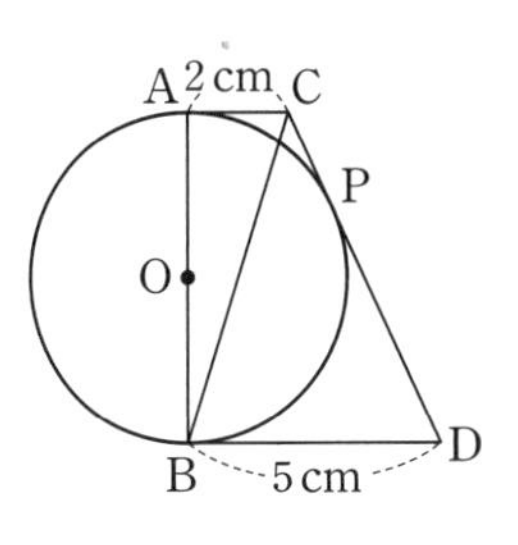

(1) $\overline{AB}$의 길이
(2) $\overline{BC}$의 길이

▶ 문제 속 개념 도출

- $\overline{AB}$, $\overline{AD}$, $\overline{CD}$가 반원 O의 접선이고 $\overline{AB}=a$, $\overline{CD}=b$일 때
  $\overline{AD}=\overline{AE}+\overline{DE}=\overline{AB}+\overline{CD}=$① ______

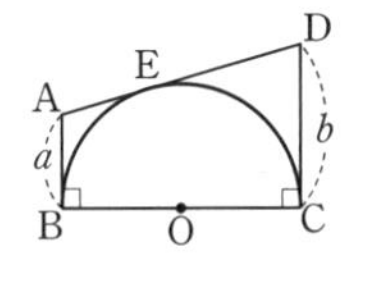

- 피타고라스 정리
  ➡ ② ______에서 빗변의 길이의 제곱은 직각을 낀 두 변의 길이의 제곱의 합과 같다.

개념 18 삼각형의 내접원

되짚어 보기 [중2] 삼각형의 외심과 내심 [중3] 원의 접선의 성질

$\triangle$ABC의 내접원 O가 세 변 AB, BC, CA와 접하는 점을 각각 D, E, F라 하면

(1) $\overline{AD}=\overline{AF}$, $\overline{BD}=\overline{BE}$, $\overline{CE}=\overline{CF}$

(2) ($\triangle$ABC의 둘레의 길이)$=a+b+c=2(x+y+z)$

참고 $\overline{AF}=\overline{AD}=x$, $\overline{BD}=\overline{BE}=y$, $\overline{CE}=\overline{CF}=z$이므로

$a+b+c=(y+z)+(z+x)+(x+y)=2x+2y+2z=2(x+y+z)$

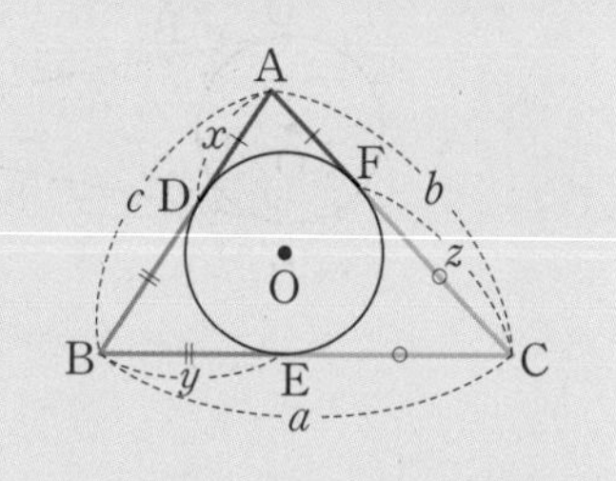

개념 확인

정답 및 해설 20쪽

1 다음 그림에서 원 O는 $\triangle$ABC의 내접원이고 세 점 D, E, F는 그 접점일 때, x, y, z의 값을 각각 구하시오.

(1)

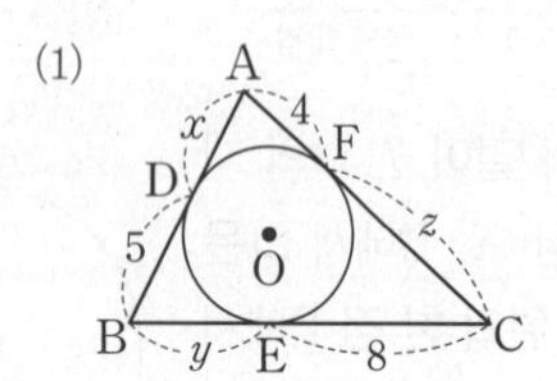

(2)

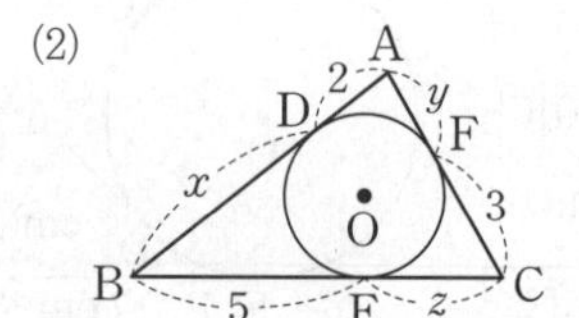

2 다음 그림에서 원 O는 $\triangle$ABC의 내접원이고 세 점 D, E, F는 그 접점일 때, x, y, z의 값을 각각 구하시오.

(1)

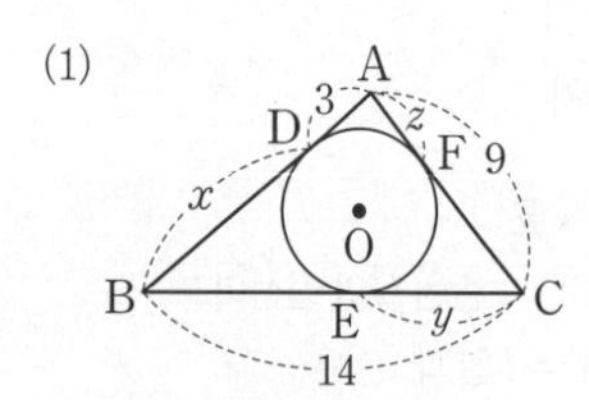

(2)

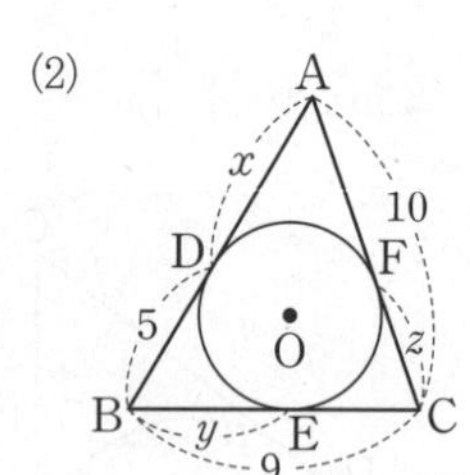

3 오른쪽 그림에서 원 O는 $\triangle$ABC의 내접원이고 세 점 D, E, F는 그 접점일 때, 다음은 $\overline{AF}$의 길이를 구하는 과정이다. □ 안에 알맞은 것을 쓰시오.

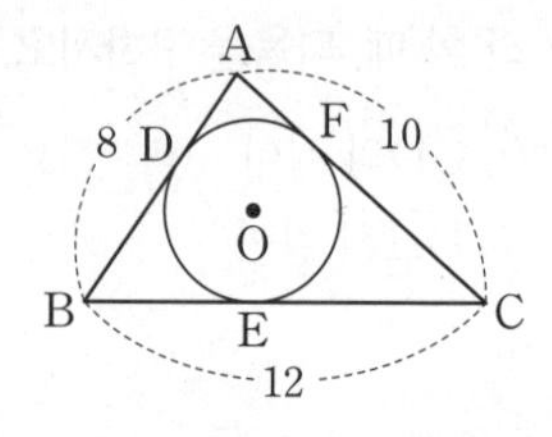

> $\overline{AF}=x$라 하면 $\overline{AD}=\overline{AF}=x$이므로
> $\overline{BD}=$□, $\overline{CF}=$□
> $\overline{BE}=\overline{BD}$, $\overline{CE}=\overline{CF}$이므로
> $\overline{BC}=($□$)+($□$)=12$
> $\therefore x=$□ $\therefore \overline{AF}=$□

교과서 문제로 개념 다지기

1

오른쪽 그림에서 원 O는 △ABC의 내접원이고 세 점 D, E, F는 그 접점이다. $\overline{AD}=4\,\text{cm}$, $\overline{BE}=5\,\text{cm}$, $\overline{CF}=6\,\text{cm}$일 때, △ABC의 둘레의 길이를 구하시오.

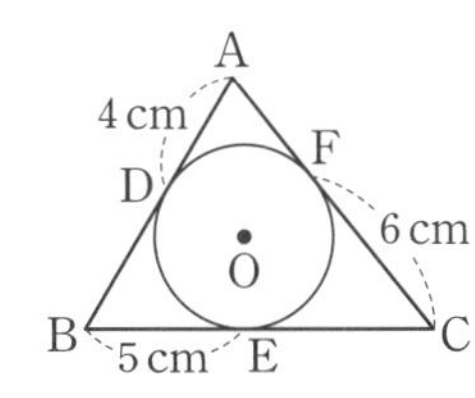

2

오른쪽 그림에서 원 O는 △ABC의 내접원이고 세 점 D, E, F는 그 접점이다. $\overline{AB}=9\,\text{cm}$, $\overline{AC}=7\,\text{cm}$, $\overline{AD}=4\,\text{cm}$일 때, $\overline{BC}$의 길이는?

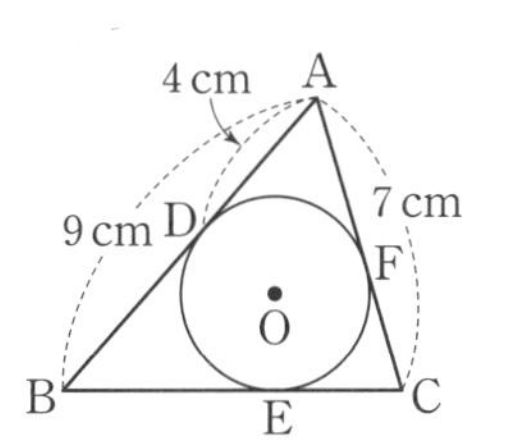

① $2\sqrt{10}\,\text{cm}$ ② $3\sqrt{5}\,\text{cm}$ ③ $7\,\text{cm}$
④ $5\sqrt{2}\,\text{cm}$ ⑤ $8\,\text{cm}$

3

$\overline{AD}=x\,\text{cm}$로 놓고, 각 변의 길이를 x를 사용하여 나타내어 봐.

오른쪽 그림에서 원 O는 △ABC의 내접원이고 세 점 D, E, F는 그 접점이다. $\overline{AB}=14\,\text{cm}$, $\overline{BC}=15\,\text{cm}$, $\overline{CA}=13\,\text{cm}$일 때, $\overline{AD}$의 길이를 구하시오.

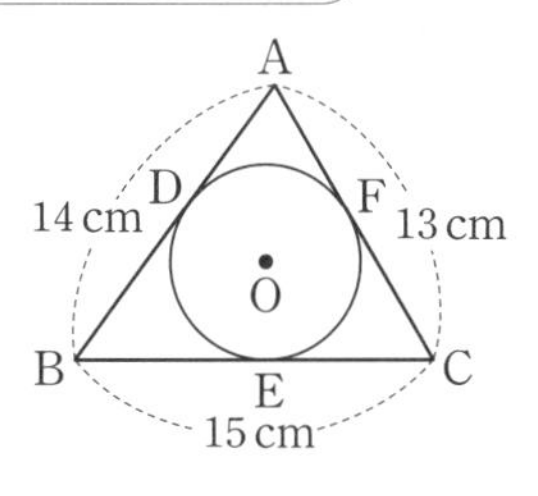

4

아래 그림과 같이 $\angle C=90^\circ$인 직각삼각형 ABC에 원 O가 내접한다. $\overline{BC}=4\,\text{cm}$, $\overline{CA}=3\,\text{cm}$이고 원 O의 반지름의 길이를 $r\,\text{cm}$라 할 때, r의 값을 구하려고 한다. 다음 물음에 답하시오.

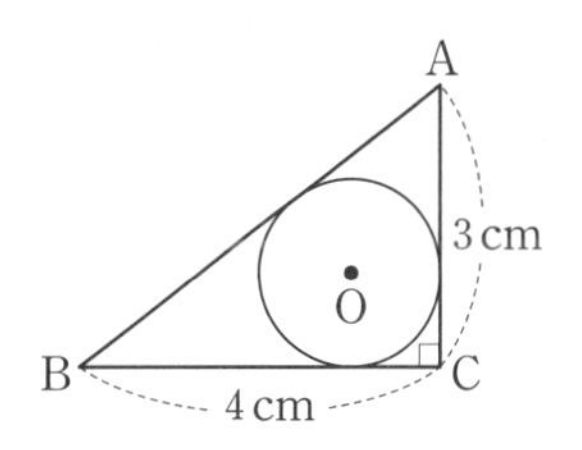

(1) $\overline{AB}$의 길이를 구하시오.
(2) $\overline{AB}$의 길이를 r를 사용하여 나타내시오.
(3) r의 값을 구하시오.

5 생각이 자라는 문제 해결

오른쪽 그림과 같이 반지름의 길이가 $2\,\text{cm}$인 원 O가 △ABC에 내접하고 세 점 D, E, F는 그 접점이다. $\overline{AD}=11\,\text{cm}$, $\overline{BE}=5\,\text{cm}$, $\overline{CF}=3\,\text{cm}$일 때, △ABC의 넓이를 구하시오.

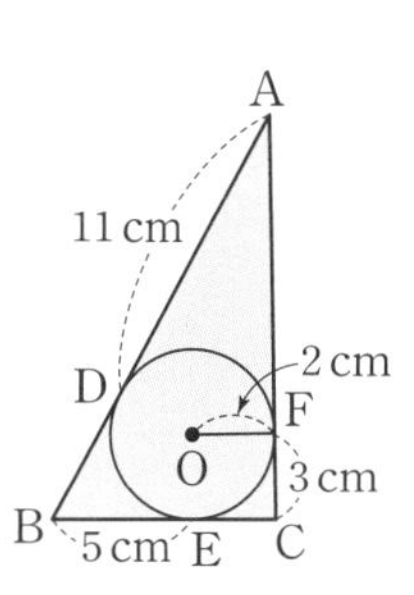

▶ 문제 속 개념 도출

- $\overline{AD}=\overline{AF}$, $\overline{BD}=$① ____, $\overline{CE}=\overline{CF}$
- $\triangle ABC=\triangle OAB+\triangle OBC+\triangle OCA$

$=\frac{1}{2}r\overline{AB}+\frac{1}{2}r\overline{BC}+$② ____

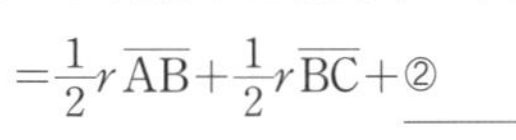

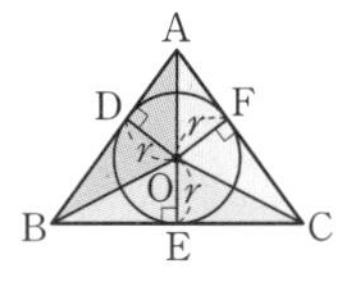

원에 외접하는 사각형

되짚어 보기 [중3] 원의 접선의 성질

(1) 원에 외접하는 사각형에서 두 쌍의 대변의 길이의 합은 서로 같다.

➡ $\overline{AB}+\overline{CD}=\overline{AD}+\overline{BC}$

참고 $\overline{AP}=\overline{AS}$, $\overline{BP}=\overline{BQ}$, $\overline{CR}=\overline{CQ}$, $\overline{DR}=\overline{DS}$이므로

$\overline{AB}+\overline{CD}=(\overline{AP}+\overline{BP})+(\overline{CR}+\overline{DR})$

$=(\overline{AS}+\overline{BQ})+(\overline{CQ}+\overline{DS})$

$=(\overline{AS}+\overline{DS})+(\overline{BQ}+\overline{CQ})=\overline{AD}+\overline{BC}$

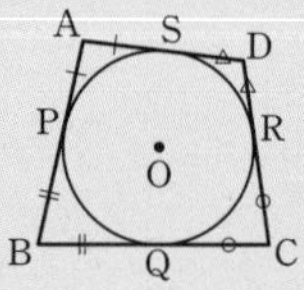

(2) 두 쌍의 대변의 길이의 합이 같은 사각형은 원에 외접한다.

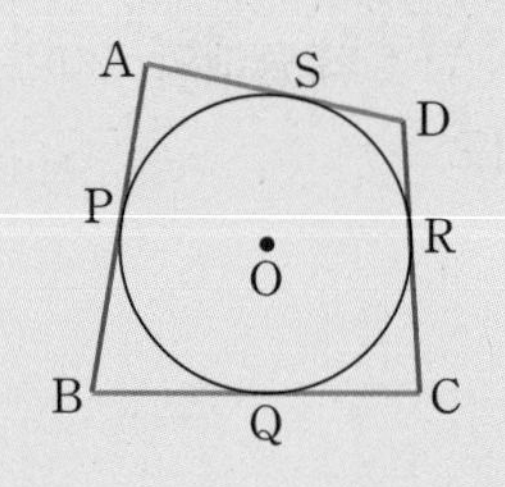

개념 확인

● 정답 및 해설 22쪽

1 다음 그림에서 □ABCD가 원 O에 외접할 때, x의 값을 구하시오.

(1)

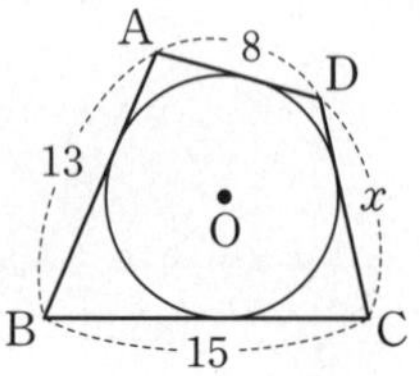

(2)

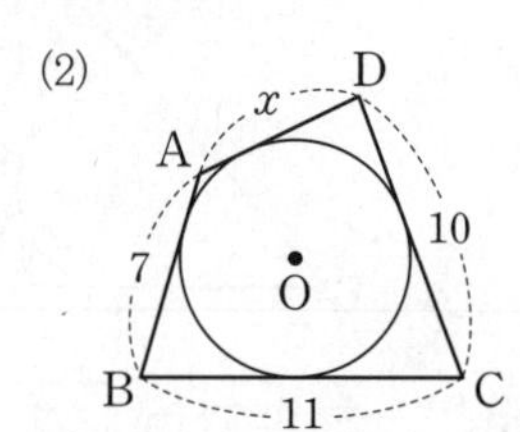

2 다음 그림에서 □ABCD가 원 O에 외접하고 네 점 E, F, G, H는 그 접점일 때, x의 값을 구하시오.

(1)

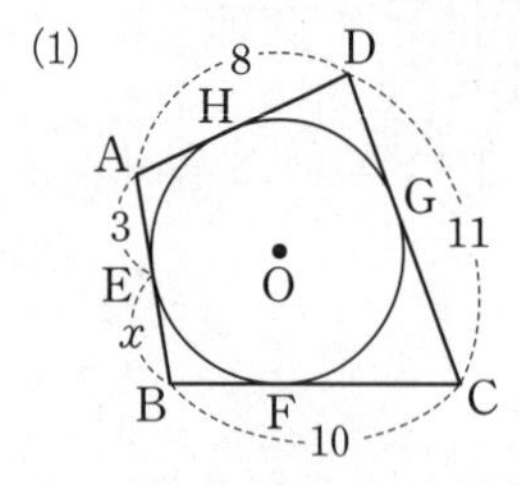

(2)

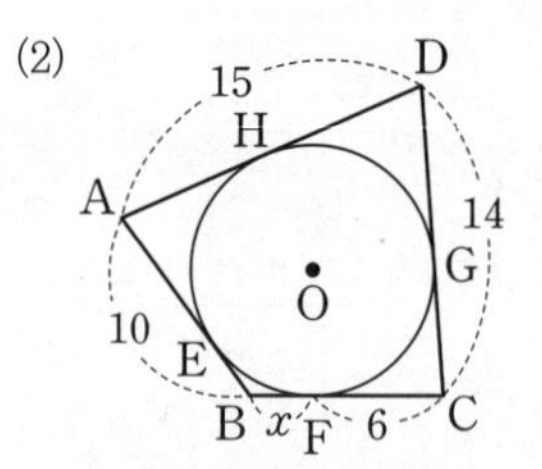

3 다음 그림에서 □ABCD가 원 O에 외접할 때, 다음을 구하시오.

(1) $\overline{AB}+\overline{CD}$의 값

(2) □ABCD의 둘레의 길이

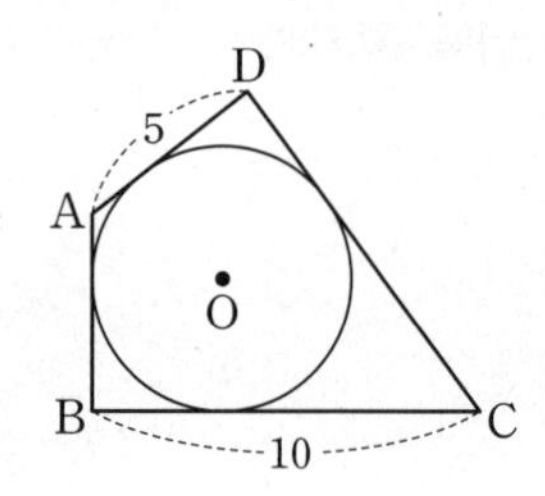

● 정답 및 해설 22쪽

1

오른쪽 그림과 같이 원 O에 외접하는 □ABCD에서 $\overline{AB}=6\,\text{cm}$, $\overline{AD}=4\,\text{cm}$, $\overline{BC}=9\,\text{cm}$일 때, $\overline{CD}$의 길이는?

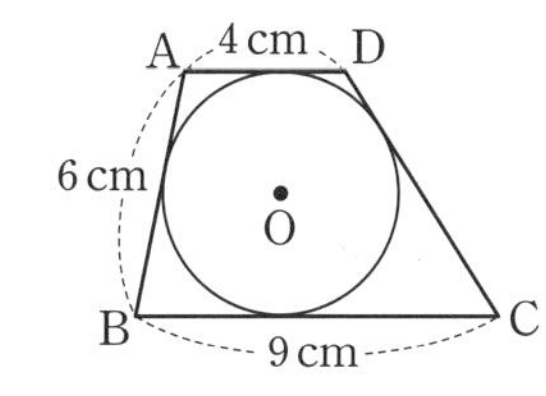

① 6 cm　② 7 cm　③ 8 cm　④ 9 cm　⑤ 10 cm

2

오른쪽 그림과 같이 □ABCD는 원 O에 외접하고 점 E는 그 접점이다. $\overline{AD}=10\,\text{cm}$, $\overline{BC}=15\,\text{cm}$, $\overline{BE}=8\,\text{cm}$, $\overline{CD}=12\,\text{cm}$일 때, $\overline{AE}$의 길이를 구하시오.

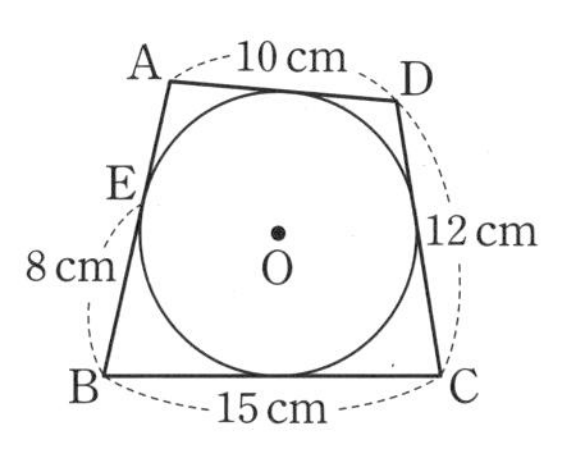

3 해설 꼭 확인

원 O에 외접하는 사각형 ABCD의 네 변의 길이가 오른쪽 그림과 같을 때, x의 값을 구하시오.

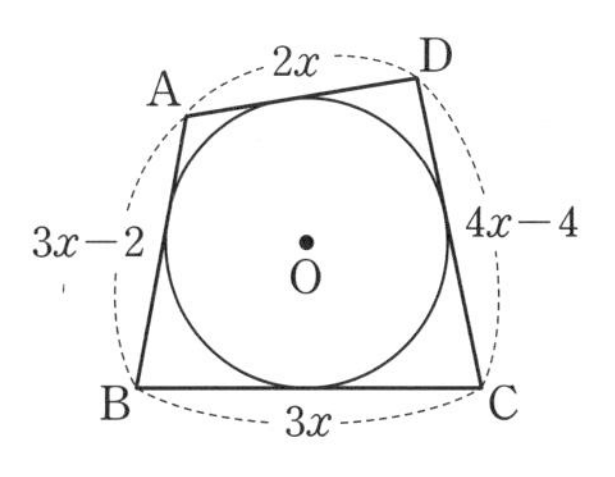

4

오른쪽 그림에서 □ABCD는 원 O에 외접하고 네 점 P, Q, R, S는 그 접점이다. $\overline{AB}=13\,\text{cm}$, $\overline{CR}=5\,\text{cm}$, $\overline{DS}=4\,\text{cm}$일 때, □ABCD의 둘레의 길이를 구하시오.

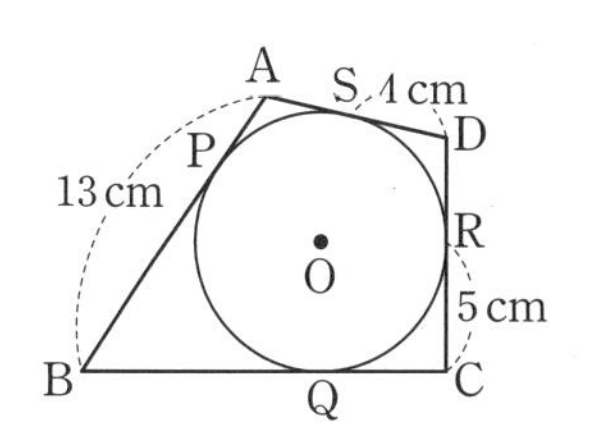

5 생각이 자라는 문제 해결

오른쪽 그림과 같이 $\angle C=\angle D=90^\circ$인 사다리꼴 ABCD가 반지름의 길이가 6 cm인 원 O에 외접한다. $\overline{AB}=15\,\text{cm}$, $\overline{BC}=18\,\text{cm}$일 때, 다음을 구하시오.

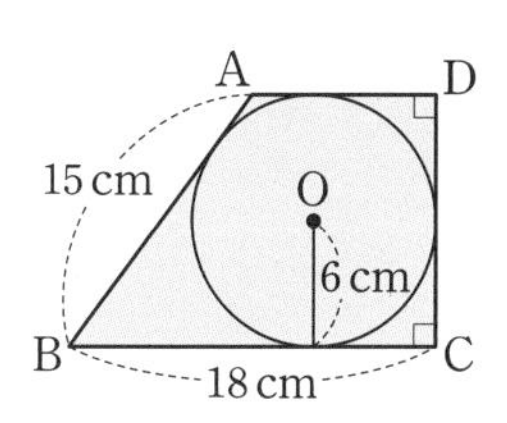

(1) $\overline{AD}$의 길이

(2) □ABCD의 넓이

▶ 문제 속 개념 도출

• 원에 외접하는 사각형에서 두 쌍의 대변의 길이의 합은 서로 ① ______.

• (사다리꼴의 넓이) $=\frac{1}{2}\times$ {(윗변의 길이)+(아랫변의 길이)} ×(② ______)

학교 시험 문제로 단원 마무리

점수 /100점

1

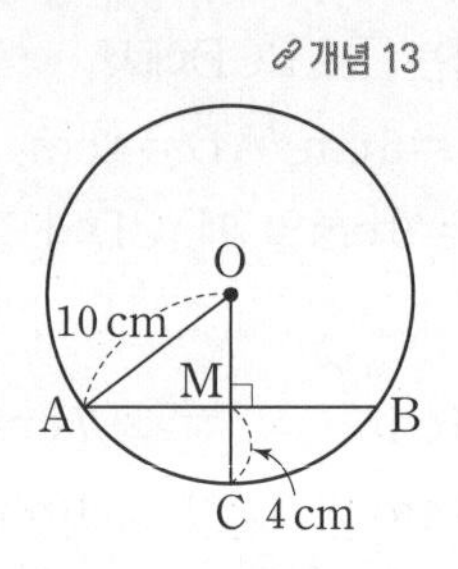

개념 13

오른쪽 그림과 같이 반지름의 길이가 $10\,\mathrm{cm}$인 원 O에서 $\overline{AB}\perp\overline{OC}$이고 $\overline{CM}=4\,\mathrm{cm}$일 때, $\overline{AB}$의 길이는? [10점]

① $10\,\mathrm{cm}$ ② $12\,\mathrm{cm}$ ③ $14\,\mathrm{cm}$ ④ $16\,\mathrm{cm}$ ⑤ $18\,\mathrm{cm}$

2

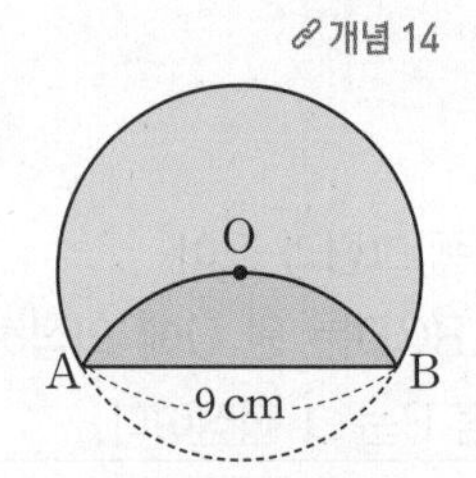

개념 14

오른쪽 그림과 같이 원 모양의 색종이를 $\widehat{AB}$가 원의 중심 O를 지나도록 접었다. $\overline{AB}=9\,\mathrm{cm}$일 때, 처음 원 모양의 색종이의 반지름의 길이를 구하시오. [15점]

3

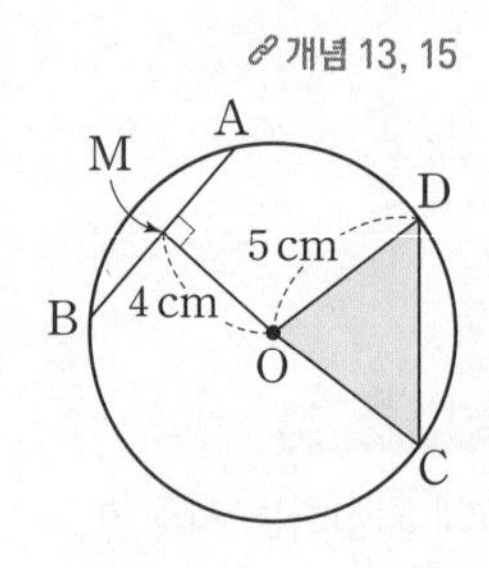

개념 13, 15

오른쪽 그림의 원 O에서 $\overline{AB}=\overline{CD}$, $\overline{AB}\perp\overline{OM}$이다. $\overline{OD}=5\,\mathrm{cm}$, $\overline{OM}=4\,\mathrm{cm}$일 때, $\triangle OCD$의 넓이를 구하시오. [10점]

4

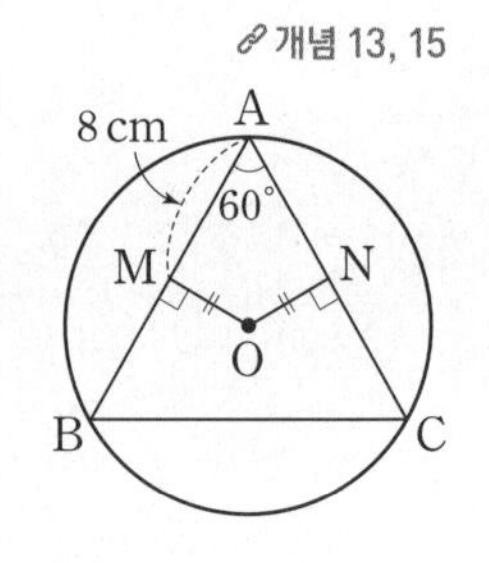

개념 13, 15

오른쪽 그림의 원 O에서 $\overline{AB}\perp\overline{OM}$, $\overline{AC}\perp\overline{ON}$이고 $\overline{OM}=\overline{ON}$이다. $\overline{AM}=8\,\mathrm{cm}$, $\angle BAC=60^{\circ}$일 때, $\overline{BC}$의 길이를 구하시오. [10점]

개념 16

5 오른쪽 그림에서 $\overline{PA}$, $\overline{PB}$는 원 O의 접선이고 두 점 A, B는 그 접점이다. $\overline{PB}=12\,cm$, $\overline{OA}=5\,cm$일 때, $\overline{PC}$의 길이를 구하시오. [10점]

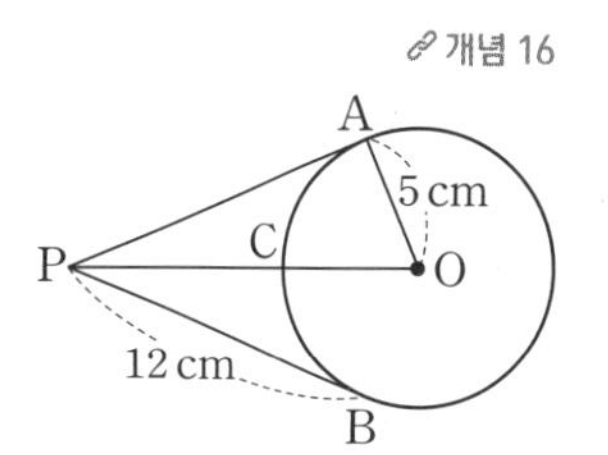

개념 17

6 오른쪽 그림에서 $\overline{AB}$는 반원 O의 지름이고, $\overline{AC}$, $\overline{BD}$, $\overline{CD}$는 각각 점 A, B, E에서 반원 O에 접한다. $\overline{AC}=4\,cm$, $\overline{BD}=6\,cm$일 때, 반원 O의 넓이를 구하시오. [15점]

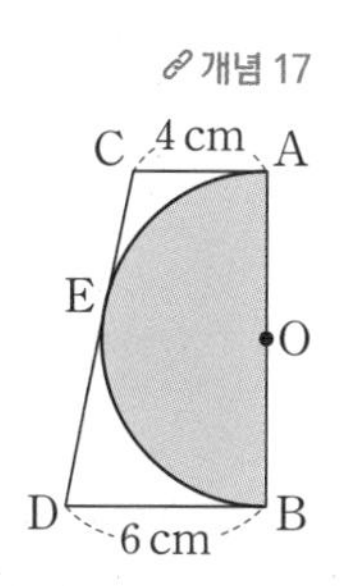

개념 18

7 오른쪽 그림에서 원 O는 △ABC의 내접원이고 세 점 D, E, F는 그 접점이다. $\overline{AB}=8\,cm$, $\overline{BC}=9\,cm$, $\overline{AC}=11\,cm$일 때, $\overline{AD}$의 길이를 구하시오. [15점]

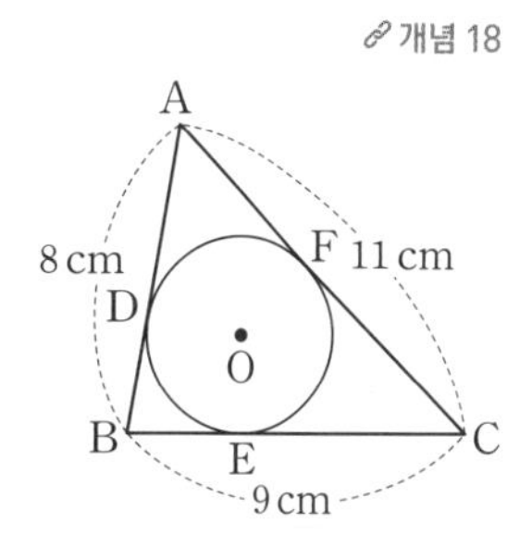

개념 19

8 오른쪽 그림과 같이 □ABCD는 원 O에 외접하고 $\overline{AB}:\overline{CD}=3:2$이다. $\overline{AD}=14\,cm$, $\overline{BC}=16\,cm$일 때, $\overline{AB}$의 길이를 구하시오. [15점]

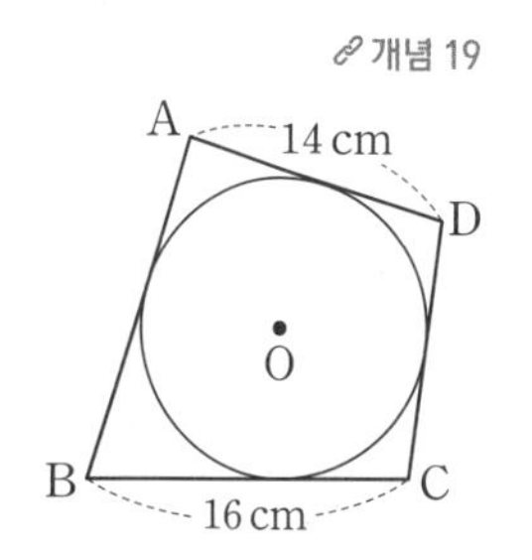

배운 내용 돌아보기

마인드맵으로 정리하기

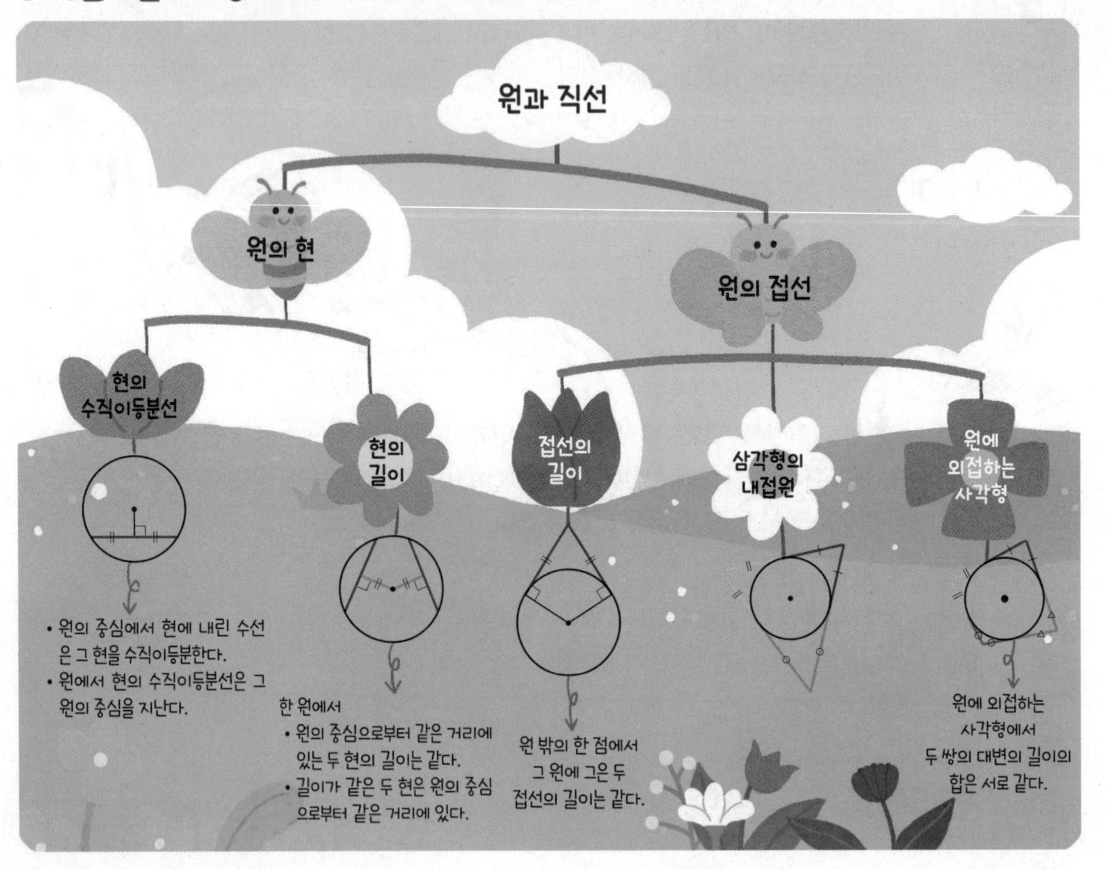

OX 문제로 확인하기

옳은 것은 O, 옳지 않은 것은 X를 택하시오. ● 정답 및 해설 23쪽

❶ 원의 중심에서 현 AB에 내린 수선의 발을 M이라 할 때, $\overline{AM}=3\,cm$이면 $\overline{BM}=3\,cm$이다. O | X

❷ 원의 중심으로부터 같은 거리에 있는 두 현 AB, CD에 대하여 $\overline{AB}=5\,cm$이면 $\overline{CD}=5\,cm$이다. O | X

❸ 원의 접선과 그 접점을 지나는 반지름이 이루는 각의 크기는 60°이다. O | X

❹ 원 밖의 한 점에서 그 원에 그은 한 접선의 길이가 $8\,cm$이면 나머지 한 접선의 길이는 $4\,cm$이다. O | X

❺ 오른쪽 그림과 같이 $\triangle ABC$의 내접원 O가 $\overline{AB}$, $\overline{BC}$, $\overline{CA}$와 접하는 점을 각각 D, E, F라 하자. 이때 $\overline{AD}=x$, $\overline{BE}=y$, $\overline{CF}=z$라 하면 $\triangle ABC$의 둘레의 길이는 $2(x+y+z)$이다. O | X

A, B, C, D, E, F, O, x, y, z

❻ 원에 외접하는 사각형에서 한 쌍의 대변의 길이의 합이 $10\,cm$이면 사각형의 둘레의 길이는 $20\,cm$이다. O | X

3 원주각

배운 내용

- **중학교 1학년**
  평면도형의 성질
- **중학교 2학년**
  삼각형과 사각형의 성질

→ **이 단원의 내용**

- ◆ 원주각
- ◆ 원주각의 성질
- ◆ 원의 접선과 현이 이루는 각

→ **배울 내용**

- **고등학교 수학**
  원의 방정식

학습 내용	학습 날짜	학습 확인	복습 날짜
개념 20 원주각과 중심각의 크기	/	☺ 😐 ☹	/
개념 21 원주각의 성질	/	☺ 😐 ☹	/
개념 22 원주각의 크기와 호의 길이	/	☺ 😐 ☹	/
개념 23 네 점이 한 원 위에 있을 조건 – 원주각	/	☺ 😐 ☹	/
개념 24 원에 내접하는 사각형의 성질	/	☺ 😐 ☹	/
개념 25 사각형이 원에 내접하기 위한 조건	/	☺ 😐 ☹	/
개념 26 원의 접선과 현이 이루는 각	/	☺ 😐 ☹	/
학교 시험 문제로 단원 마무리	/	☺ 😐 ☹	/

개념 20 원주각과 중심각의 크기

되짚어 보기 [중1] 삼각형의 내각과 외각 / 원과 부채꼴

(1) **원주각:** 원 O에서 $\widehat{AB}$ 위에 있지 않은 점 P에 대하여 $\angle APB$를 $\widehat{AB}$에 대한 원주각이라 하고, $\widehat{AB}$를 원주각 $\angle APB$에 대한 호라 한다.

(2) **원주각과 중심각의 크기:** 원에서 한 호에 대한 원주각의 크기는 그 호에 대한 중심각의 크기의 $\frac{1}{2}$이다.

➡ $\angle APB=\frac{1}{2}\angle AOB$

참고 한 호에 대한 중심각은 하나이지만 원주각은 무수히 많다.

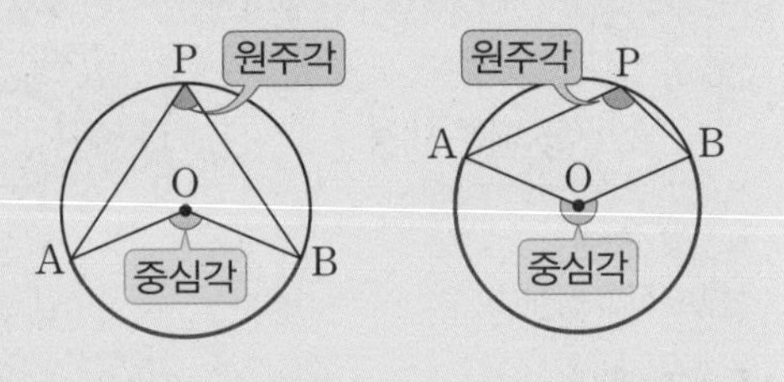

개념 확인 ● 정답 및 해설 24쪽

1 다음 그림의 원 O에서 $\angle x$의 크기를 구하시오.

(1)

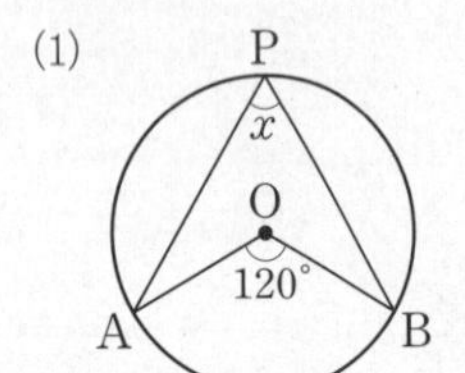

(2)

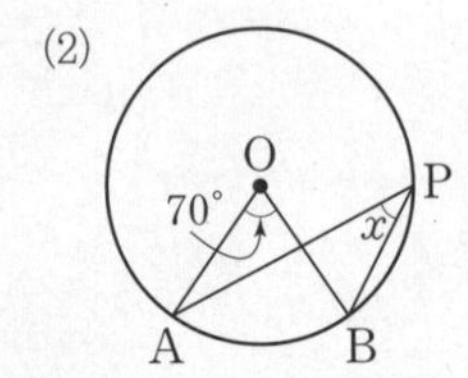

(3)

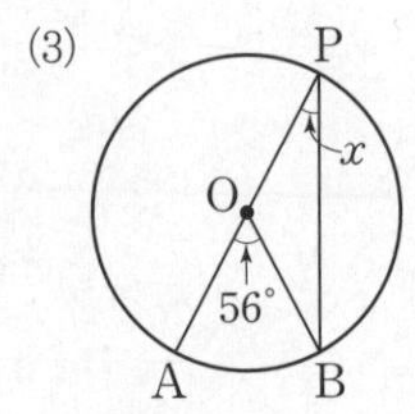

2 다음 그림의 원 O에서 $\angle x$의 크기를 구하시오.

(1)

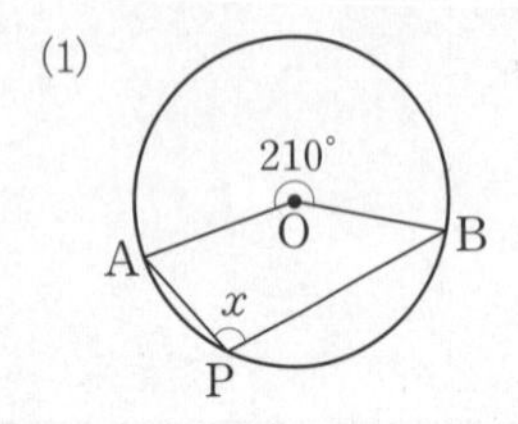

(2)

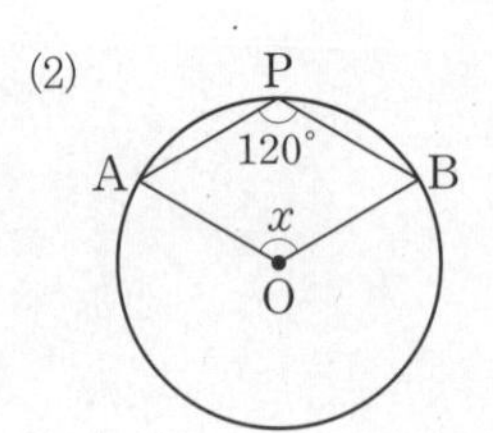

3 다음 그림의 원 O에서 $\angle x$의 크기를 구하시오.

(1)

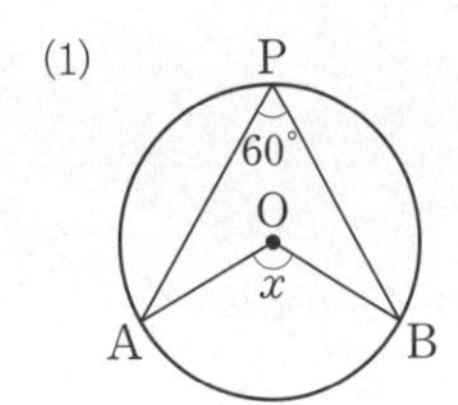

(2)

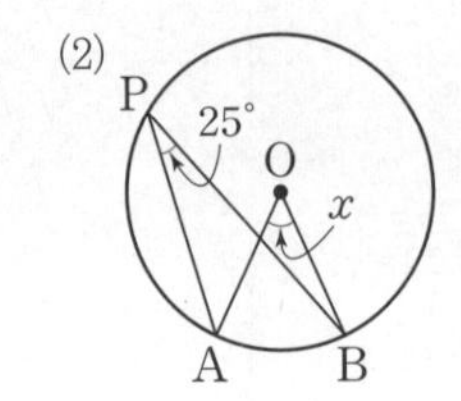

(3)

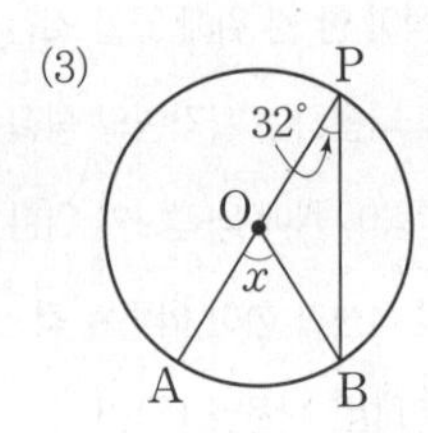

1

오른쪽 그림의 원 O에서 $\angle AOB=100^{\circ}$일 때, $\angle APB$의 크기를 구하시오.

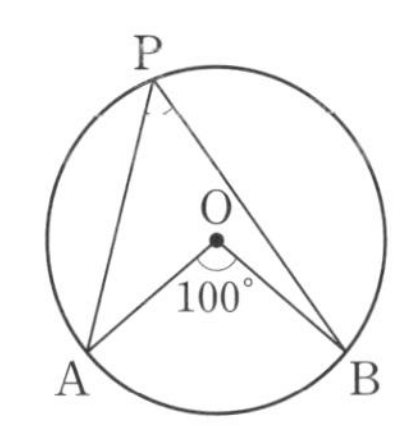

2 해설 꼭 확인

오른쪽 그림의 원 O에서 $\angle BAD=110^{\circ}$일 때, $\angle x$, $\angle y$의 크기를 각각 구하시오.

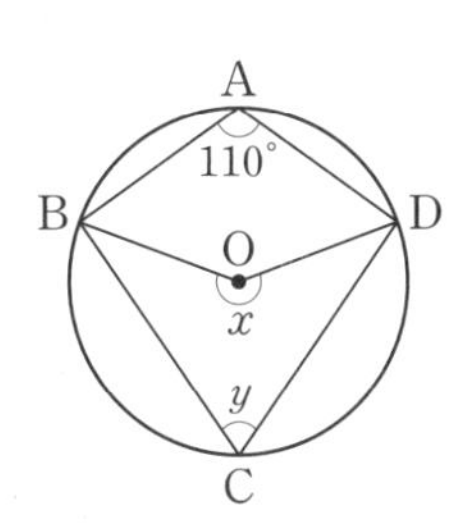

3 △OAB가 어떤 삼각형인지 생각해 봐.

오른쪽 그림의 원 O에서 $\angle OBA=30^{\circ}$일 때, $\angle x$의 크기는?

① 60° ② 65°
③ 70° ④ 75°
⑤ 80°

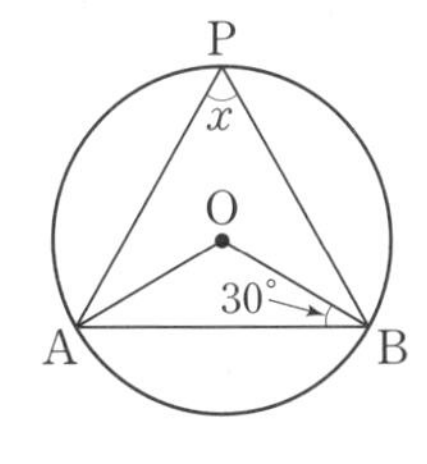

4 $\overline{OB}$를 그어 봐.

오른쪽 그림의 원 O에서 $\angle AEB=30^{\circ}$, $\angle BDC=25^{\circ}$일 때, $\angle x$의 크기를 구하시오.

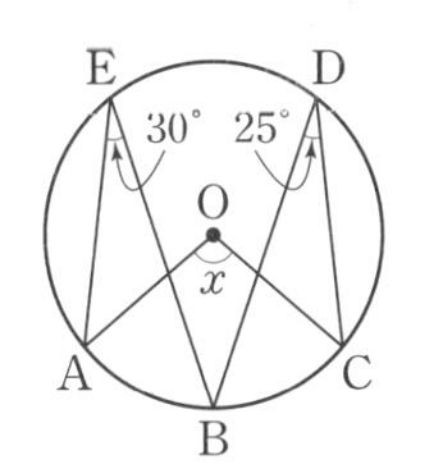

5 원의 접선은 그 접점을 지나는 반지름과 수직임을 이용해 봐.

다음 그림에서 두 점 A, B는 점 P에서 원 O에 그은 두 접선의 접점이다. $\angle APB=52^{\circ}$일 때, $\angle ACB$의 크기를 구하시오.

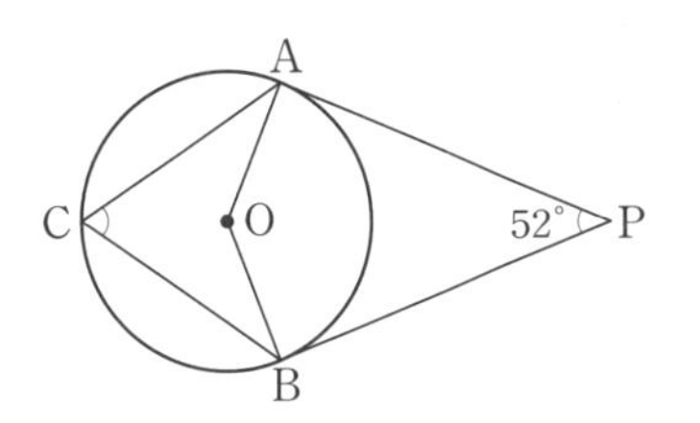

6 생각이 자라는 창의·융합

오른쪽 그림과 같이 원 모양의 시계가 8시 정각을 나타내고 있을 때, $\angle APB$의 크기를 구하시오.

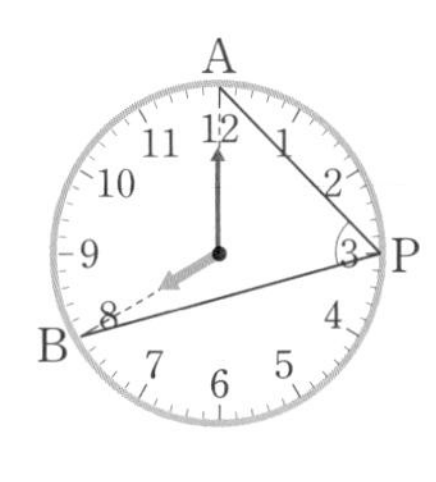

▶ 문제 속 개념 도출

- 원에서 한 호에 대한 원주각의 크기는 그 호에 대한 중심각의 크기의 ① ____ 이다.

개념 21 원주각의 성질

되짚어 보기 [중3] 원주각과 중심각의 크기

(1) 원에서 한 호에 대한 원주각의 크기는 모두 같다.

➡ $\angle APB=\angle AQB=\angle ARB$

(2) 반원에 대한 원주각의 크기는 90°이다.

➡ $\overline{AB}$가 원 O의 지름이면 $\angle APB=90^\circ$

참고 반원에 대한 중심각의 크기가 180°이므로 $\angle APB=\frac{1}{2}\times180^\circ=90^\circ$

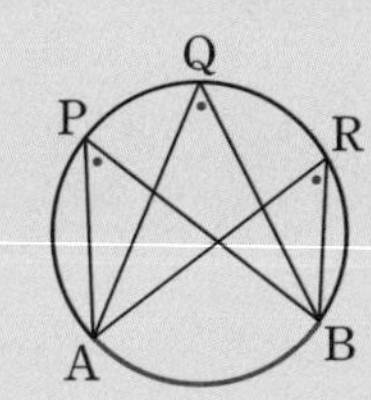

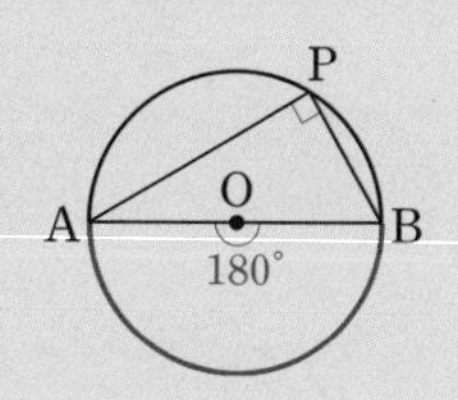

개념 확인

● 정답 및 해설 24쪽

1 다음 그림에서 $\angle x$, $\angle y$의 크기를 각각 구하시오.

(1)

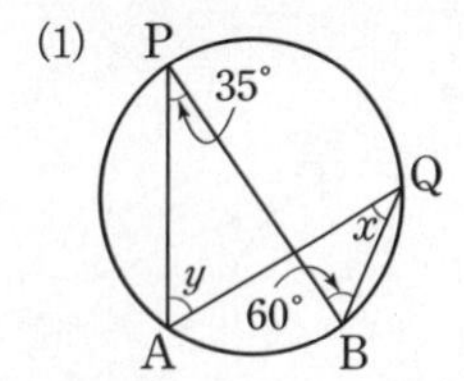

(2)

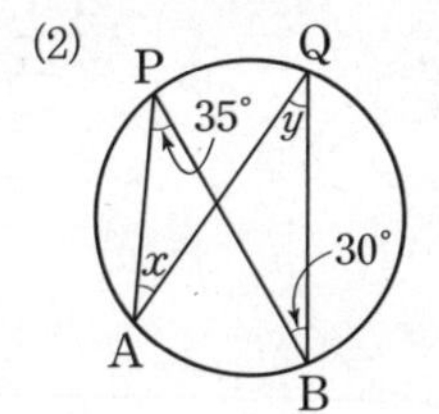

(3)

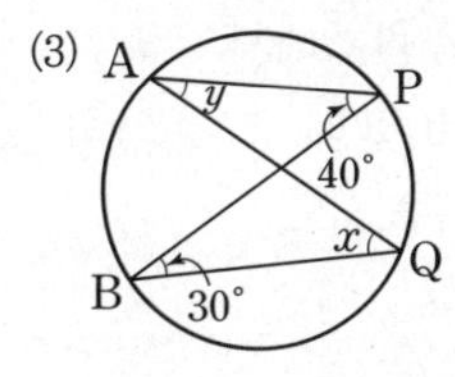

2 다음 그림에서 $\overline{AB}$가 원 O의 지름일 때, $\angle x$의 크기를 구하시오.

(1)

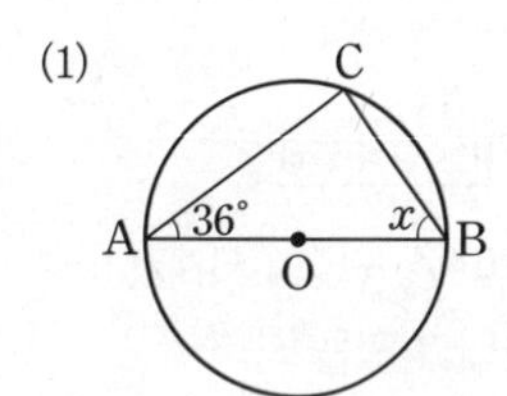

(2)

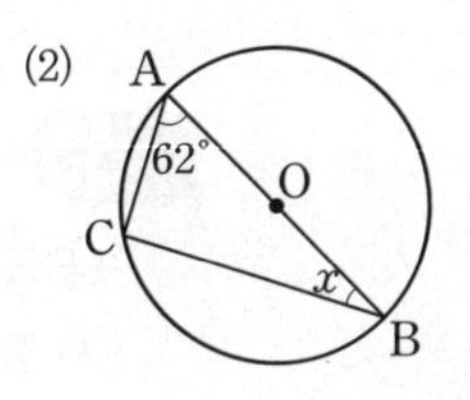

(3)

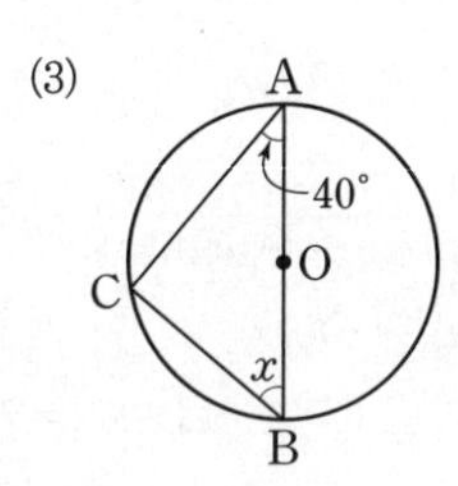

(1) $\triangle PBC$에서 삼각형의 내각과 외각의 크기 사이의 관계를 이용해 봐.

3 다음 그림에서 $\angle x$, $\angle y$의 크기를 각각 구하시오.

(1)

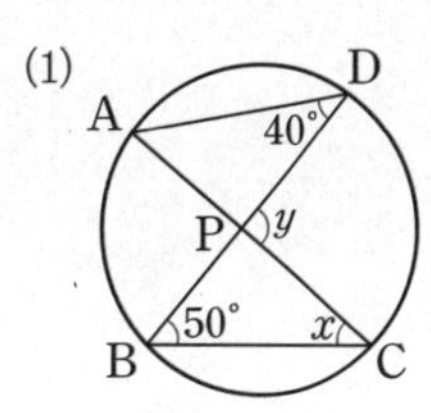

(2)

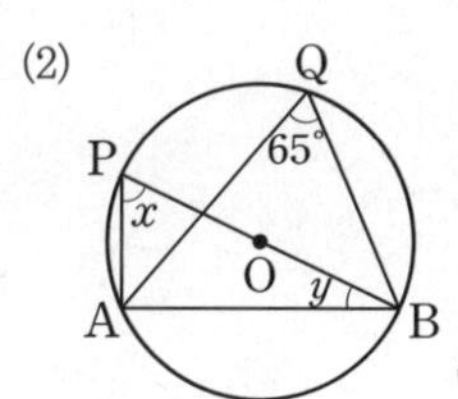

(단, $\overline{PB}$는 원 O의 지름)

교과서 문제로 개념 다지기

1

오른쪽 그림의 원 O에서 $\angle BDC=30^\circ$일 때, $\angle x+\angle y$의 값을 구하시오.

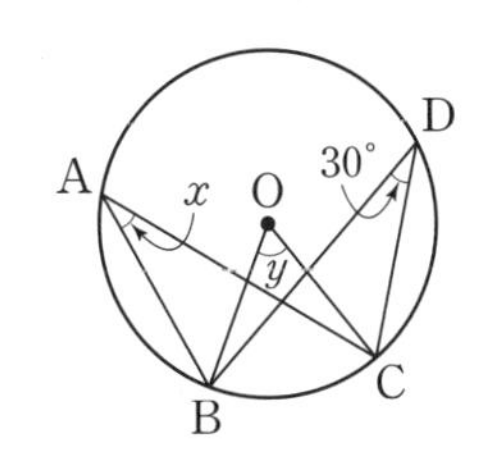

2

오른쪽 그림에서 $\angle ADB=40^\circ$, $\angle CBD=35^\circ$일 때, $\angle APB$의 크기는?

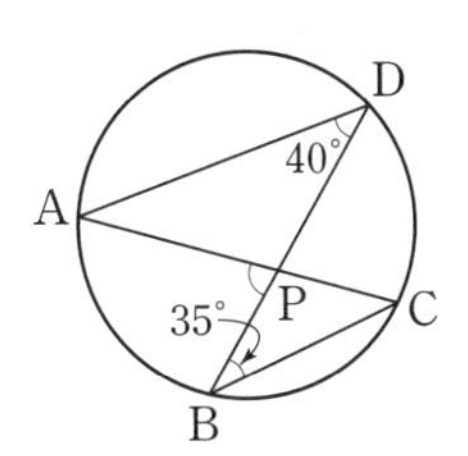

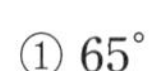
① 65°　② 70°

③ 75°　④ 80°

⑤ 85°

3 '지름이고', '원의 중심을 지나고'와 같은 조건이 있으면 직각인 원주각을 찾아봐!

오른쪽 그림에서 $\overline{BD}$는 원 O의 지름이고 $\angle BAC=50^\circ$일 때, $\angle DBC$의 크기를 구하시오.

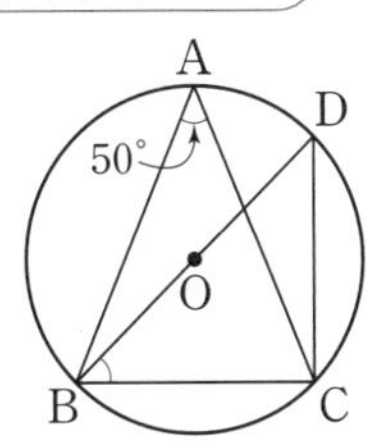

4

오른쪽 그림에서 $\overline{AB}$는 원 O의 지름이고 $\angle ABC=60^\circ$일 때, $\angle x$의 크기를 구하시오.

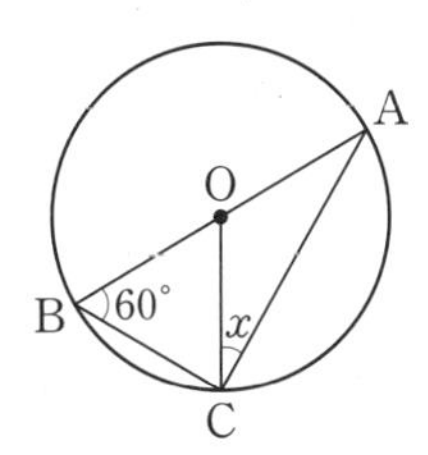

5

오른쪽 그림에서 $\overline{AB}$는 원 O의 중심을 지나고 $\angle ACD=35^\circ$일 때, $\angle x$의 크기를 구하시오.

6 생각이 자라는 문제 해결

다음 그림에서 $\angle BPD=30^\circ$, $\angle ADP=25^\circ$일 때, $\angle x$의 크기를 구하려고 한다. 물음에 답하시오.

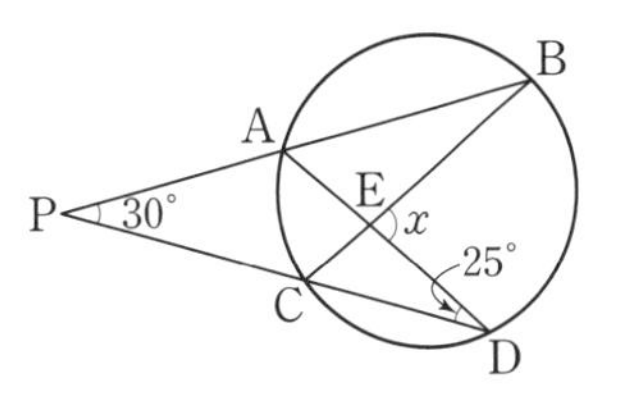

(1) $\angle ABC$의 크기를 구하시오.

(2) $\triangle BPC$에서 $\angle BCD$의 크기를 구하시오.

(3) $\triangle ECD$에서 $\angle x$의 크기를 구하시오.

▶ 문제 속 개념 도출

- 원에서 한 호에 대한 원주각의 크기는 모두 ①_____.
- 삼각형에서 한 외각의 크기는 그와 이웃하지 않는 두 내각의 크기의 ②_____과 같다.

개념 21에 대한 이해도를 표시해 보세요.

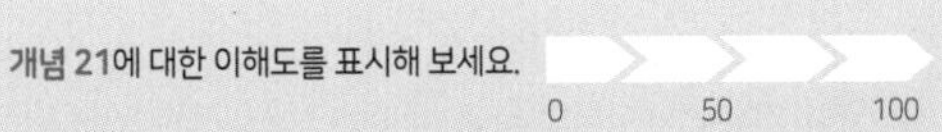

개념 22 원주각의 크기와 호의 길이

되짚어 보기 [중1] 원과 부채꼴 / 중심각의 크기와 호의 길이 [중3] 원주각과 중심각의 크기

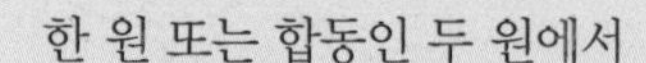

한 원 또는 합동인 두 원에서

(1) 길이가 같은 호에 대한 원주각의 크기는 같다.

➡ $\overset{\frown}{AB}=\overset{\frown}{CD}$이면 $\angle APB=\angle CQD$

(2) 크기가 같은 원주각에 대한 호의 길이는 같다.

➡ $\angle APB=\angle CQD$이면 $\overset{\frown}{AB}=\overset{\frown}{CD}$

(3) 호의 길이는 그 호에 대한 원주각의 크기에 정비례한다.

참고 호의 길이는 그 호에 대한 중심각의 크기에 정비례하고 원주각의 크기는 중심각의 크기의 $\frac{1}{2}$이므로 호의 길이는 그 호에 대한 원주각의 크기에 정비례한다.

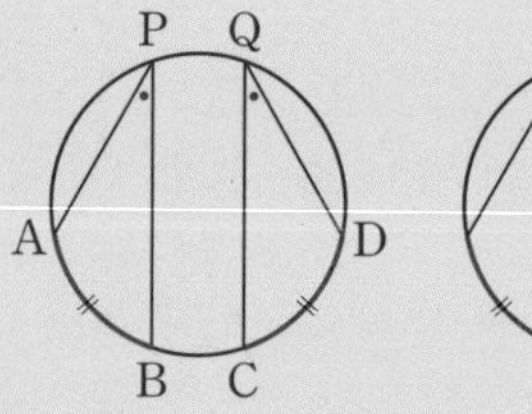

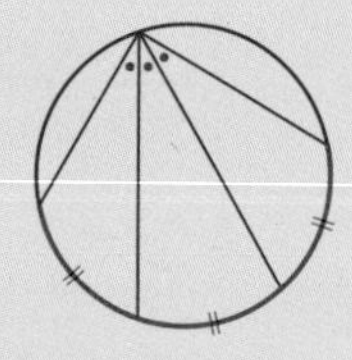

개념 확인

● 정답 및 해설 25쪽

1 다음 그림의 원 O에서 x의 값을 구하시오.

(1)

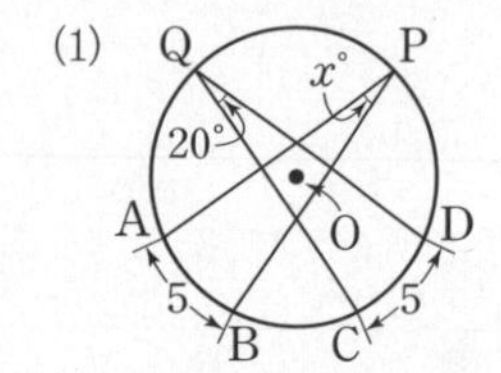

(2)

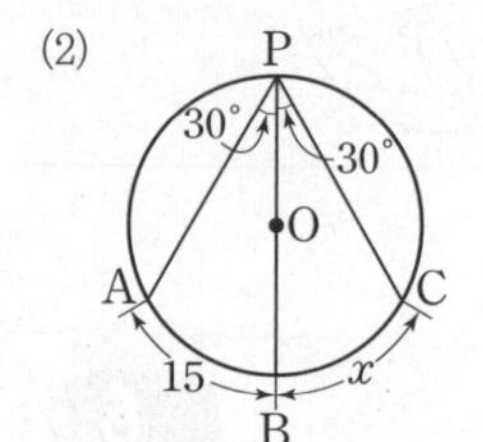

(3)

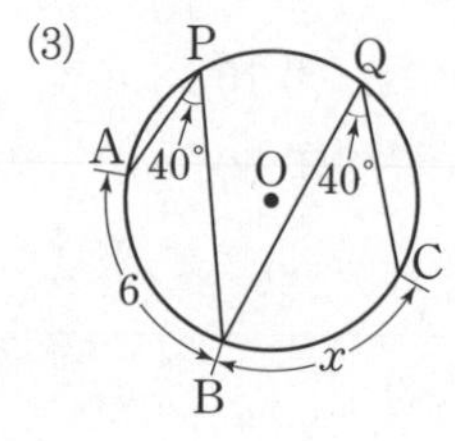

2 다음 그림의 원 O에서 x의 값을 구하시오.

(1)

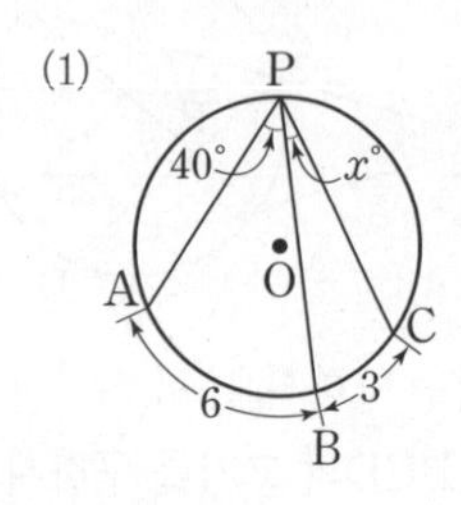

(2)

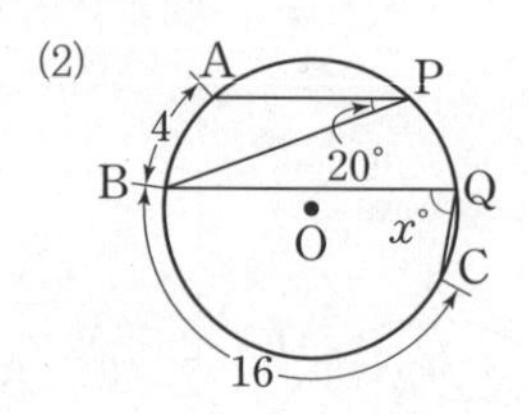

(3)

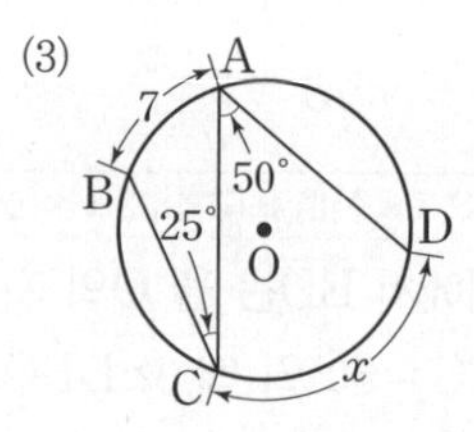

3 아래 그림의 원 O가 다음을 만족시킬 때, x의 값을 구하시오. 〈 호의 길이는 원주각의 크기에 정비례함을 이용해 봐.

(1) $\overset{\frown}{AB}$의 길이는 원의 둘레의 길이의 $\frac{1}{6}$이다.

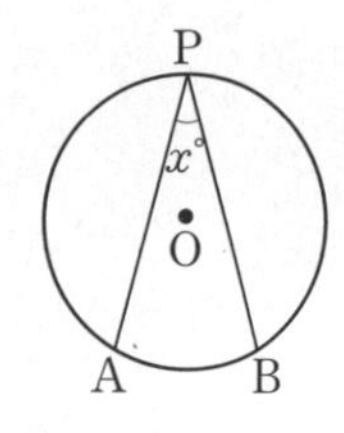

(2) 원의 둘레의 길이는 12π이다.

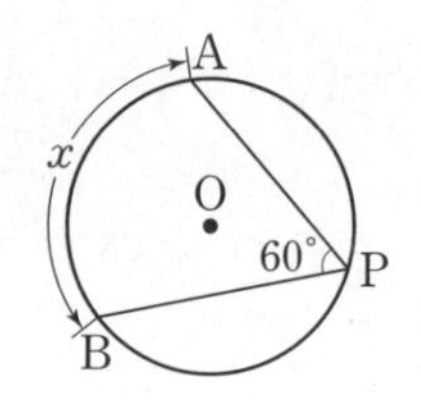

● 정답 및 해설 26쪽

교과서 문제로 개념 다지기

1
오른쪽 그림과 같은 원 O에서 $\overset{\frown}{AB}=10\,\text{cm}$, $\overset{\frown}{BC}=5\,\text{cm}$이고 $\angle BQC=20^\circ$일 때, $\angle x$의 크기를 구하시오.

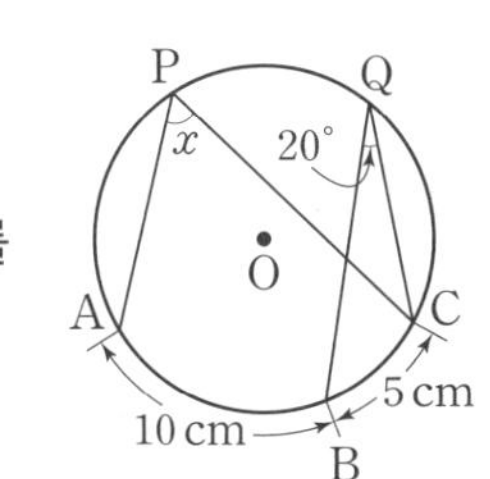

2
오른쪽 그림에서 $\overline{BC}$는 원 O의 지름이고 $\angle ACB=45^\circ$, $\overset{\frown}{AB}=4\,\text{cm}$일 때, $\overset{\frown}{AC}$의 길이를 구하시오.

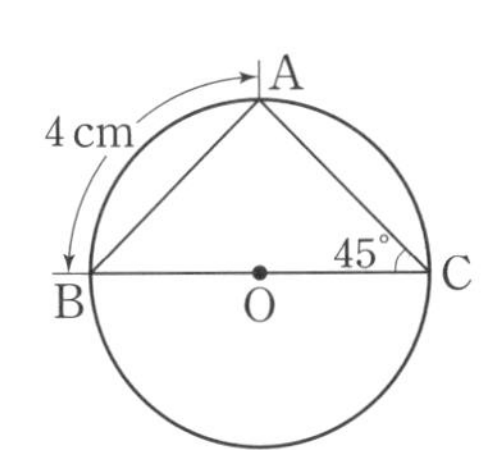

3
$\overline{PC}$를 긋고, 원주각의 크기가 중심각의 크기의 $\frac{1}{2}$임을 이용해 봐.

다음 그림의 원 O에서 x의 값을 구하시오.

(1)

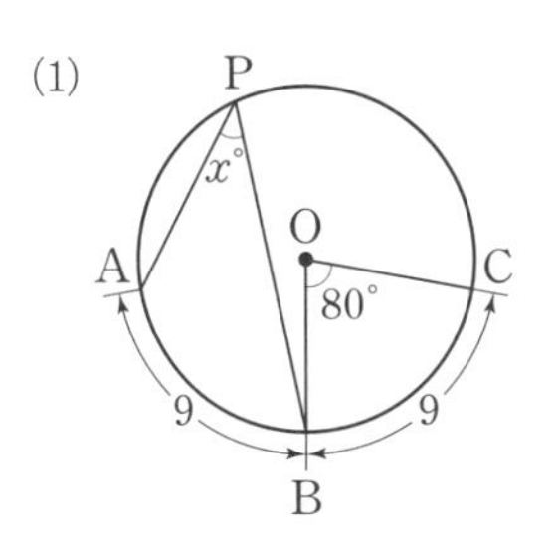

(2)

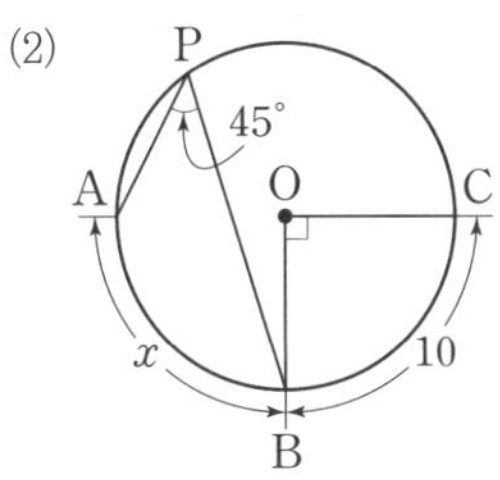

4
오른쪽 그림에서 $\overset{\frown}{AB}=\overset{\frown}{CD}$이고 $\angle ACB=37^\circ$일 때, 다음을 구하시오.

(1) $\angle DBC$의 크기

(2) $\angle x$의 크기

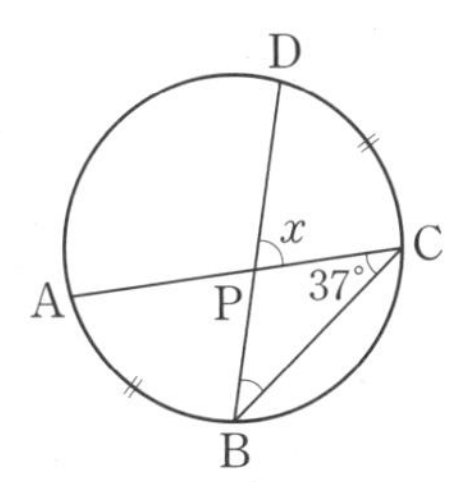

5
$\overset{\frown}{AB}$, $\overset{\frown}{BC}$, $\overset{\frown}{CA}$에 대한 원주각의 크기의 합이 얼마인지 생각해 봐.

오른쪽 그림의 원 O에서 $\overset{\frown}{AB}:\overset{\frown}{BC}:\overset{\frown}{CA}=5:6:4$일 때, $\angle BAC$의 크기를 구하시오.

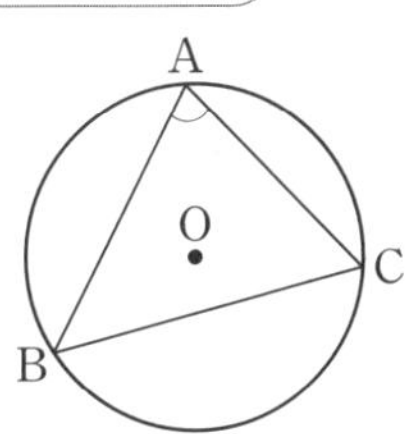

6 생각이 자라는 창의·융합
오른쪽 그림과 같은 원 모양의 산책로 위에 세 지점 A, B, C가 있다. A지점에서 B지점까지의 산책로의 거리가 300 m일 때, B지점에서 C지점까지의 산책로의 거리를 구하시오.

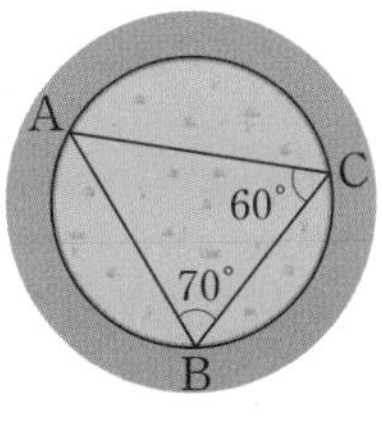
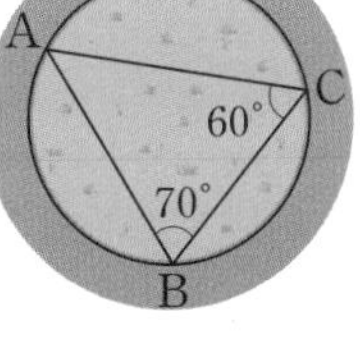

▶ 문제 속 개념 도출

- 한 원에서 호의 길이는 그 호에 대한 원주각의 크기에 ① ______ 한다.
- 삼각형의 세 내각의 크기의 합은 ② ______ 이다.

개념 22에 대한 이해도를 표시해 보세요. 0 50 100

네 점이 한 원 위에 있을 조건 - 원주각

되짚어 보기 [중3] 원주각의 성질

두 점 C, D가 직선 AB에 대하여 같은 쪽에 있을 때

$\angle ACB = \angle ADB$

이면 네 점 A, B, C, D는 한 원 위에 있다.

참고 네 점 A, B, C, D가 한 원 위에 있으면 $\angle ACB = \angle ADB$

주의 두 점 C, D가 직선 AB에 대하여 반대쪽에 있으면서 $\angle ACB = \angle ADB$이면 네 점 A, B, C, D는 한 원 위에 있다고 할 수 없다.

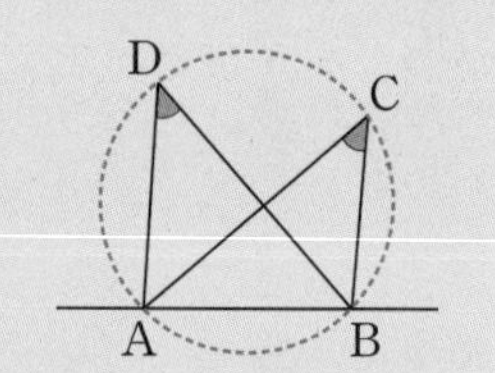

개념 확인

● 정답 및 해설 27쪽

1

다음 그림에서 네 점 A, B, C, D가 한 원 위에 있으면 ○표, 한 원 위에 있지 않으면 ×표를 ( ) 안에 쓰시오.

(1) A, D, 60°, 60°, B, C ( )

(2)

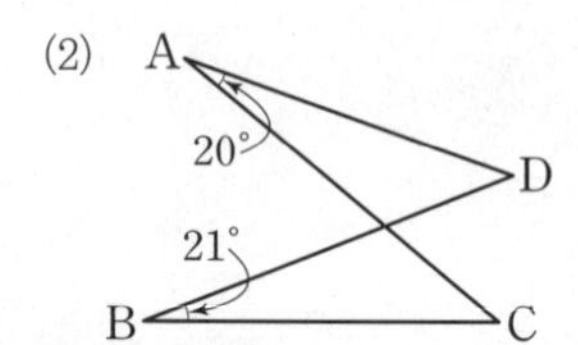

( )

(3)

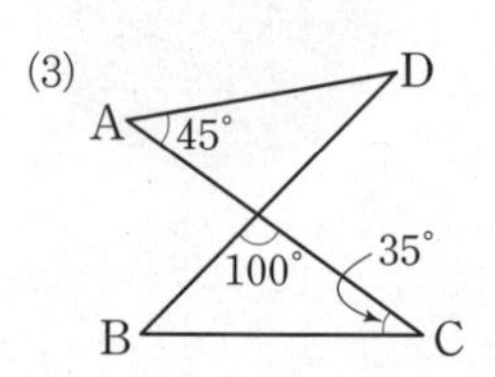

( )

(4)

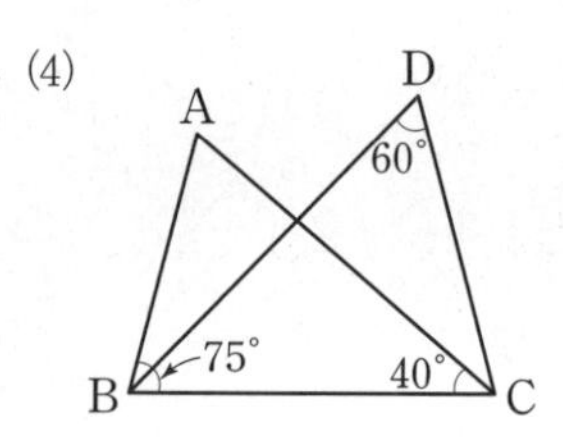

( )

2

다음 그림에서 네 점 A, B, C, D가 한 원 위에 있도록 하는 $\angle x$의 크기를 구하시오.

(1)

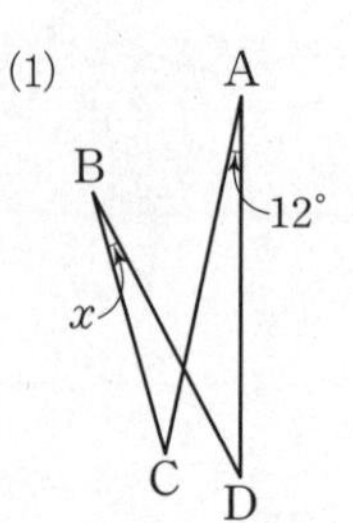

(2)

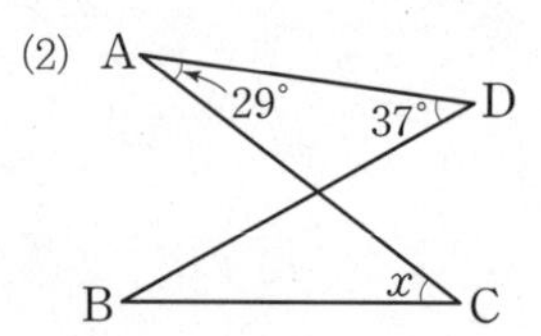

(3)

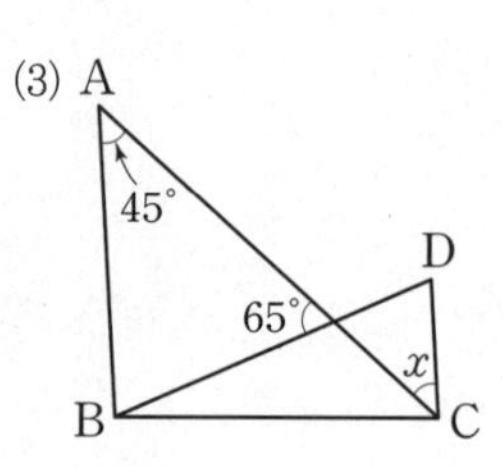

(4)

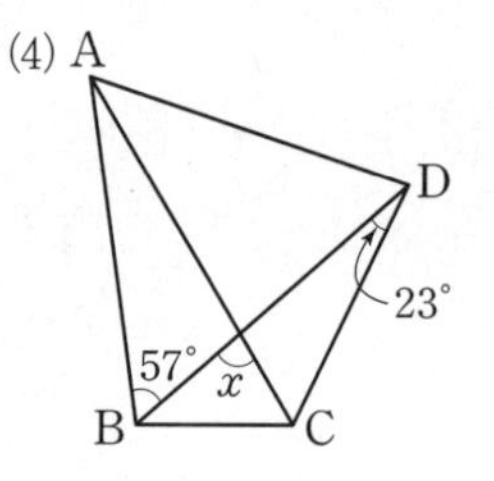

● 정답 및 해설 27쪽

교과서 문제로 개념 다지기

1 해설 꼭 확인

다음 중 네 점 A, B, C, D가 한 원 위에 있는 것을 모두 고르면? (정답 2개)

①
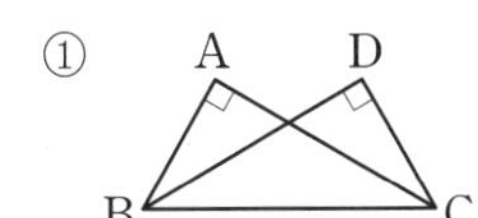

②
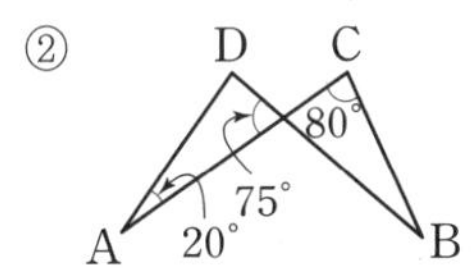

③
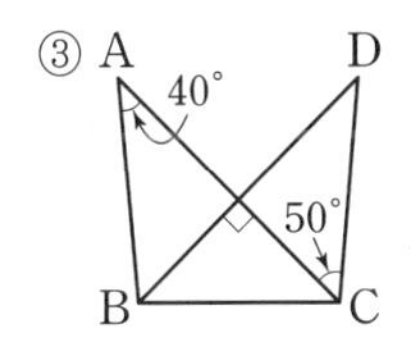

④
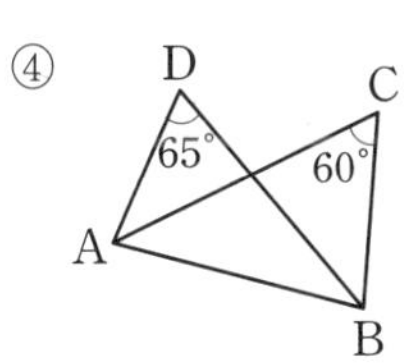

⑤
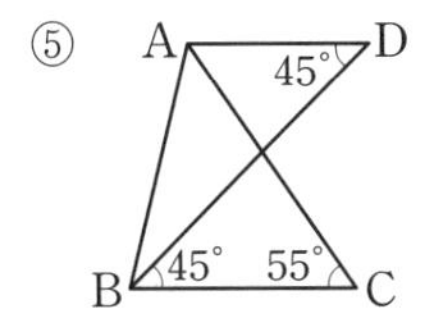

2

오른쪽 그림에서 네 점 A, B, C, D가 한 원 위에 있을 때, $\angle x$, $\angle y$의 크기를 각각 구하시오.

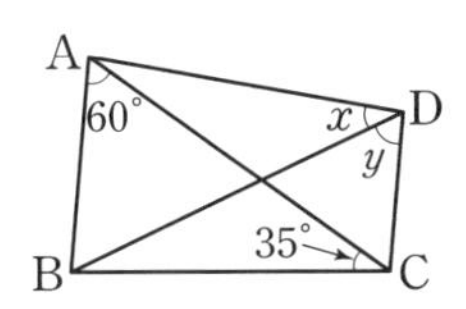

3

오른쪽 그림에서 네 점 A, B, C, D가 한 원 위에 있을 때, $\angle x$의 크기를 구하시오.

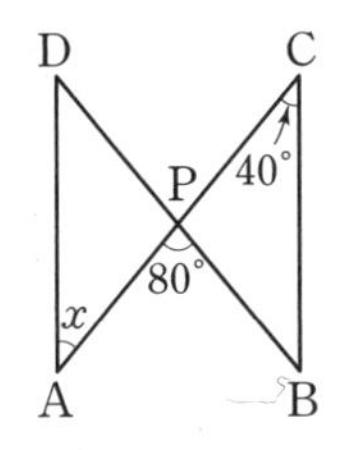

4

오른쪽 그림에서 네 점 A, B, C, D가 한 원 위에 있을 때, $\angle$PDB의 크기를 구하시오.

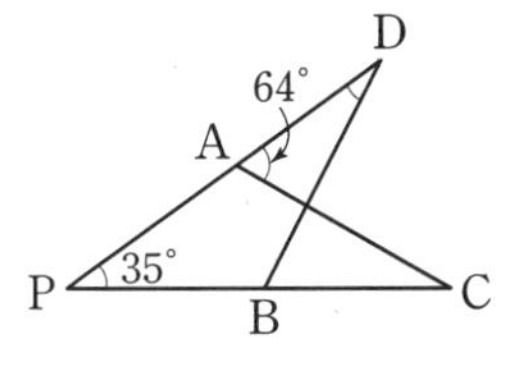

5 생각이 자라는 창의·융합

오른쪽 그림과 같이 원 모양으로 깔린 레일 위에 카메라를 놓고, 레일을 따라 연기자의 주위를 돌면서 촬영하는 기법을 '아크 샷'이라 한다. 다음 그림과 같이 촬영해야 하는 곳의 양 끝 지점을 A, B라 하고 5개의 카메라 P, Q, R, S, T가 있을 때, 두 지점 A, B와 카메라 S를 지나는 원 모양의 레일 위에 있는 카메라를 말하시오.

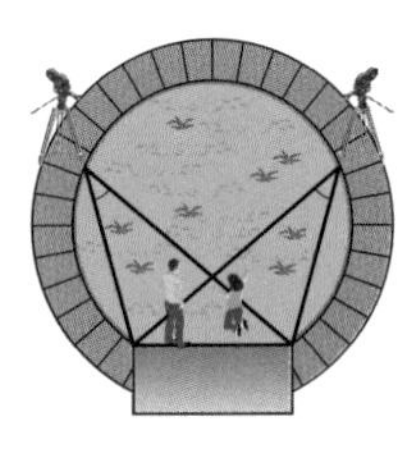

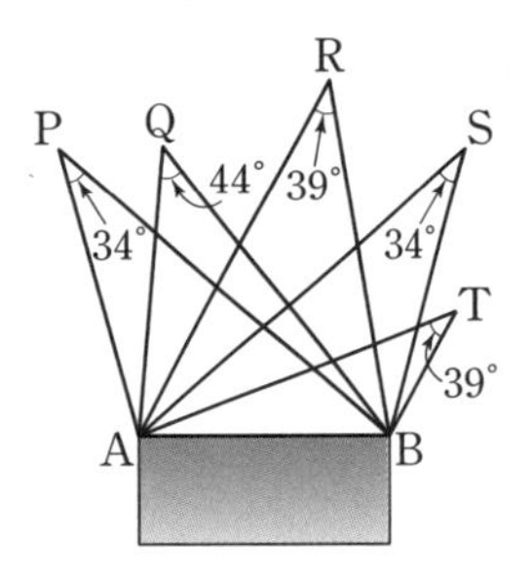

▶ 문제 속 개념 도출

- 한 원 위에 있는 네 점을 찾는 순서는 다음과 같다.
  ❶ 기준이 되는 직선을 찾는다.
  ❷ ❶에서 찾은 직선에 대하여 같은 쪽에 있는 ① ______가 같은 두 각을 찾는다.

원에 내접하는 사각형의 성질

되짚어 보기 [중1] 다각형 [중3] 원주각과 중심각의 크기

원에 내접하는 사각형에서

(1) 한 쌍의 대각의 크기의 합은 180°이다.

➡ $\angle A+\angle C=180^\circ$, $\angle B+\angle D=180^\circ$

(2) 한 외각의 크기는 그 외각과 이웃한 내각의 대각의 크기와 같다.

➡ $\angle DCE=\angle A$ ← $\angle A+\angle BCD=180^\circ$에서 $\angle A=180^\circ-\angle BCD=\angle DCE$

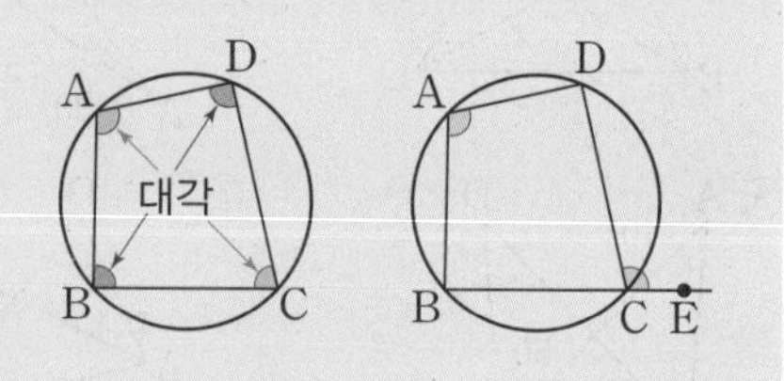

개념 확인

● 정답 및 해설 28쪽

1 다음 그림에서 □ABCD가 원에 내접할 때, $\angle x$, $\angle y$의 크기를 각각 구하시오.

(1)

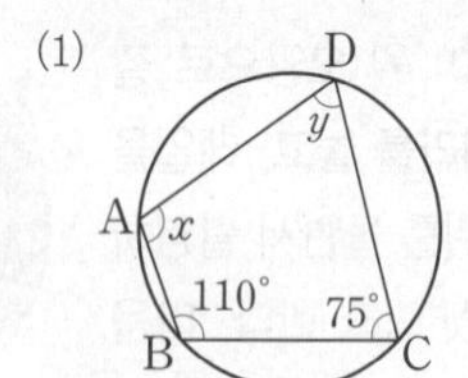

(2)

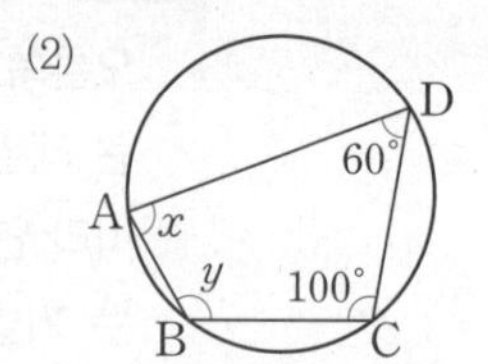

(3)

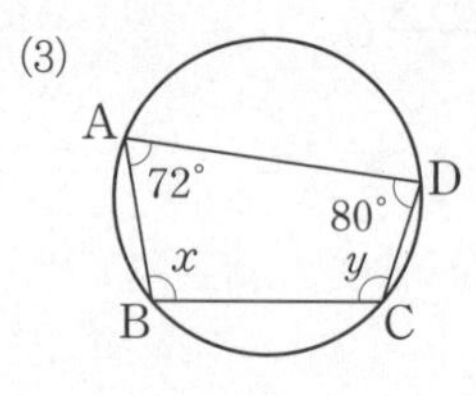

2 다음 그림에서 □ABCD가 원에 내접할 때, $\angle x$의 크기를 구하시오.

(1)

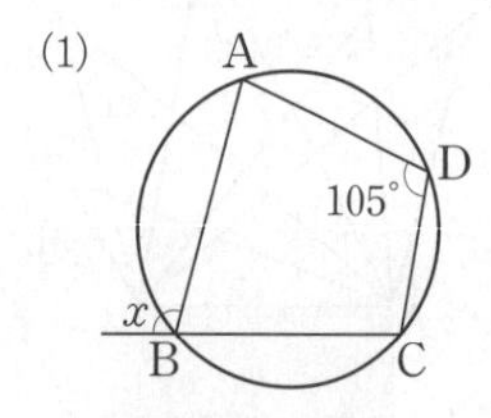

(2)

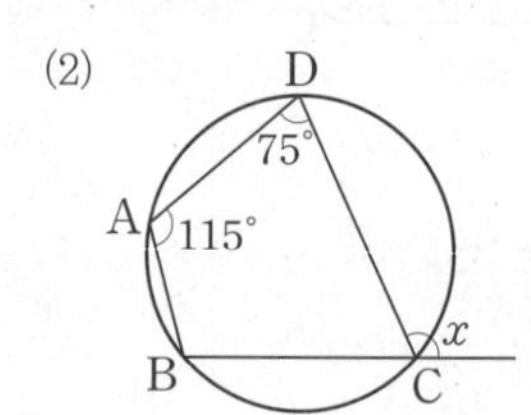

(3)

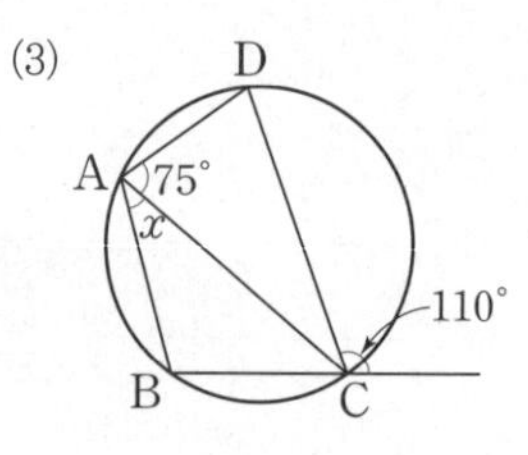

3 아래 그림에서 □ABCD가 원에 내접할 때, 다음을 구하시오.

(1)

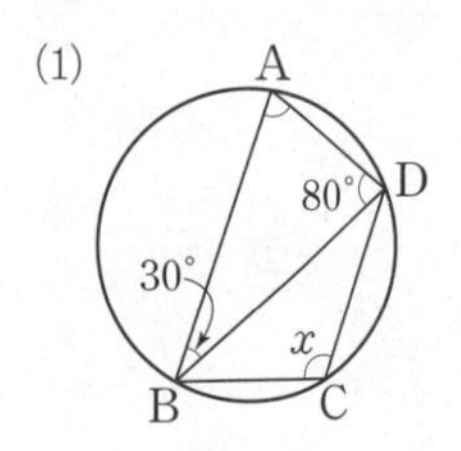

① $\angle BAD$의 크기

② $\angle x$의 크기

(2)

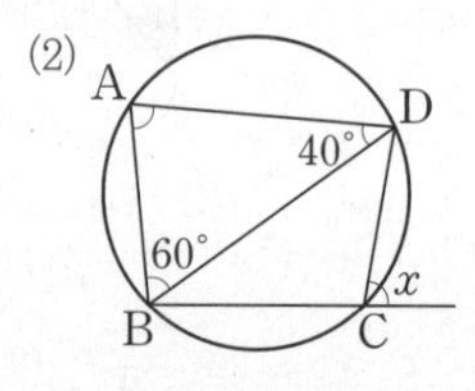

① $\angle BAD$의 크기

② $\angle x$의 크기

교과서 문제로 개념 다지기

1

오른쪽 그림에서 □ABCD가 원에 내접하고 $\angle BAD=95^\circ$, $\angle ABC=100^\circ$일 때, $\angle x-\angle y$의 값을 구하시오.

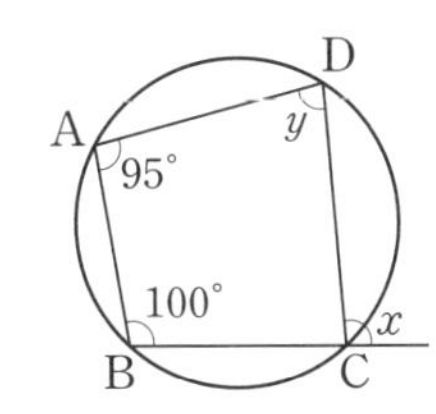

2

오른쪽 그림과 같이 □ABCD가 원에 내접하고 $\angle BDC=40^\circ$, $\angle CBD=35^\circ$일 때, $\angle x$의 크기를 구하시오.

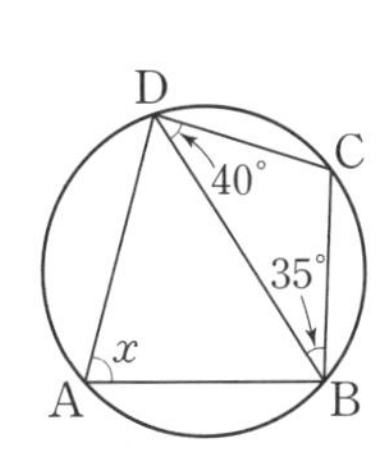

3

오른쪽 그림과 같이 □ABCD가 원 O에 내접하고 $\angle BOD=92^\circ$일 때, $\angle x$의 크기를 구하시오.

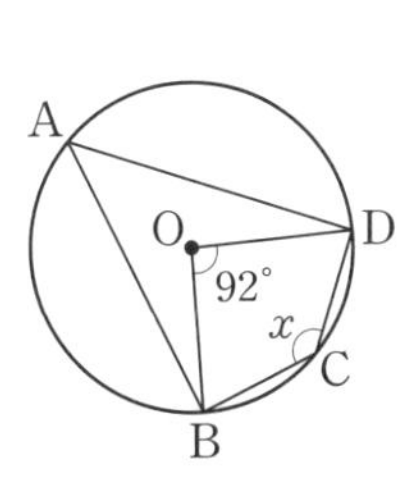

4

오른쪽 그림과 같이 원에 내접하는 □ABCD에 대하여 $\overline{BA}$와 $\overline{CD}$의 연장선의 교점을 P라 하고, $\overline{AD}$와 $\overline{BC}$의 연장선의 교점을 Q라 하자. 다음은 $\angle BPC=34^\circ$, $\angle AQB=44^\circ$일 때, $\angle x$의 크기를 구하는 과정이다. (가)~(마)에 알맞은 것으로 옳지 <u>않은</u> 것은?

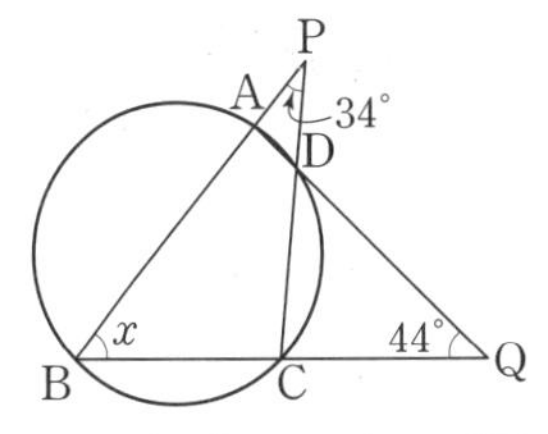

> □ABCD가 원에 내접하므로 [(가)] $=\angle B=\angle x$
> △PBC에서 $\angle PCQ=\angle B+$ [(나)] $=\angle x+$ [(다)]
> 따라서 △DCQ에서
> $\angle x+(\angle x+$ [(다)]$)+44^\circ=$ [(라)]
> ∴ $\angle x=$ [(마)]

① (가) $\angle CDQ$　② (나) $\angle BPC$　③ (다) 34°
④ (라) 180°　⑤ (마) 50°

5 생각이 자라는 문제 해결

오른쪽 그림과 같이 오각형 ABCDE가 원에 내접하고 $\angle EDC=115^\circ$, $\angle BOC=80^\circ$일 때, $\angle EAB$의 크기를 구하려고 한다. 다음을 구하시오.

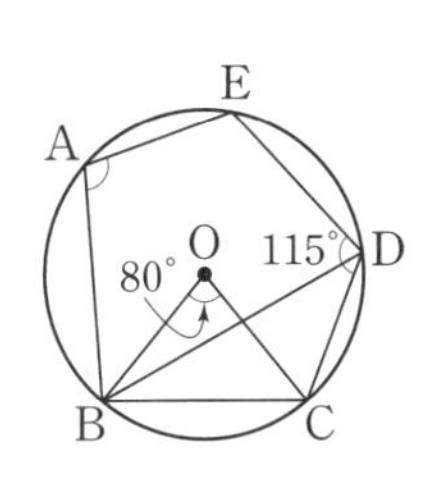

(1) $\angle BDC$의 크기　(2) $\angle EDB$의 크기
(3) $\angle EAB$의 크기

▶ 문제 속 개념 도출
- 원에 내접하는 사각형에서 한 쌍의 대각의 크기의 합은 ① ______ 이다.
- 원에서 한 호에 대한 원주각의 크기는 그 호에 대한 중심각의 크기의 ② ______ 이다.

개념 25 사각형이 원에 내접하기 위한 조건

되짚어 보기 [중3] 네 점이 한 원 위에 있을 조건 / 원에 내접하는 사각형의 성질

사각형이 원에 내접하기 위한 조건은 다음과 같다.

(1) 한 쌍의 대각의 크기의 합이 180°, 즉 $\angle x+\angle y=180°$이면
➡ □ABCD는 원에 내접한다.

(2) (한 외각의 크기)=(그 외각과 이웃한 내각의 대각의 크기), 즉 $\angle z=\angle x$이면
➡ □ABCD는 원에 내접한다.

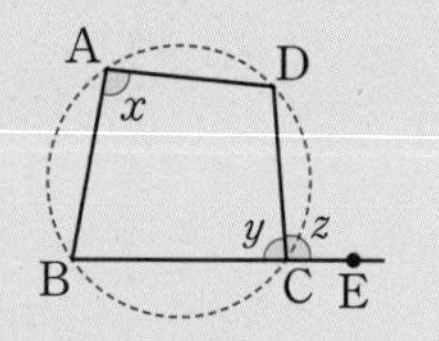

(3) 두 점 A, D가 직선 BC에 대하여 같은 쪽에 있을 때, $\angle BAC=\angle BDC$이면
➡ □ABCD는 원에 내접한다.

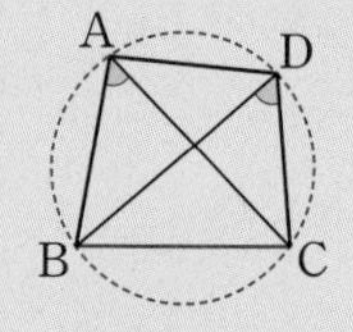

개념 확인

● 정답 및 해설 29쪽

1 다음 그림에서 □ABCD가 원에 내접하면 ○표, 내접하지 않으면 ×표를 ( ) 안에 쓰시오.

(1) 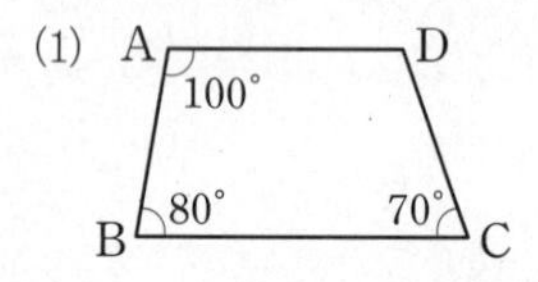

( )

(2) 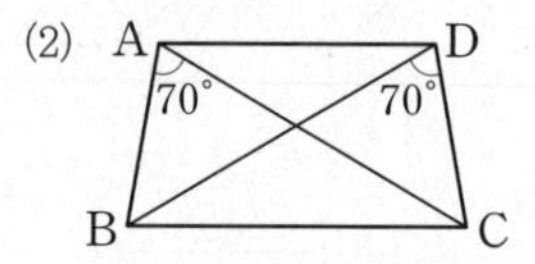

( )

(3) 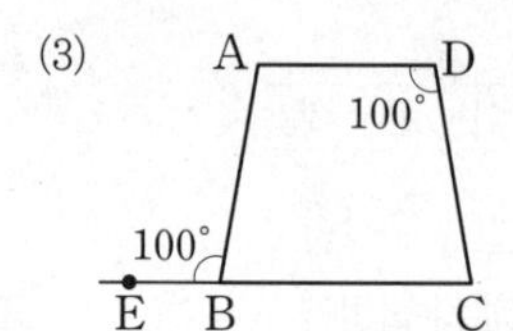

( )

(4) A B D C 60° 60° 100°
( )

2 다음 그림에서 □ABCD가 원에 내접하도록 하는 $\angle x$의 크기를 구하시오.

(1) 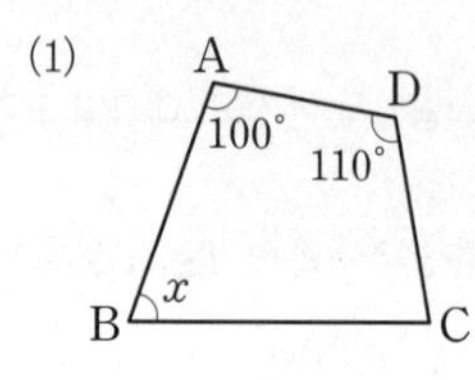

(2) 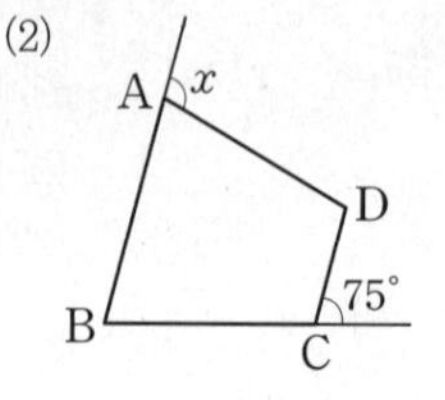

(3) 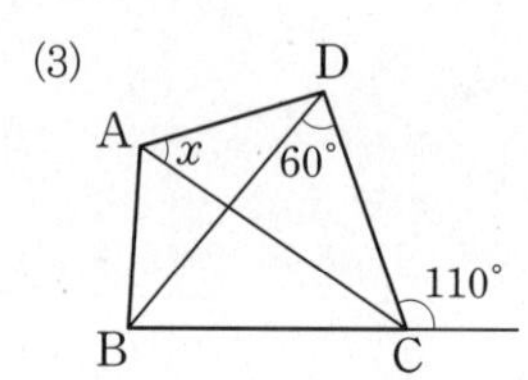

교과서 문제로 개념 다지기

1

오른쪽 그림에서 $\angle ACB=35^\circ$, $\angle BAC=45^\circ$일 때, □ABCD가 원에 내접하도록 하는 $\angle D$의 크기를 구하시오.

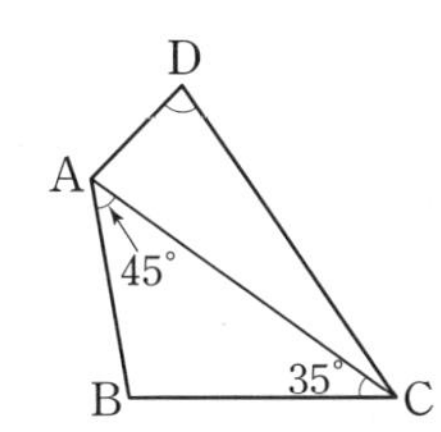

2 해설 꼭 확인

다음 중 □ABCD가 원에 내접하지 않는 것은?

① 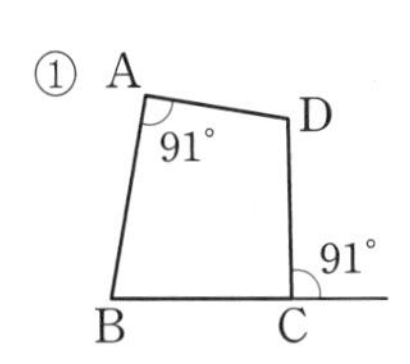

② 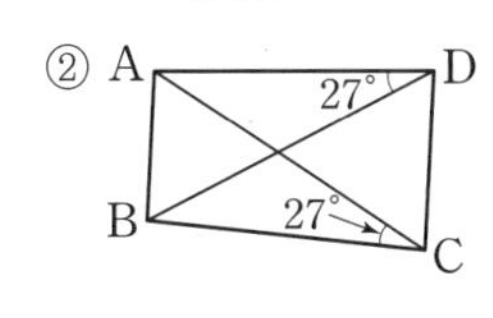

③ 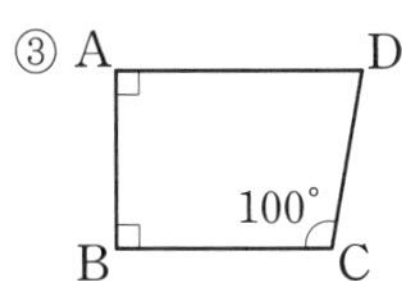

④ 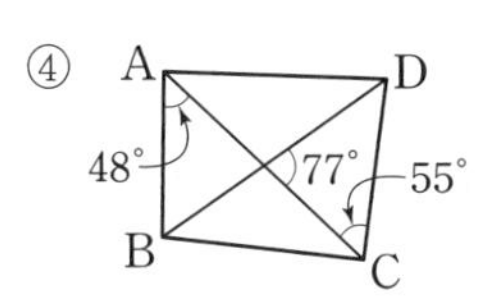

⑤ 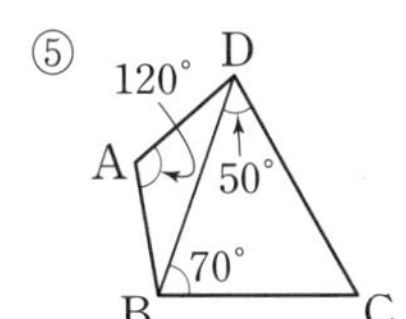

3

다음 그림에서 $\angle ABD=50^\circ$, $\angle CAD=35^\circ$, $\angle DCE=105^\circ$일 때, □ABCD가 원에 내접하도록 하는 $\angle x$의 크기를 구하시오.

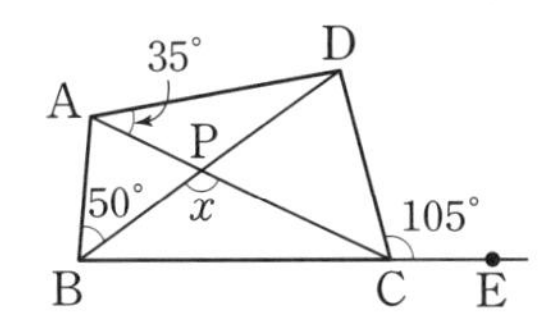

4

오른쪽 그림에서 $\angle BAD=119^\circ$, $\angle CQD=35^\circ$일 때, □ABCD가 원에 내접하도록 하는 $\angle x$의 크기를 구하시오.

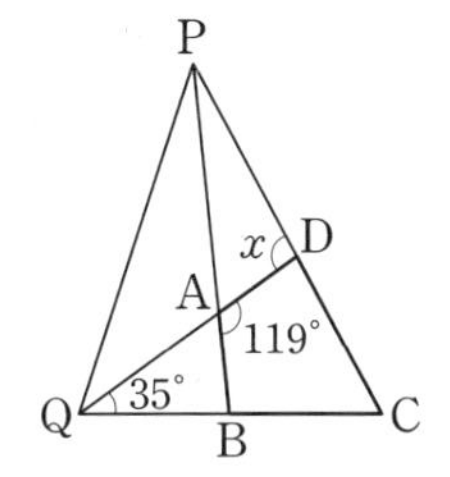

5 생각이 자라는 문제 해결

다음 | 보기 |에서 항상 원에 내접하는 사각형을 모두 고르시오.

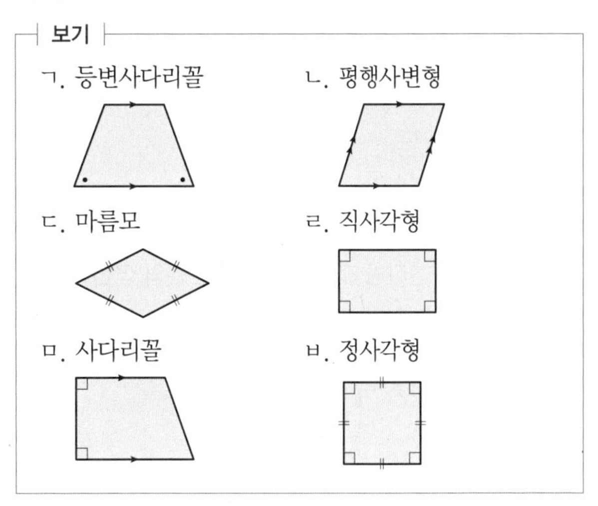

▶ 문제 속 개념 도출

- 다음의 경우에 사각형은 원에 내접한다.
  (i) 한 쌍의 대각의 크기의 합이 ① ________인 경우
  (ii) 한 외각의 크기가 그 외각과 이웃한 내각의 대각의 크기와 같은 경우
  (iii) 한 직선을 기준으로 같은 쪽에 있는 두 각의 크기가 같은 경우

원의 접선과 현이 이루는 각

되짚어 보기 [중3] 원의 접선의 성질 / 원주각의 성질

원의 접선과 그 접점을 지나는 현이 이루는 각의 크기는 그 각의 내부에 있는 호에 대한 원주각의 크기와 같다.

➡ $\angle BPT = \angle BAP$

참고 원 O에서 $\angle BPT = \angle BAP$이면 $\overleftrightarrow{PT}$는 원 O의 접선이다.

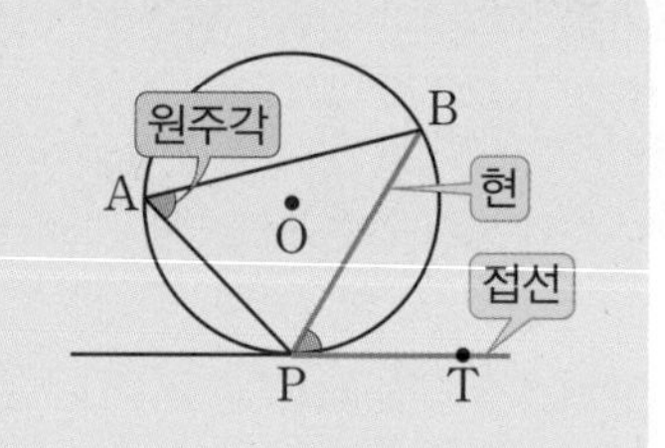

개념 확인

정답 및 해설 30쪽

1 오른쪽 그림에서 $\overleftrightarrow{TP}$는 원의 접선이고 점 P는 그 접점일 때, 다음 물음에 답하시오.

(1) $\overleftrightarrow{TP}$와 현 AP가 이루는 각을 말하시오.

(2) $\angle APT$의 내부에 있는 호 AP에 대한 원주각을 말하시오.

(3) $\angle APT = 30°$일 때, $\angle ABP$의 크기를 구하시오.

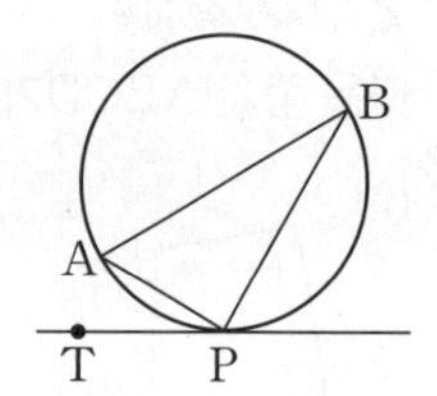

2 다음 그림에서 $\overleftrightarrow{PT}$는 원의 접선이고 점 P는 그 접점일 때, $\angle x$의 크기를 구하시오.

(1)

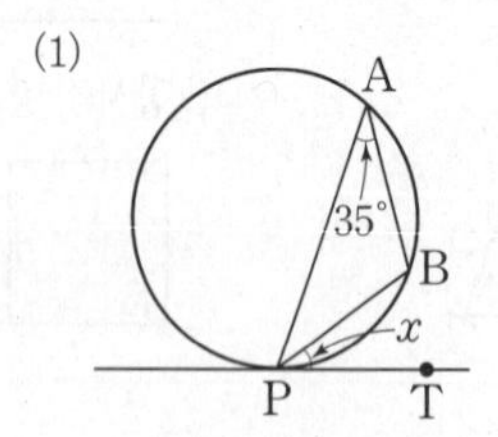

(2)

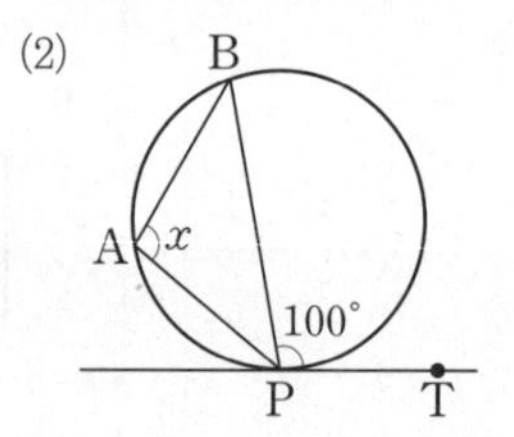

(3)

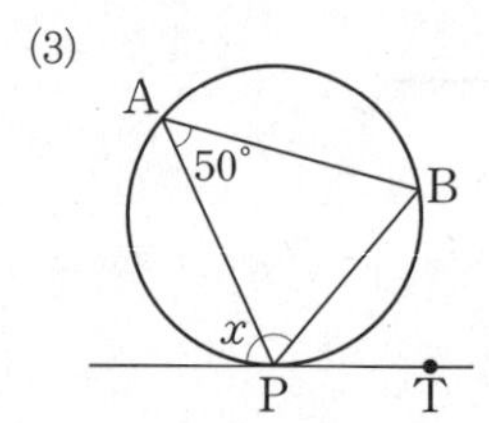

3 다음 그림에서 $\overleftrightarrow{TT'}$은 원의 접선이고 점 P는 그 접점일 때, $\angle x$의 크기를 구하시오.

(1)

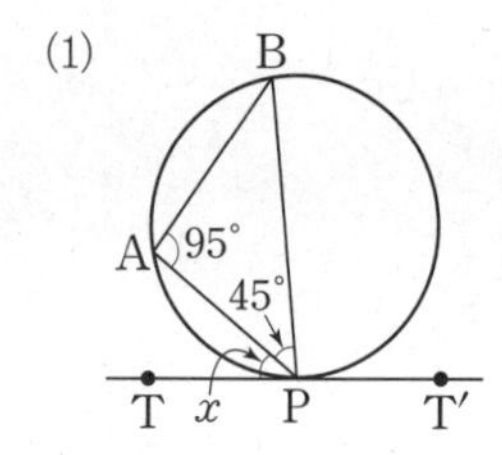

(2)

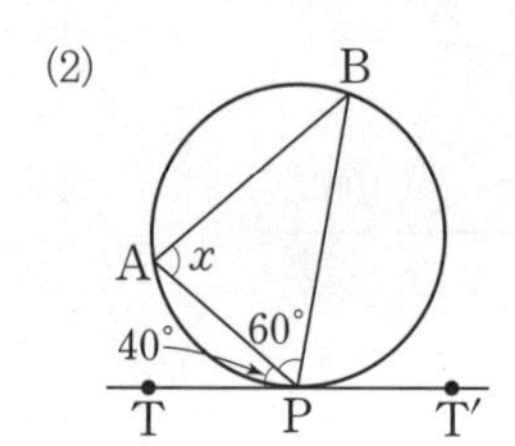

1

다음은 오른쪽 그림에서 $\overleftrightarrow{AT}$가 원 O의 접선이고 $\angle BAT$가 둔각일 때, $\angle BAT=\angle BCA$임을 설명하는 과정이다. (가)~(마)에 알맞은 것으로 옳지 않은 것은?

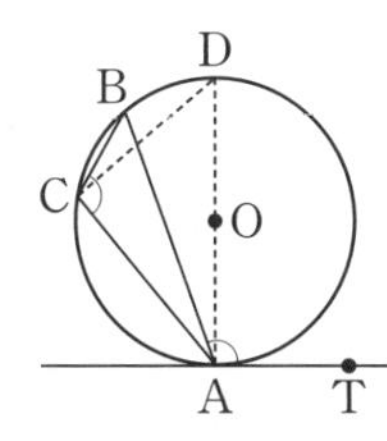

원 O의 지름 AD를 그으면 $\angle BCD$, $\angle BAD$는 [(가)]에 대한 원주각이므로
$\angle BCD=\angle BAD$
$\angle DAT=\angle DCA=$ [(나)]이므로
[(다)] $=\angle BAD+\angle DAT$
$=$ [(라)] $+\angle DCA=$ [(마)]

① (가) $\widehat{BD}$　② (나) 90°　③ (다) $\angle BAT$
④ (라) 90°　⑤ (마) $\angle BCA$

2

오른쪽 그림에서 $\overleftrightarrow{PT}$는 원의 접선이고 점 P는 그 접점이다. $\angle ABP=35^\circ$, $\angle BAP=110^\circ$일 때, $\angle y-\angle x$의 값을 구하시오.

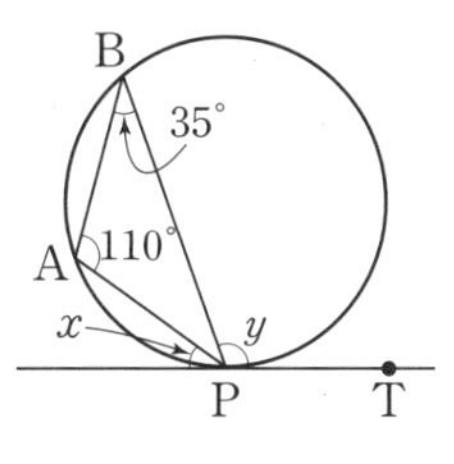

3

오른쪽 그림에서 $\overleftrightarrow{PT}$는 원의 접선이고 점 P는 그 접점이다. $\overline{AB}=\overline{AP}$이고 $\angle BPT=36^\circ$일 때, $\angle x$의 크기를 구하시오.

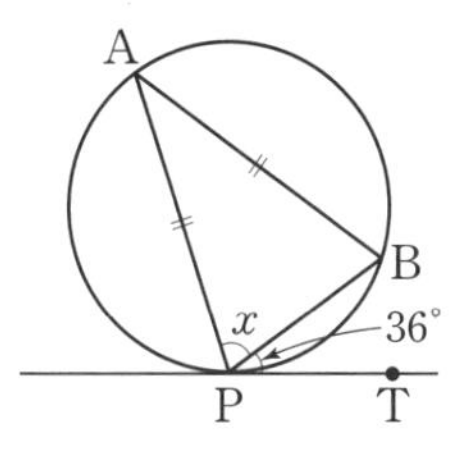

4

오른쪽 그림에서 $\overleftrightarrow{AT}$는 원 O의 접선이고 점 A는 그 접점이다. $\angle AOB=134^\circ$일 때, $\angle BAT$의 크기를 구하시오.

5

□ABCD가 원에 내접함을 이용하여 $\angle BCD$의 크기를 먼저 구해 봐.

오른쪽 그림에서 $\overleftrightarrow{CE}$는 원의 접선이고 점 C는 그 접점이다. $\angle BAD=103^\circ$, $\angle BDC=44^\circ$일 때, $\angle DCE$의 크기를 구하시오.

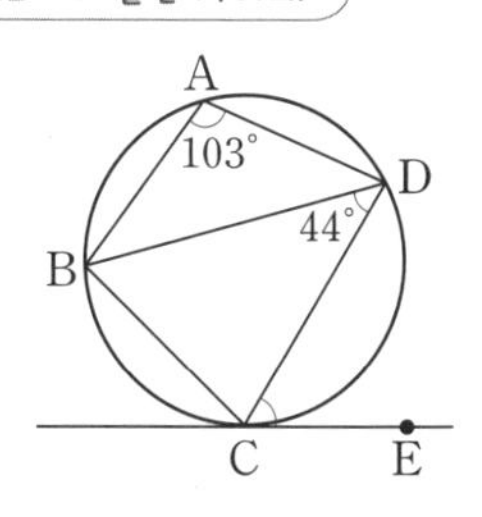

6

생각이 자라는 **문제 해결**

아래 그림에서 $\overleftrightarrow{PT}$는 원 O의 접선이고 점 P는 그 접점이다. $\overline{AC}$가 원 O의 중심을 지나고 $\angle APT=55^\circ$일 때, $\angle x$의 크기를 구하려고 한다. 다음을 구하시오.

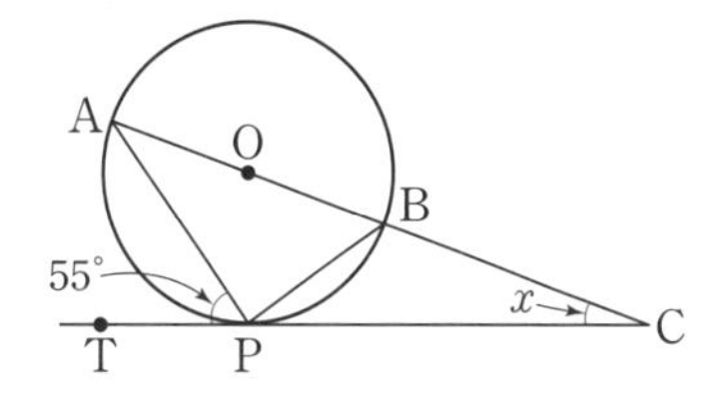

(1) $\angle ABP$의 크기　(2) $\angle BPC$의 크기
(3) $\angle x$의 크기

▶ 문제 속 개념 도출
- $\overleftrightarrow{TT'}$이 원의 접선이면
  ➡ $\angle APT=$① ______, $\angle BPT'=$② ______
- 반원에 대한 원주각의 크기는 ③ ______ 이다.

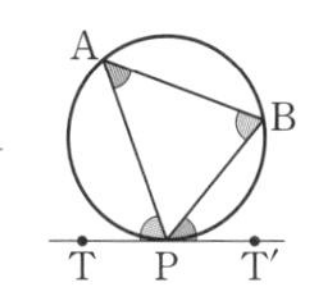

3 원주각

학교 시험 문제로 **단원 마무리**

점수 /100점

개념 20

1

오른쪽 그림의 원 O에서 $\angle BAC=65°$일 때, $\angle x$의 크기를 구하시오. [10점]

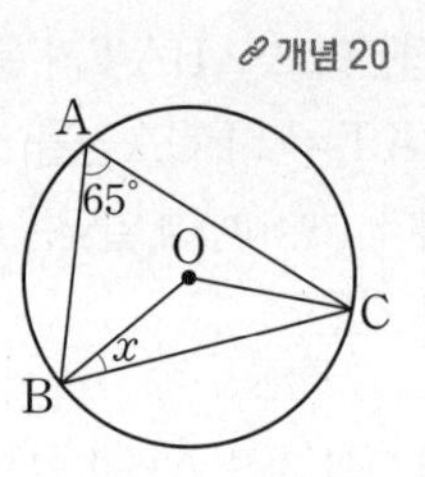

개념 20

2

오른쪽 그림의 원 O에서 $\angle BAD=60°$, $\angle BOC=70°$일 때, $\angle x$의 크기를 구하시오. [15점]

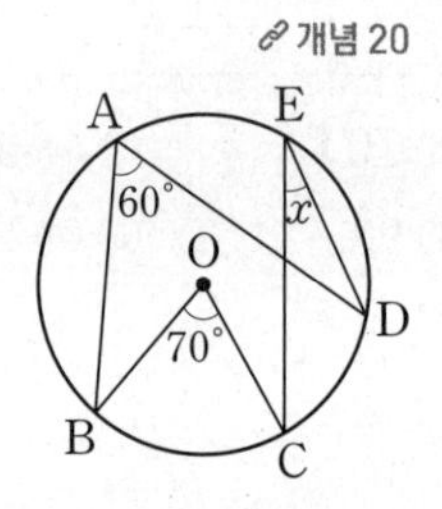

개념 20, 21

3

오른쪽 그림에서 $\overline{AB}$는 원 O의 지름이고 $\angle BOC=120°$일 때, $\angle x$의 크기를 구하시오. [10점]

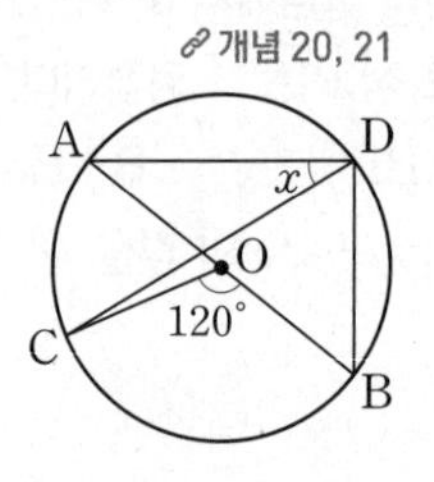

개념 22

4

오른쪽 그림의 원에서 현 AC와 현 BD의 교점을 P라 하자. $\widehat{BC}=8\,\text{cm}$이고 $\angle BAC=44°$, $\angle APD=66°$일 때, $\widehat{AD}$의 길이를 구하시오. [10점]

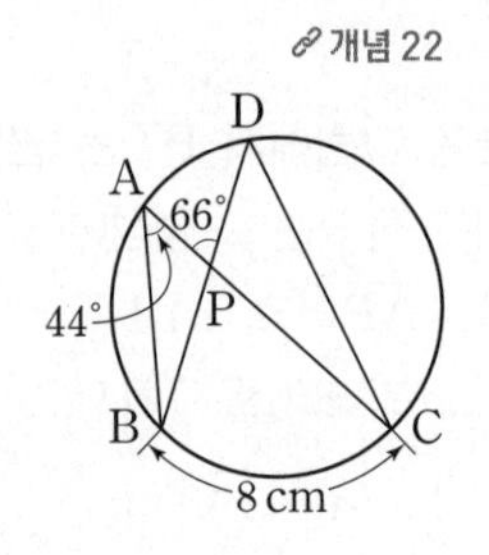

개념 23

5 네 점 A, B, C, D가 한 원 위에 있을 때, 다음 중 $\angle x$의 크기가 가장 큰 것은? [10점]

① 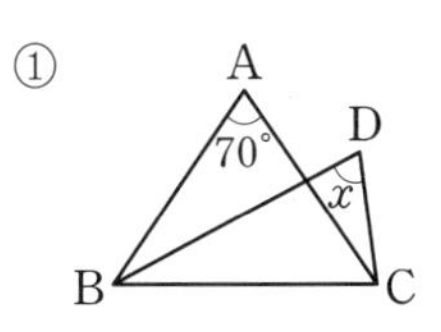

② 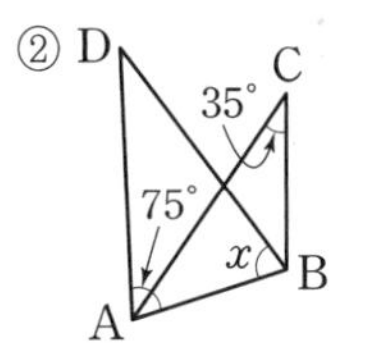

③ 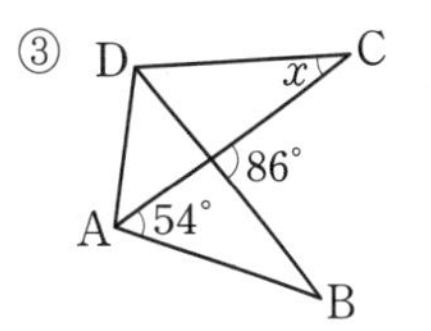

④ 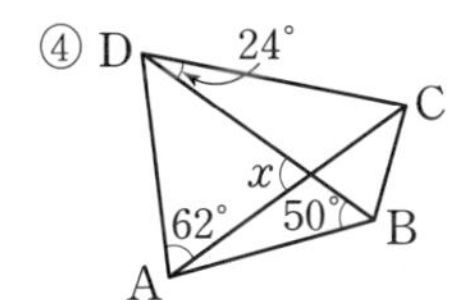

⑤ 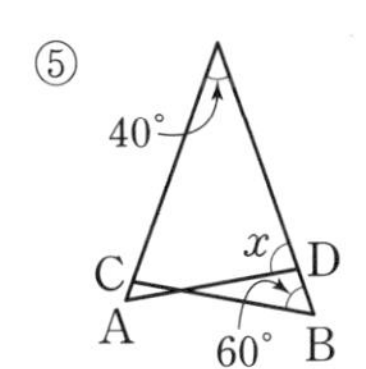

개념 23, 24

6 오른쪽 그림에서 □ABCD는 원에 내접하고 $\angle BDC = 65°$, $\angle CAD = 40°$일 때, $\angle DCE$의 크기를 구하시오. [15점]

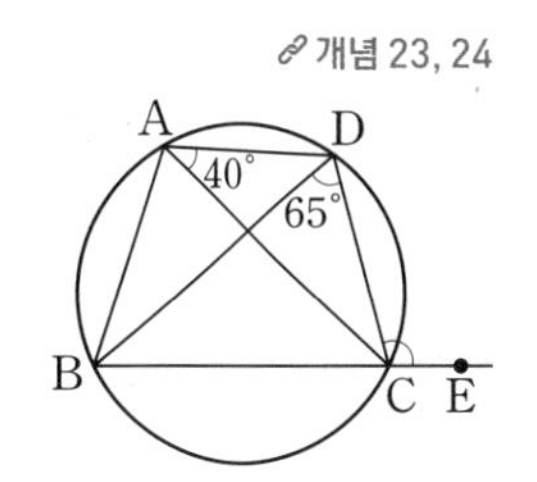

개념 25

7 다음 | 보기 | 중 □ABCD가 원에 내접하는 것을 모두 고르시오. [10점]

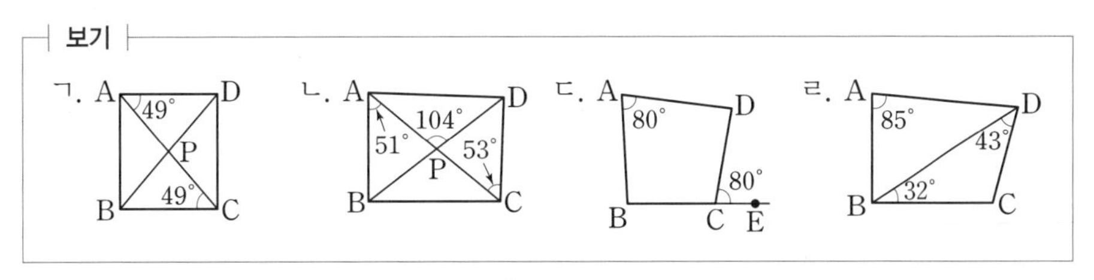

개념 24, 26

8 오른쪽 그림에서 $\overline{PA}$가 점 A에서 원과 접하고, 점 D는 $\overline{PC}$와 원의 교점이다. $\angle ABC = 116°$, $\angle APD = 34°$일 때, $\angle x$의 크기를 구하시오. [20점]

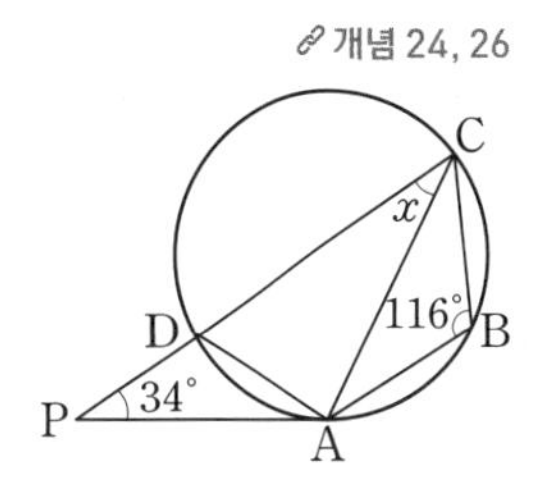

배운 내용 돌아보기

마인드맵으로 정리하기

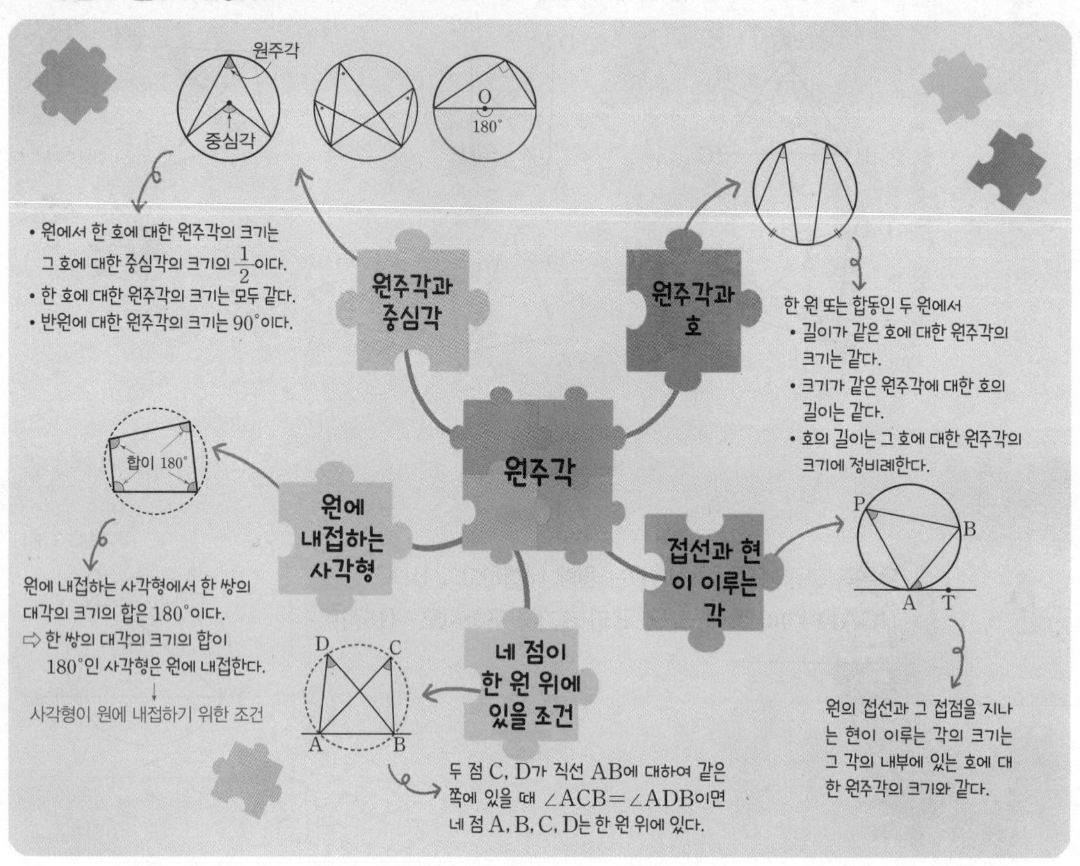

OX 문제로 확인하기

옳은 것은 O, 옳지 않은 것은 X를 택하시오. ● 정답 및 해설 31쪽

❶ 원에서 한 호에 대한 중심각의 크기가 100°이면 그 호에 대한 원주각의 크기는 200°이다. O | X

❷ 원에서 한 호에 대한 원주각은 무수히 많다. O | X

❸ 반원에 대한 원주각의 크기는 180°이다. O | X

❹ 한 원에서 길이가 같은 호에 대한 원주각의 크기는 같다. O | X

❺ 한 원에서 길이가 3 cm인 호에 대한 원주각의 크기가 30°이면 길이가 9 cm인 호에 대한 원주각의 크기는 60°이다. O | X

❻ □ABCD가 원에 내접할 때, $\angle A=70°$이면 $\angle B=110°$이다. O | X

❼ □ABCD가 원에 내접할 때, $\angle A=70°$이면 ∠C와 이웃한 한 외각의 크기는 70°이다. O | X

❽ 한 쌍의 대각의 크기의 합이 180°인 사각형은 원에 내접한다. O | X

4 통계

배운 내용	이 단원의 내용	배울 내용
• **초등학교 5~6학년군** 평균 • **중학교 1학년** 좌표평면과 그래프 자료의 정리와 해석 • **중학교 2학년** 일차함수와 그 그래프	◆ 대푯값 ◆ 산포도 ◆ 산점도와 상관관계	• **확률과 통계** 확률분포 통계적 추정

학습 내용	학습 날짜	학습 확인	복습 날짜
개념 27 대푯값	/	☺ 😐 ☹	/
개념 28 대푯값의 응용	/	☺ 😐 ☹	/
개념 29 산포도 (1) – 편차	/	☺ 😐 ☹	/
개념 30 산포도 (2) – 분산과 표준편차	/	☺ 😐 ☹	/
개념 31 산점도	/	☺ 😐 ☹	/
개념 32 상관관계	/	☺ 😐 ☹	/
학교 시험 문제로 단원 마무리	/	☺ 😐 ☹	/

대푯값

되짚어 보기 [초5~6] 평균

1 대푯값

자료 전체의 중심 경향이나 특징을 대표적으로 나타내는 값을 그 자료의 **대푯값**이라 한다.

2 대푯값의 종류

(1) **평균**: 자료의 변량의 총합을 변량의 개수로 나눈 값 ← $(평균)=\frac{(변량의\ 총합)}{(변량의\ 개수)}$

(2) **중앙값**: 자료의 변량을 작은 값부터 크기순으로 나열할 때, 한가운데 있는 값

① 변량의 개수(n)가 홀수이면 한가운데 있는 하나의 값이 중앙값이다. → $\frac{n+1}{2}$번째 변량

② 변량의 개수(n)가 짝수이면 한가운데 있는 두 값의 평균이 중앙값이다. → $\frac{n}{2}$번째와 $\left(\frac{n}{2}+1\right)$번째 변량의 평균

예 • 1, 2, 4, 7, 9 ➡ 중앙값: 4 • 1, 2, 4, 6, 7, 8 ➡ 중앙값: $\frac{4+6}{2}=5$

(3) **최빈값**: 자료의 변량 중에서 가장 많이 나타난 값

① 변량의 도수가 모두 같으면 최빈값은 없다.

② 도수가 가장 큰 변량이 한 개 이상이면 그 변량들이 모두 최빈값이다.

→ 평균과 중앙값은 그 값이 하나뿐이지만 최빈값은 자료에 따라 그 값이 두 개 이상일 수도 있다.

예 • 2, 4, 5, 7, 9 ➡ 최빈값은 없다. • 2, 4, 5, 5, 5 ➡ 최빈값: 5 • 3, 1, 8, 1, 5, 3 ➡ 최빈값: 1, 3

참고 최빈값은 좋아하는 색, 혈액형 등 변량이 수로 나타나지 않는 자료의 대푯값으로 유용하다.

개념 확인

● 정답 및 해설 32쪽

1 다음 자료의 평균을 구하시오.

(1) 1, 2, 4, 5

(2) 2, 3, 3, 5, 7

(3) 9, 6, 5, 11, 8, 3

(4) 8, 4, 7, 9, 12, 6, 10

2 다음 자료의 중앙값을 구하시오.

(1) 4, 8, 5, 3, 7

(2) 5, 3, 9, 7, 8, 4

(3) 4, 6, 7, 6, 10, 5, 6

(4) 13, 16, 11, 10, 12, 10, 14, 13

최빈값은 자료에 따라 하나이거나 없을 수도 있으며 둘 이상일 수도 있어.

3 다음 자료의 최빈값을 구하시오.

(1) 4, 3, 9, 3, 6, 2

(2) 3, 2, 2, 1, 6, 5, 1

(3) 3, 4, 5, 3, 4, 5

(4) 빨강, 파랑, 보라, 빨강, 연두, 빨강

교과서 문제로 개념 다지기

1

다음 자료는 우식이가 5일 동안 팔굽혀펴기를 한 횟수를 조사하여 나타낸 것이다. 5일 동안의 팔굽혀펴기 횟수의 평균을 구하시오.

(단위: 회)

26, 36, 34, 25, 29

2

다음 자료 중 중앙값이 가장 큰 것은?

① 1, 2, 3, 4, 5
② 2, 4, 6, 8, 10
③ 2, 2, 5, 5, 8, 8
④ 3, 4, 5, 6, 7, 8
⑤ 1, 2, 4, 7, 9, 10

3 해설 꼭 확인

다음 자료의 중앙값, 최빈값을 각각 구하시오.

(1) 7, 4, 2, 9, 5, 4, 8
(2) 1, 3, 3, 5, 7, 5, 2, 9

4

오른쪽 표는 어느 반 학생 25명을 대상으로 좋아하는 과일을 조사하여 나타낸 것이다. 이 자료의 최빈값을 구하시오.

과일	학생 수(명)
포도	5
사과	10
체리	8
바나나	2

5

오른쪽은 민이네 반 학생 10명의 통학 시간을 조사하여 나타낸 줄기와 잎 그림이다. 이 자료의 평균, 중앙값, 최빈값을 각각 구하시오.

(0|5는 5분)

줄기	잎
0	5 7
1	0 3 3 5
2	0 1 2 4

6

3개의 수 a, b, c의 평균이 6일 때, 다음 5개의 수의 평균을 구하시오.

5, a, b, c, 12

7 생각이 자라는 창의·융합

다음은 동요 '비행기'의 악보이다. 이 악보에 나타나는 계이름의 최빈값을 구하시오.

비행기

▶ 문제 속 개념 도출

• 자료의 중심 경향이나 특징을 나타내어 자료 전체를 대표하는 값을 그 자료의 ① ______이라 한다.
이때 대푯값에는 평균, 중앙값, 최빈값 등이 있다.

개념 27에 대한 이해도를 표시해 보세요. 0 50 100

개념 28 대푯값의 응용

되짚어 보기 [중3] 평균, 중앙값, 최빈값

(1) 대푯값이 주어질 때, 변량 구하기

① 평균이 주어지는 경우 $(\text{평균})=\dfrac{(\text{변량의 총합})}{(\text{변량의 개수})}$

➡ 평균을 구하는 식을 이용한다.

② 중앙값이 주어지는 경우

➡ 변량을 작은 값부터 크기순으로 나열한 후 변량의 개수가 홀수일 때와 짝수일 때로 나누어 문제의 조건에 맞게 식을 세운다.

③ 최빈값이 주어지는 경우

➡ 도수가 가장 큰 변량을 찾고, 그 값이 없으면 미지수인 변량이 최빈값이 됨을 이용한다.

(2) 자료의 특성에 따라 적절한 대푯값 찾기

① 평균: 대푯값으로 가장 많이 쓰이며, 자료에 극단적인 값이 포함되어 있으면 그 값에 영향을 많이 받는다.

② 중앙값: 자료에 극단적인 값이 있는 경우, 중앙값이 평균보다 대푯값으로 적절하다.

③ 최빈값: 선호도를 조사할 때 주로 쓰이며, 변량이 중복되어 나타나거나 변량이 수가 아닌 자료의 대푯값으로 적절하다.

개념 확인

● 정답 및 해설 33쪽

1

다음 6개의 수의 평균이 9일 때, x의 값을 구하시오.

7, 15, x, 6, 8, 7

2

다음은 6개의 수를 작은 값부터 크기순으로 나열한 것이다. 이 자료의 중앙값이 6일 때, x의 값을 구하시오.

2, 3, 5, x, 7, 11

3

다음 6개의 수의 최빈값이 4일 때, x의 값을 구하시오.

3, 4, 3, 1, x, 4

4

다음 자료는 어느 도시의 6개월 동안의 월평균 강수량을 조사하여 나타낸 것이다. 물음에 답하시오.

(단위: mm)

23, 20, 35, 39, 37, 230

(1) 이 자료의 평균을 구하시오.

(2) 이 자료의 중앙값을 구하시오.

(3) 이 자료의 최빈값을 구하시오.

(4) 평균, 중앙값, 최빈값 중에서 이 자료의 대푯값으로 가장 적절한 것은 어느 것인지 말하시오.

1

다음 자료는 5명의 학생이 수학 수행평가에서 맞힌 문제의 개수를 조사하여 나타낸 것이다. 이 자료의 평균이 12개일 때, x의 값을 구하시오.

(단위: 개)

16, x, 13, 10, 6

2

다음 자료의 최빈값이 6일 때, x의 값과 이 자료의 중앙값을 각각 구하시오.

1, 2, 8, 5, x, 6

3

다음 자료는 웅이네 반 학생 7명이 한 달 동안 읽은 책의 권수를 조사하여 나타낸 것이다. 이 자료의 평균과 최빈값이 같을 때, x의 값을 구하시오.

(단위: 권)

8, 9, 8, x, 10, 8, 6

4

연수는 4회에 걸친 미술 실기 시험에서 각각 9점, 18점, 11점, x점을 받았다. 미술 실기 점수의 중앙값이 13점일 때, x의 값을 구하시오.

5

다음 자료의 대푯값으로 가장 적절한 것을 평균, 중앙값, 최빈값 중에서 말하고, 그 값을 구하시오.

21, 16, 25, 23, 20, 326

6 생각이 자라는 창의·융합

다음 자료는 어느 신발 가게에서 실내화를 추가 주문하기 위해 하루 동안 판매된 15개의 실내화의 치수를 조사하여 나타낸 것이다. 가장 많이 주문할 실내화의 치수를 정하려고 할 때, 이 자료의 대푯값으로 가장 적절한 것을 말하고, 그 값을 구하시오.

(단위: mm)

230, 230, 235, 235, 235,
240, 240, 240, 240, 245,
245, 245, 250, 250, 255

▶ 문제 속 개념 도출

- 대푯값에는 평균, 중앙값, 최빈값 등이 있는데 자료의 특성에 따라 적절한 대푯값을 선택하여 자료의 중심 경향을 파악할 수 있다.
- 가장 많이 판매된 신발의 치수 또는 좋아하는 색 등과 같이 변량이 수가 아닌 경우에는 대푯값으로 ① ______을 사용한다.

산포도(1) - 편차

되짚어 보기 [중3] 대푯값

1 산포도

변량들이 흩어져 있는 정도를 하나의 수로 나타낸 값을 **산포도**라 한다.
이때 변량들이 대푯값을 중심으로 모여 있을수록 산포도는 작아지고,
멀리 흩어져 있을수록 산포도는 커진다.

2 편차

각 변량에서 평균을 뺀 값을 **편차**라 한다. ➡ (편차)=(변량)−(평균)

(1) 편차의 총합은 항상 0이다.
(2) 평균보다 큰 변량의 편차는 양수이고, 평균보다 작은 편량의 편차는 음수이다.
(3) 편차의 절댓값이 클수록 그 변량은 평균에서 멀리 떨어져 있고,
편차의 절댓값이 작을수록 그 변량은 평균에 가까이 있다.

주의 편차는 주어진 자료와 같은 단위를 쓴다.

개념 확인

● 정답 및 해설 34쪽

1

주어진 자료의 평균이 다음과 같을 때, 표를 완성하시오.

(1) (평균)=6

변량	8	5	9	2	6
편차					

(2) (평균)=10

변량	6	9	13	17	5	10
편차						

(3) (평균)=7

변량					
편차	2	−5	1	4	−7

2 편차를 쓸 때, 변량과 같은 단위를 써야 해.

다음 표는 지연이의 5회에 걸친 공기 소총 기록을 조사하여 나타낸 것이다. 1회부터 5회까지 각각의 기록의 편차를 구하려고 할 때, 물음에 답하시오.

회	1	2	3	4	5
기록(점)	10	7	8	6	9

(1) 1회부터 5회까지의 평균을 구하시오.
(2) 1회부터 5회까지의 각 기록의 편차를 차례로 구하시오.

3 편차의 총합은 항상 0임을 이용해 봐.

어떤 자료의 편차가 다음과 같을 때, x의 값을 구하시오.

(1) $3,\ -5,\ 0,\ x$
(2) $10,\ 6,\ -8,\ -2,\ x$

교과서 문제로 개념 다지기

1 해설 꼭 확인

다음 자료는 어느 학교의 매점에서 5일 동안 팔린 아이스크림의 개수를 조사하여 나타낸 것이다. 이 자료의 평균을 구하고, 각 변량의 편차를 차례로 구하시오.

(단위: 개)

12, 14, 15, 13, 11

2

다음 자료는 어느 배구 선수가 최근 6회의 경기에서 얻은 점수를 조사하여 나타낸 것이다. 이 자료의 편차가 될 수 없는 것은?

(단위: 점)

6, 2, 7, 9, 5, 7

① -1점 ② 0점 ③ 1점
④ 2점 ⑤ 3점

3

다음 표는 5명의 학생 A, B, C, D, E의 몸무게의 편차를 조사하여 나타낸 것이다. $a+b$의 값은?

학생	A	B	C	D	E
편차(kg)	3	a	-4	2	b

① -2 ② -1 ③ 0
④ 1 ⑤ 2

4 (2) (변량)=(편차)+(평균)임을 이용해 봐.

아래 표는 5명의 학생 A, B, C, D, E의 과학 성적의 편차를 나타낸 것이다. 학생 5명의 과학 성적의 평균이 71점일 때, 다음을 구하시오.

학생	A	B	C	D	E
편차(점)	4	-2	x	1	-6

(1) x의 값을 구하시오.
(2) 학생 C의 과학 성적을 구하시오.

5

상희네 반 학생들이 일주일 동안 암기한 영단어의 개수의 평균이 35개이다. 상희가 암기한 영단어의 개수의 편차가 -5개일 때, 상희가 암기한 영단어의 개수를 구하시오.

6 생각이 자라는 창의·융합

다음은 네 학생이 서로의 키에 대하여 나눈 대화이다. 이 대화를 읽고, 물음에 답하시오.

영미: 나는 우리 네 명의 키의 평균보다 7 cm가 더 커.
초희: 나는 평균보다 3 cm가 더 작아.
연경: 나는 초희보다 더 작아.
희진: 나는 영미보다 6 cm가 더 작아.

(1) 네 학생의 키의 편차를 각각 구하시오.
(2) 키가 가장 큰 학생과 가장 작은 학생의 키의 차를 구하시오.

▶ 문제 속 개념 도출
- 각 변량에서 평균을 뺀 값을 ①_____라 한다.
  이때 편차의 총합은 항상 ②___이다.
- 편차는 변량이 평균보다 크면 양수이고, 변량이 평균보다 작으면 ③_____이다.

산포도(2) - 분산과 표준편차

되짚어 보기 [중3] 대푯값 / 편차

(1) **분산:** 편차의 제곱의 총합을 변량의 개수로 나눈 값, 즉 편차의 제곱의 평균

➡ $(\text{분산})=\dfrac{\{(\text{편차})^2\text{의 총합}\}}{(\text{변량의 개수})}$

(2) **표준편차:** 분산의 음이 아닌 제곱근 ➡ $(\text{표준편차})=\sqrt{(\text{분산})}$

예 편차가 -4, -1, 2, 3인 자료에 대하여

$(\text{분산})=\dfrac{(-4)^2+(-1)^2+2^2+3^2}{4}=\dfrac{30}{4}=7.5$, $(\text{표준편차})=\sqrt{7.5}$

주의 표준편차는 주어진 자료와 같은 단위를 쓰고, 분산은 단위를 쓰지 않는다.

참고 자료의 분산 또는 표준편차가 작을수록 변량들이 평균을 중심으로 모여 있으므로 자료의 분포 상태가 고르다고 할 수 있다.

개념 확인

● 정답 및 해설 35쪽

1 다음 자료에 대하여 ❶~❺의 과정을 따라 분산과 표준편차를 구하시오.

(1) [자료] 3, 2, 5, 1, 4

❶ 평균 구하기	
❷ 각 변량의 편차 구하기	
❸ $(\text{편차})^2$의 총합 구하기	
❹ 분산 구하기	
❺ 표준편차 구하기	

(2) [자료] 14, 16, 17, 18, 12, 19

❶ 평균 구하기	
❷ 각 변량의 편차 구하기	
❸ $(\text{편차})^2$의 총합 구하기	
❹ 분산 구하기	
❺ 표준편차 구하기	

2 오른쪽 자료에 대하여 다음을 구하시오.

17, 15, 14, 16, 18

(1) $(\text{편차})^2$의 총합

(2) 분산

(3) 표준편차

● 정답 및 해설 35쪽

교과서 문제로 개념 다지기

1

다음은 5개의 변량 3, 4, 5, 6, 7의 분산과 표준편차를 각각 구하는 과정이다. □ 안에 알맞은 수를 쓰시오.

5개의 변량의 평균이 □이므로 각 변량의 편차와 (편차)^{2}의 총합을 각각 구하면 다음 표와 같다.

변량	3	4	5	6	7	합계
편차	-2	-1	0	1	2	0
(편차)^2	4	1	0	1	4	10

$\therefore$ (분산)$=${(편차)^{2}의 평균}

$=\dfrac{\{(\text{편차})^2\text{의 총합}\}}{(\text{변량의 개수})}=\dfrac{\square}{5}=\square$,

(표준편차)$=\sqrt{(\text{분산})}=\square$

2

다음 자료의 분산과 표준편차를 각각 구하시오.

(1) 4, 7, 2, 5, 4, 8

(2) 13, 18, 15, 12, 11, 20, 16

3

다음 자료는 어느 모둠의 학생 10명의 일주일 동안의 독서 시간을 조사하여 나타낸 것이다. 학생 10명의 독서 시간의 표준편차를 구하시오.

(단위: 시간)

6, 10, 4, 5, 4, 9, 10, 7, 7, 8

4

다음 표는 5명의 학생 A, B, C, D, E의 키의 편차를 조사하여 나타낸 것이다. 이 학생들의 키의 분산을 구하시오.

학생	A	B	C	D	E
편차(cm)	3	0	-4	2	

5

아래 자료는 어느 정류장에 서는 버스 6대의 배차 간격을 조사하여 나타낸 것이다. 배차 간격의 평균이 10분일 때, x의 값과 표준편차를 각각 구하시오.

(단위: 분)

9, 12, 10, 7, 10, x

6

자료의 분포 상태로부터 표준편차를 생각해 봐.

다음 | 보기 |의 자료 중 표준편차가 가장 큰 것과 가장 작은 것을 차례로 고르시오. (단, 각 자료의 평균은 4로 모두 같다.)

| 보기 |

ㄱ. 2, 6, 2, 6, 4, 4

ㄴ. 4, 4, 4, 4, 4, 4

ㄷ. 1, 7, 1, 7, 1, 7

ㄹ. 4, 4, 2, 6, 3, 5

7 생각이 자라는 문제 해결

다음 표는 두 학생 A, B의 5회에 걸친 음악 실기 점수를 조사하여 나타낸 것이다. 물음에 답하시오.

(단위: 점)

회	1	2	3	4	5
학생 A	5	7	9	8	6
학생 B	8	6	6	8	7

(1) 두 학생 A, B의 음악 실기 점수의 표준편차를 각각 구하시오.

(2) 두 학생 A, B 중에서 음악 실기 점수의 분포가 더 고른 학생을 말하시오.

▶ 문제 속 개념 도출

• 편차의 제곱의 ①_____을 분산이라 하고, 분산의 음이 아닌 제곱근을 ②_____라 한다.

개념 30에 대한 이해도를 표시해 보세요. 0 50 100

학습 날짜 ____ 월 ____ 일 / 교과서 읽은 횟수 ①②③

개념 31 산점도

되짚어 보기 [중1] 순서쌍과 좌표 / 그래프의 해석 [중2] 일차함수와 그 그래프

두 변량 x, y의 순서쌍 (x, y)를 좌표평면 위에 점으로 나타낸 그림을 **산점도**라 한다.

예 다음 표는 학생 6명의 키와 몸무게를 조사하여 나타낸 것이다. 키와 몸무게에 대한 산점도를 그려 보자.

학생	키(cm)	몸무게(kg)
A	170	75
B	160	55
C	155	60
D	160	65
E	165	65
F	175	70

➡

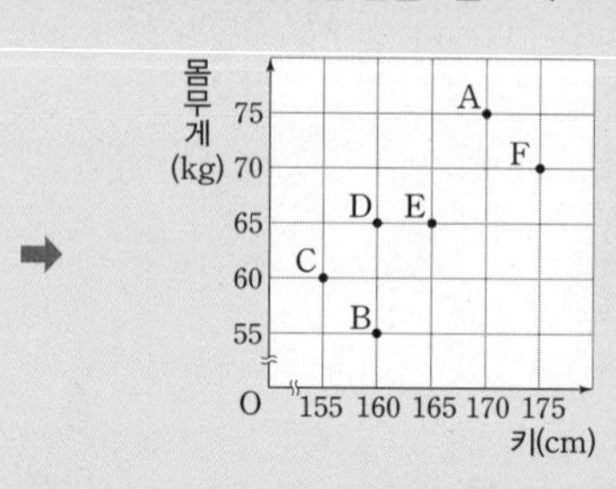

➡ 산점도를 통해 키가 클수록 몸무게도 대체로 커지는 경향이 있음을 알 수 있다.

참고 '~보다 높은', '~와 같은', '~보다 낮은'과 같이 두 변량을 비교할 때는 보조선을 그어 생각한다.

(1) x는 a 이상 / 이하이다.

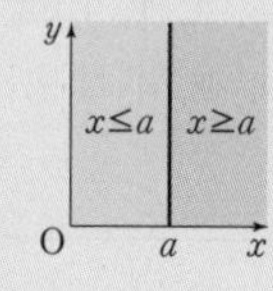

(2) y는 b 이상 / 이하이다.

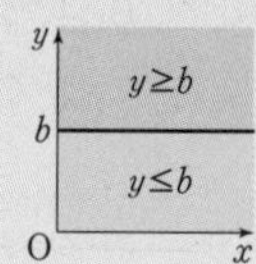

(3) x가 y보다 크다 / 작다.

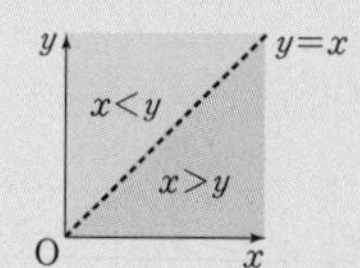

(4) x와 y가 같다.

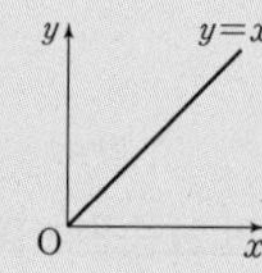

개념 확인

● 정답 및 해설 37쪽

1 다음 표는 학생 5명의 수학 성적과 과학 성적을 조사하여 나타낸 것이다. 수학 점수와 과학 점수에 대한 산점도를 그리시오.

학생	A	B	C	D	E
수학(점)	70	60	80	20	70
과학(점)	60	40	90	20	80

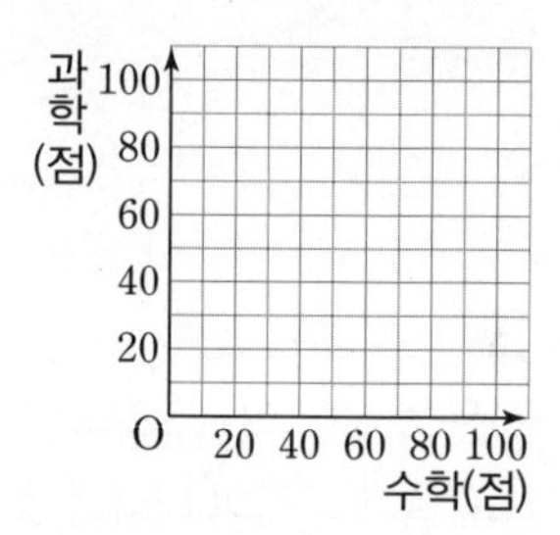

(1), (2)는 가로축 또는 세로축에 평행한 보조선을, (3), (4)는 대각선을 그어 생각해 봐.

2 오른쪽 그림은 학생 15명의 윗몸일으키기 1차 기록과 2차 기록에 대한 산점도이다. 다음을 구하시오.

(1) 1차 기록이 30개 이상인 학생 수

(2) 2차 기록이 20개 미만인 학생 수

(3) 1차 기록과 2차 기록이 같은 학생 수

(4) 2차 기록이 1차 기록보다 더 좋은 학생 수

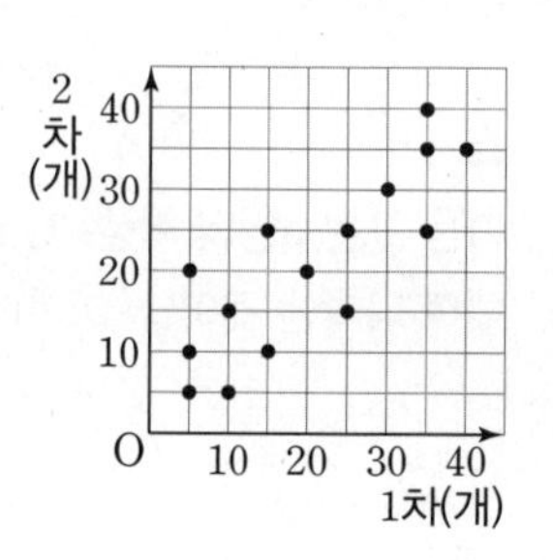

교과서 문제로 개념 다지기

1

다음 표는 달걀 6개의 무게와 각 달걀에서 부화하여 나온 병아리의 무게를 조사하여 나타낸 것이다. 달걀의 무게와 병아리의 무게에 대한 산점도를 그리시오.

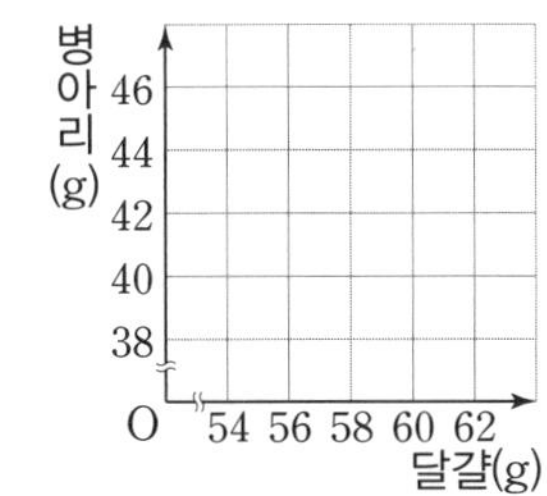

	A	B	C	D	E	F
달걀(g)	61	54	58	56	60	60
병아리(g)	46	40	42	41	42	44

2

오른쪽 그림은 소영이네 반 학생 12명의 컴퓨터 사용 시간과 수면 시간에 대한 산점도이다. 다음을 구하시오.

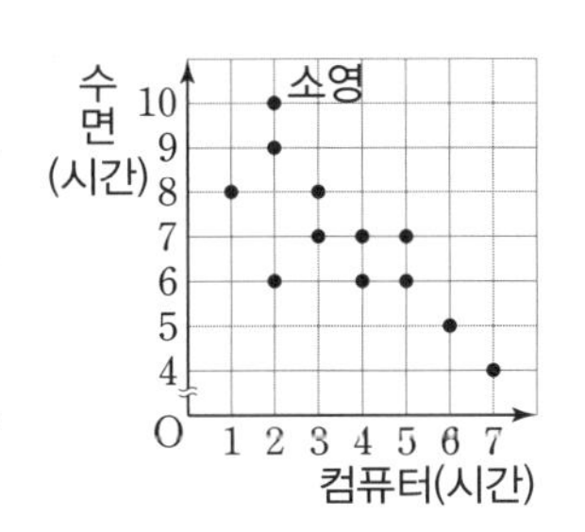

(1) 소영이의 컴퓨터 사용 시간과 수면 시간

(2) 컴퓨터 사용 시간이 가장 적은 학생의 수면 시간

3

오른쪽 그림은 어느 반 학생 10명의 국어 성적과 사회 성적에 대한 산점도이다. 다음을 구하시오.

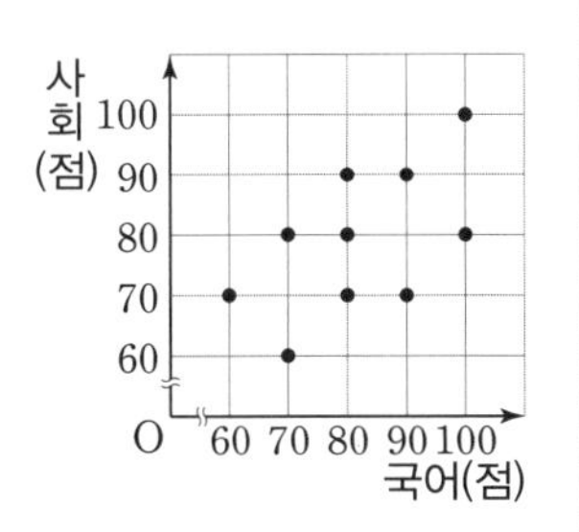

(1) 국어 성적이 70점 이하인 학생 수

(2) 국어 성적과 사회 성적이 같은 학생 수

(3) 국어 성적이 사회 성적보다 우수한 학생 수

4

오른쪽 그림은 어느 반 학생 20명의 영어 듣기 점수와 영어 말하기 점수에 대한 산점도이다. 영어 듣기 점수와 영어 말하기 점수가 모두 70점 이상인 학생 수를 구하시오.

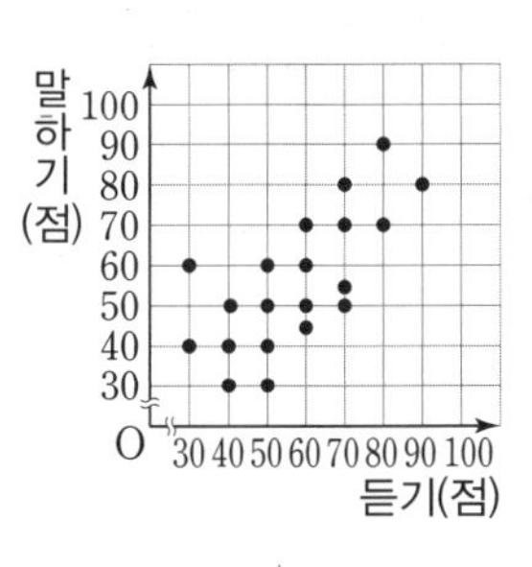

5

오른쪽 그림은 농구부 선수 25명의 1차, 2차에 걸쳐 성공시킨 자유투의 개수에 대한 산점도이다. 자유투를 1차, 2차에서 모두 같은 개수만큼 성공시킨 선수는 전체의 몇 %인지 구하시오.

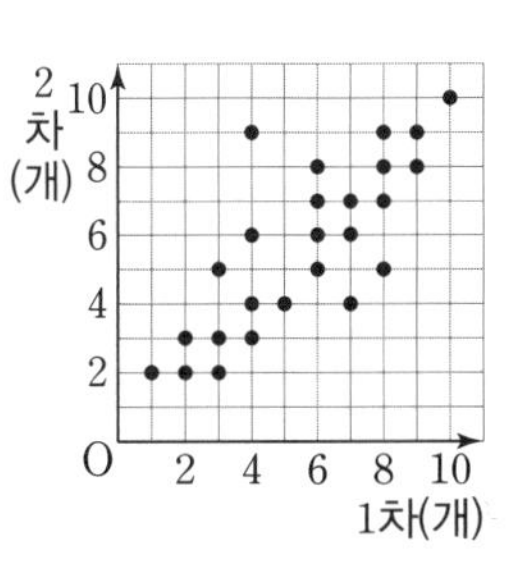

6 생각이 자라는 문제 해결

오른쪽 그림은 어느 반 학생 16명의 던지기 점수와 달리기 점수에 대한 산점도이다. 다음을 구하시오.

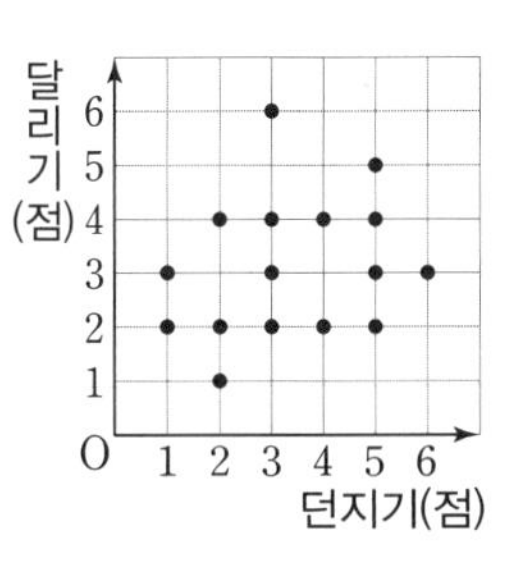

(1) 던지기 점수가 달리기 점수보다 더 높은 학생 수

(2) 달리기 점수가 4점인 학생들의 던지기 점수의 평균

▶ 문제 속 개념 도출

- 두 변량의 순서쌍을 좌표로 하는 점을 좌표평면 위에 나타낸 그림을 ① ______라 한다.
- 산점도에서 두 변량을 비교할 때는 산점도에 가로선, 세로선 또는 대각선을 그어 본다.

개념 31에 대한 이해도를 표시해 보세요. 0 50 100

상관관계

되짚어 보기 [중1] 순서쌍과 좌표 / 그래프의 해석 [중3] 산점도

두 변량 x, y에 대하여 x의 값이 변함에 따라 y의 값이 변하는 경향이 있을 때, 이 두 변량 x, y 사이의 관계를 **상관관계**라 한다.

(1) **양의 상관관계**: x의 값이 증가함에 따라 y의 값도 대체로 증가하는 경향이 있는 관계

(2) **음의 상관관계**: x의 값이 증가함에 따라 y의 값이 대체로 감소하는 경향이 있는 관계

(3) **상관관계가 없다.**: x의 값이 증가함에 따라 y의 값이 증가하는지 감소하는지 분명하지 않은 관계

양의 상관관계	음의 상관관계	상관관계가 없다.
[강한 경우] [약한 경우]	[강한 경우] [약한 경우]	

참고 양의 상관관계 또는 음의 상관관계가 있는 산점도에서 점들이 한 직선에 가까이 모여 있을수록 '상관관계가 강하다'고 하고, 한 직선에서 멀리 흩어져 있을수록 '상관관계가 약하다'고 한다.

개념 확인

● 정답 및 해설 38쪽

1 다음 | 보기 | 의 산점도를 보고, 물음에 답하시오.

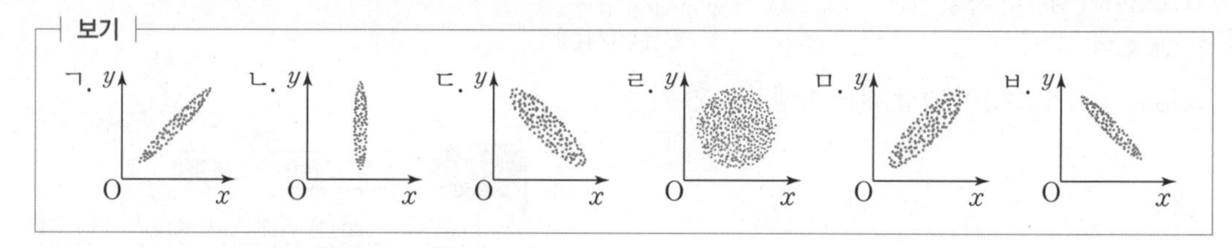

(1) 양의 상관관계가 있는 것을 모두 고르시오.

(2) 음의 상관관계가 있는 것을 모두 고르시오.

(3) 가장 강한 양의 상관관계가 있는 것을 고르시오.

(4) x의 값이 증가함에 따라 y의 값이 감소하는 경향이 가장 뚜렷한 것을 고르시오.

(5) 상관관계가 없는 것을 모두 고르시오.

2 다음 중 두 변량 사이에 양의 상관관계가 있는 것은 '양'을, 음의 상관관계가 있는 것은 '음'을, 상관관계가 없는 것은 '무'를 (   ) 안에 쓰시오.

(1) 도시의 인구수와 학교의 수 (   )

(2) 운동량과 비만도 (   )

(3) 가방의 무게와 성적 (   )

(4) 물건의 가격과 판매량 (   )

(5) 휴대폰 사용 시간과 요금 (   )

(6) 지능 지수와 머리카락의 길이 (   )

● 정답 및 해설 38쪽

1

다음 중 두 변량 사이에 대체로 양의 상관관계가 있는 것을 모두 고르면? (정답 2개)

① 눈의 크기와 시력
② 운동 시간과 심박수
③ 지구의 기온과 빙하의 크기
④ 습도와 불쾌지수
⑤ 하루 중 낮의 길이와 밤의 길이

2

다음 중 두 변량에 대한 산점도를 그렸을 때, 오른쪽 그림과 같은 모양이 되는 것은?

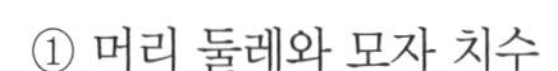

① 머리 둘레와 모자 치수
② 택시 운행 거리와 요금
③ 용돈 액수와 성적
④ 석유 생산량과 가격
⑤ 발 크기와 목소리 크기

3

오른쪽 그림은 어느 반 학생들의 과학 성적과 수학 성적에 대한 산점도이다. 다음 중 옳지 않은 것을 모두 고르면? (정답 2개)

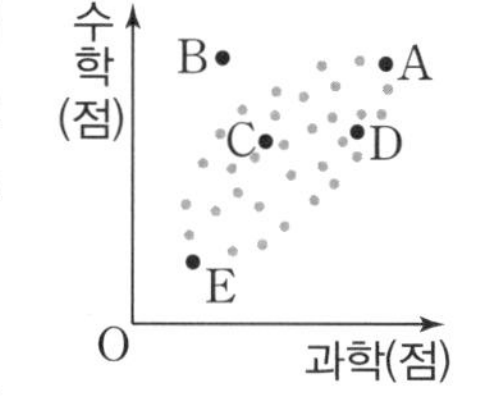

① 과학 성적과 수학 성적 사이에는 양의 상관관계가 있다.
② A는 과학 성적과 수학 성적이 모두 높다.
③ B는 과학 성적은 높고 수학 성적은 낮다.
④ E는 과학 성적과 수학 성적이 모두 낮다.
⑤ C는 D보다 과학 성적이 더 높다.

4

오른쪽 그림은 어느 학교 학생들의 몸무게와 키에 대한 산점도이다. 다음 물음에 답하시오.

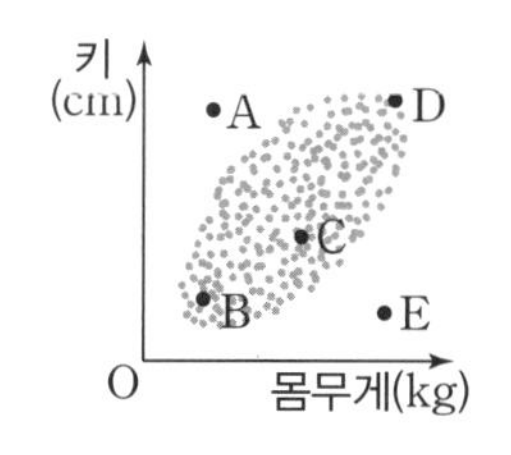

(1) 몸무게와 키 사이의 상관관계를 말하시오.
(2) 5명의 학생 A, B, C, D, E 중에서 키에 비해 몸무게가 적은 학생을 구하시오.
(3) 5명의 학생 A, B, C, D, E 중에서 몸무게에 비해 키가 가장 작은 학생을 구하시오.

5 생각이 자라는 창의·융합

다음은 여름철 냉방병에 대한 어느 신문 기사이다. 이 기사에서 여름철 냉방병의 발생률과 양의 상관관계가 있지 않은 것을 모두 고르면? (정답 2개)

제000호
○○일보

냉방병이 여름철에 생기는 이유는 에어컨과 같은 냉방 기기를 많이 사용하기 때문이다. 여름철 실내와 실외의 온도 차가 많이 나는 환경에 자주 노출되면 두통, 오한 등 냉방병을 일으키게 된다. 또 환기를 충분히 하지 않으면 호흡기가 건조해져 냉방병을 유발하게 된다.
냉방병의 또 다른 원인으로는 에어컨 냉각수에서 번식하는 레지오넬라균을 꼽을 수 있다. 이 균이 공기를 통해 퍼지면 독감, 폐렴의 원인이 되기도 한다. 따라서 냉방 기기는 청결해야 한다.

① 냉방 기기의 사용량
② 실내와 실외의 온도 차
③ 환기량
④ 레지오넬라균의 번식량
⑤ 냉방 기기의 청소량

▶ 문제 속 개념 도출

• 한 변량의 값이 변함에 따라 다른 변량의 값이 변하는 경향이 있는 관계를 ① ________라 한다.
• 한 변량의 값이 증가함에 따라
 (i) 다른 변량의 값도 대체로 증가 ➡ ② ____의 상관관계
 (ii) 다른 변량의 값이 대체로 감소 ➡ 음의 상관관계

개념 32에 대한 이해도를 표시해 보세요. 0 50 100

학교 시험 문제로 단원 마무리

점수 /100점

개념 27

1 오른쪽 막대그래프는 경수네 반 학생 15명이 1년 동안 여행을 다녀온 횟수를 조사하여 나타낸 것이다. 이 자료의 평균, 중앙값, 최빈값을 각각 구하시오. [10점]

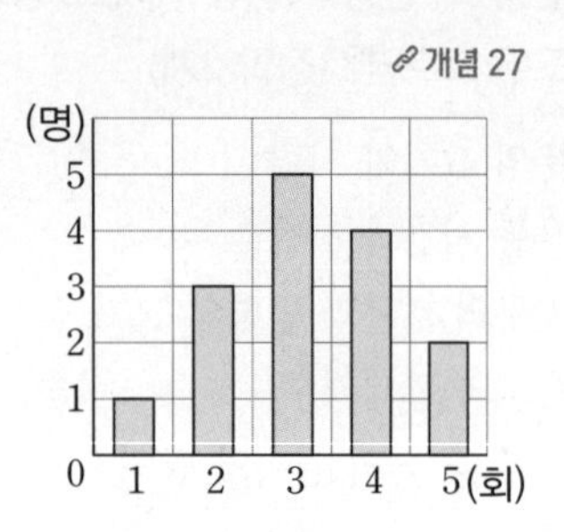

개념 28

2 다음 자료 중 평균보다 중앙값을 대푯값으로 하기에 가장 적절한 것은? [10점]

① 3, 4, 5, 6, 7 ② 6, 6, 6, 6, 6 ③ 10, 20, 30, 40, 50
④ 12, 15, 18, 21, 23 ⑤ 1, 200, 210, 230, 250

개념 29

3 오른쪽 자료는 어느 반 학생 6명의 몸무게의 편차를 조사하여 나타낸 것이다. 다음 물음에 답하시오. [10점]

(단위: kg)

-1, -4, 8, x, 10, -5

(1) x의 값을 구하시오.
(2) 학생 6명의 몸무게의 평균이 59 kg일 때, 몸무게의 편차가 x kg인 학생의 몸무게를 구하시오.

개념 27, 29, 30

4 대푯값과 산포도에 대한 설명으로 다음 중 옳은 것을 모두 고르면? (정답 2개) [10점]

① 대푯값에는 평균, 분산, 표준편차 등이 있다.
② 평균과 중앙값은 항상 같은 값이다.
③ 중앙값은 자료에 있는 값이 아닐 수도 있다.
④ 분산은 항상 양수이다.
⑤ 분산이 클수록 표준편차도 크다.

개념 28, 30

5 작은 값부터 크기순으로 나열한 5개의 변량 2, 4, 5, 7, x의 평균과 중앙값이 같을 때, 이 5개의 변량의 분산을 구하시오. [10점]

개념 30

6 오른쪽 표는 20개씩 포장된 두 상자 A, B에 들어 있는 과자의 무게의 평균과 표준편차를 조사하여 나타낸 것이다. 다음 중 옳은 것은? [10점]

상자	평균(g)	표준편차(g)
A	22	1.8
B	22	2.5

① 두 상자 A, B에 들어 있는 과자의 무게의 분포는 같다.
② 두 상자 A, B에 들어 있는 과자의 무게의 분포를 비교할 수 없다.
③ 상자 A가 상자 B보다 과자의 무게의 분포가 고르다.
④ 상자 B가 상자 A보다 과자의 무게의 분포가 고르다.
⑤ 가장 무거운 과자는 상자 B에 들어 있다.

개념 31

7 오른쪽 그림은 어느 반 학생 15명의 수학 성적과 영어 성적에 대한 산점도이다. 다음 중 옳지 않은 것을 모두 고르면? (정답 2개) [10점]

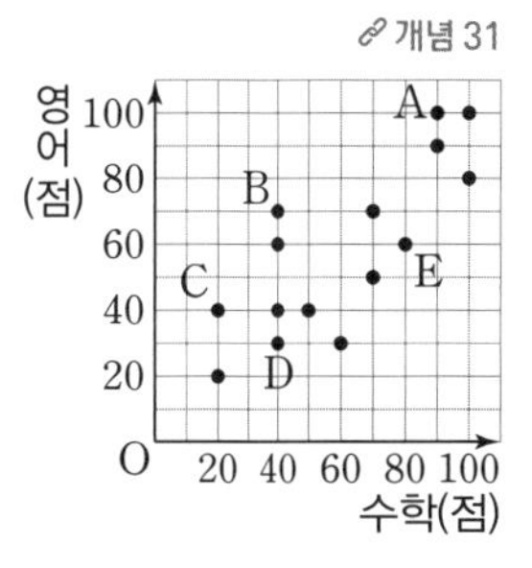

① A는 두 과목의 성적이 모두 높다.
② B와 C는 두 과목의 성적의 차가 같다.
③ D는 E보다 수학 성적이 낮다.
④ 두 과목의 성적이 모두 80점 이상인 학생은 4명이다.
⑤ 수학 성적이 40점인 학생들의 영어 성적의 평균은 60점이다.

개념 31

8 오른쪽 그림은 축구 선수 15명의 작년과 올해 넣은 골의 개수에 대한 산점도이다. 작년과 올해 넣은 골의 개수의 합이 16개 이상인 선수는 모두 몇 명인가? [10점]

① 3명 ② 4명 ③ 5명
④ 6명 ⑤ 7명

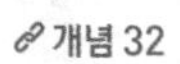
개념 32

9 다음 중 |보기|의 두 변량 사이의 상관관계에 대한 설명으로 옳은 것은? [10점]

보기
ㄱ. 독서량과 국어 성적 ㄴ. 겨울철 기온과 난방비
ㄷ. 건물의 층수와 계단의 수 ㄹ. 강우량과 자동차 생산량
ㅁ. 인구수와 음식물 쓰레기 발생량 ㅂ. 시력과 체력

① 양의 상관관계가 있는 것은 ㄱ, ㄷ뿐이다.
② ㄱ, ㄴ은 같은 상관관계가 있다.
③ ㄴ, ㄹ은 음의 상관관계가 있다.
④ ㄷ, ㅂ은 상관관계가 없다.
⑤ ㄱ, ㄷ, ㅁ은 같은 상관관계가 있다.

개념 31, 32

10 오른쪽 그림은 민서네 학교 학생들의 한 달 용돈과 저축액에 대한 산점도이다. 다음 |보기|에서 옳은 것을 모두 고른 것은? [10점]

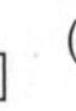

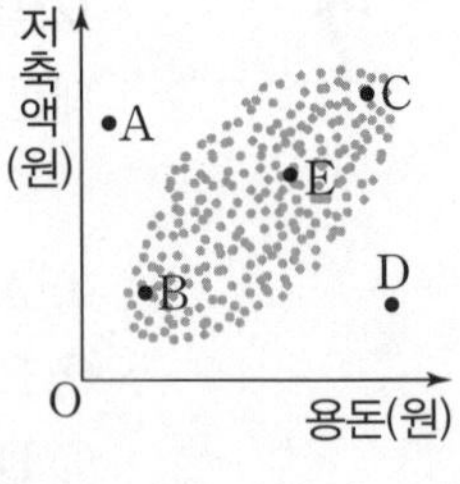

보기
ㄱ. 용돈이 많은 학생은 대체로 저축액이 많은 편이다.
ㄴ. A, B, C, D, E 중 저축을 가장 많이 하는 학생은 C이다.
ㄷ. A, B, C, D, E 중 용돈에 비해 저축액을 적게 하는 학생은 A이다.

① ㄱ ② ㄴ ③ ㄷ
④ ㄱ, ㄴ ⑤ ㄴ, ㄷ

배운 내용 돌아보기

마인드맵으로 정리하기

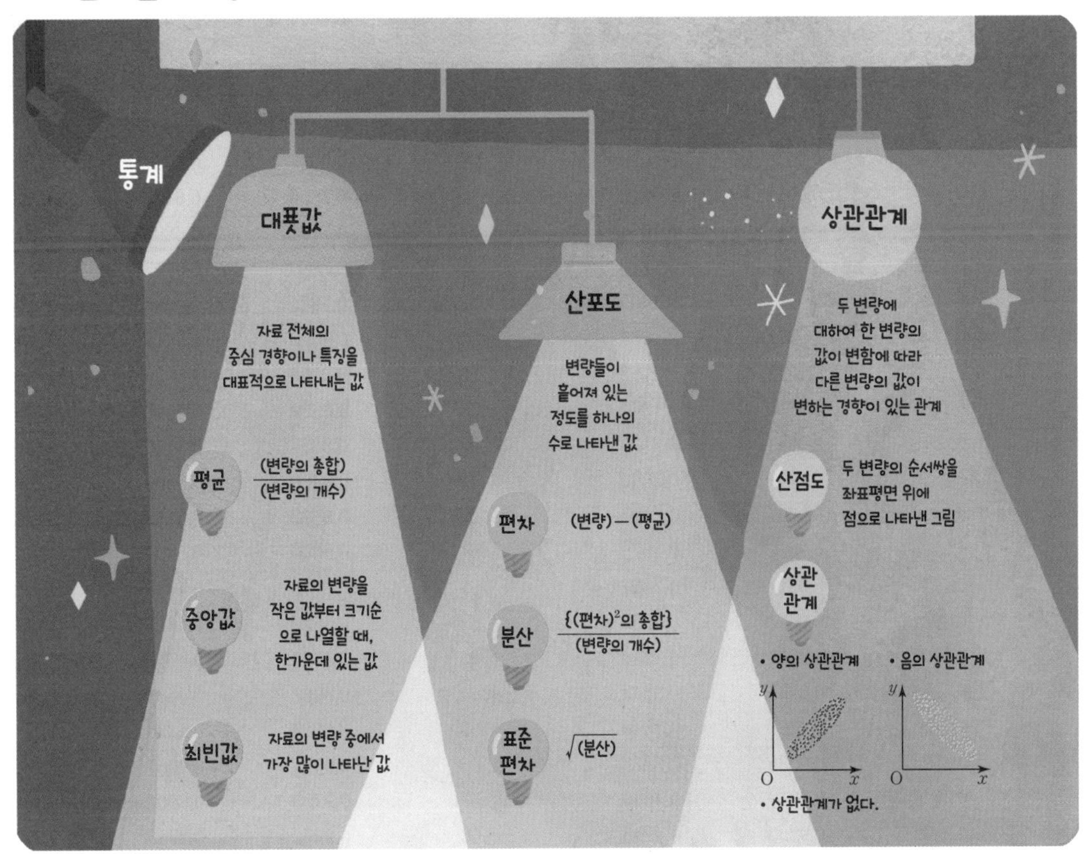

OX 문제로 확인하기

옳은 것은 ○, 옳지 않은 것은 X를 택하시오.

● 정답 및 해설 40쪽

❶ 6개의 변량 1, 2, 3, 4, 5, 6의 중앙값은 3과 4이다. O | X

❷ 4개의 변량 1, 1, 2, 3의 최빈값은 1이다. O | X

❸ 편차의 총합은 항상 0이다. O | X

❹ 5개의 변량 1, 2, 3, 4, 5의 표준편차는 2이다. O | X

❺ 분산 또는 표준편차가 작을수록 변량들은 평균에서 멀리 떨어져 있다. O | X

❻ 자동차의 이동 거리와 연료 사용량 사이에는 양의 상관관계가 있다. O | X

❼ 겨울철 기온과 감기 환자 수 사이에는 음의 상관관계가 있다. O | X

삼각비의 표

각도	사인(sin)	코사인(cos)	탄젠트(tan)
0°	0.0000	1.0000	0.0000
1°	0.0175	0.9998	0.0175
2°	0.0349	0.9994	0.0349
3°	0.0523	0.9986	0.0524
4°	0.0698	0.9976	0.0699
5°	0.0872	0.9962	0.0875
6°	0.1045	0.9945	0.1051
7°	0.1219	0.9925	0.1228
8°	0.1392	0.9903	0.1405
9°	0.1564	0.9877	0.1584
10°	0.1736	0.9848	0.1763
11°	0.1908	0.9816	0.1944
12°	0.2079	0.9781	0.2126
13°	0.2250	0.9744	0.2309
14°	0.2419	0.9703	0.2493
15°	0.2588	0.9659	0.2679
16°	0.2756	0.9613	0.2867
17°	0.2924	0.9563	0.3057
18°	0.3090	0.9511	0.3249
19°	0.3256	0.9455	0.3443
20°	0.3420	0.9397	0.3640
21°	0.3584	0.9336	0.3839
22°	0.3746	0.9272	0.4040
23°	0.3907	0.9205	0.4245
24°	0.4067	0.9135	0.4452
25°	0.4226	0.9063	0.4663
26°	0.4384	0.8988	0.4877
27°	0.4540	0.8910	0.5095
28°	0.4695	0.8829	0.5317
29°	0.4848	0.8746	0.5543
30°	0.5000	0.8660	0.5774
31°	0.5150	0.8572	0.6009
32°	0.5299	0.8480	0.6249
33°	0.5446	0.8387	0.6494
34°	0.5592	0.8290	0.6745
35°	0.5736	0.8192	0.7002
36°	0.5878	0.8090	0.7265
37°	0.6018	0.7986	0.7536
38°	0.6157	0.7880	0.7813
39°	0.6293	0.7771	0.8098
40°	0.6428	0.7660	0.8391
41°	0.6561	0.7547	0.8693
42°	0.6691	0.7431	0.9004
43°	0.6820	0.7314	0.9325
44°	0.6947	0.7193	0.9657
45°	0.7071	0.7071	1.0000

각도	사인(sin)	코사인(cos)	탄젠트(tan)
45°	0.7071	0.7071	1.0000
46°	0.7193	0.6947	1.0355
47°	0.7314	0.6820	1.0724
48°	0.7431	0.6691	1.1106
49°	0.7547	0.6561	1.1504
50°	0.7660	0.6428	1.1918
51°	0.7771	0.6293	1.2349
52°	0.7880	0.6157	1.2799
53°	0.7986	0.6018	1.3270
54°	0.8090	0.5878	1.3764
55°	0.8192	0.5736	1.4281
56°	0.8290	0.5592	1.4826
57°	0.8387	0.5446	1.5399
58°	0.8480	0.5299	1.6003
59°	0.8572	0.5150	1.6643
60°	0.8660	0.5000	1.7321
61°	0.8746	0.4848	1.8040
62°	0.8829	0.4695	1.8807
63°	0.8910	0.4540	1.9626
64°	0.8988	0.4384	2.0503
65°	0.9063	0.4226	2.1445
66°	0.9135	0.4067	2.2460
67°	0.9205	0.3907	2.3559
68°	0.9272	0.3746	2.4751
69°	0.9336	0.3584	2.6051
70°	0.9397	0.3420	2.7475
71°	0.9455	0.3256	2.9042
72°	0.9511	0.3090	3.0777
73°	0.9563	0.2924	3.2709
74°	0.9613	0.2756	3.4874
75°	0.9659	0.2588	3.7321
76°	0.9703	0.2419	4.0108
77°	0.9744	0.2250	4.3315
78°	0.9781	0.2079	4.7046
79°	0.9816	0.1908	5.1446
80°	0.9848	0.1736	5.6713
81°	0.9877	0.1564	6.3138
82°	0.9903	0.1392	7.1154
83°	0.9925	0.1219	8.1443
84°	0.9945	0.1045	9.5144
85°	0.9962	0.0872	11.4301
86°	0.9976	0.0698	14.3007
87°	0.9986	0.0523	19.0811
88°	0.9994	0.0349	28.6363
89°	0.9998	0.0175	57.2900
90°	1.0000	0.0000	—

스스로 개념을 확인하는, 질문 리스트

각 개념에 대응하는 질문에 대한 답을 스스로 할 수 있는지 확인해 보세요.
만약 답을 하기 어렵다면,
본책의 해당 개념을 다시 학습해 보세요.

1 삼각비

개념01~03
(본책 10~15쪽)

삼각비와 그 응용

□ 삼각비의 뜻을 설명할 수 있는가?

□ 오른쪽 그림의 직각삼각형 ABC에서

① $\sin A$, $\cos A$, $\tan A$의 값을 구할 수 있는가?

② $\sin C$, $\cos C$, $\tan C$의 값을 구할 수 있는가?

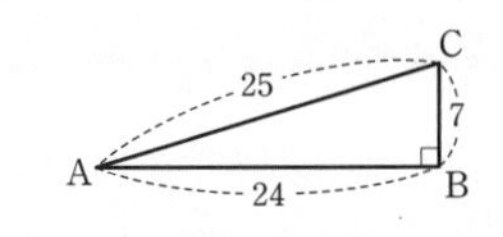

개념04~07
(본책 16~23쪽)

삼각비의 값 / 삼각비의 표

□ 다음은 0°, 30°, 45°, 60°, 90°의 삼각비의 값을 나타낸 표이다. 표의 빈칸을 채울 수 있는가?

삼각비 \ A	0°	30°	45°	60°	90°
$\sin A$	0		$\frac{\sqrt{2}}{2}$		
$\cos A$		$\frac{\sqrt{3}}{2}$			
$\tan A$				$\sqrt{3}$	

□ 오른쪽 그림과 같이 반지름의 길이가 1인 사분원에서 다음을 선분의 길이로 나타낼 수 있가?

① $\sin a°$

② $\cos a°$

③ $\tan a°$

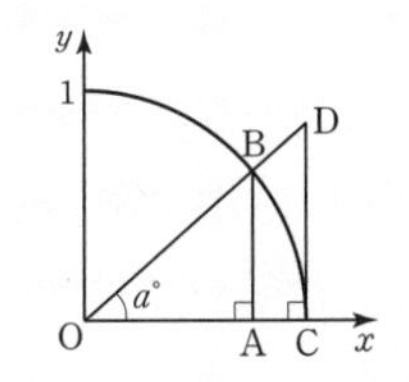

□ 90쪽의 삼각비의 표를 이용하여 다음 삼각비의 값을 구할 수 있는가?

① $\sin 17°$

② $\cos 65°$

③ $\tan 80°$

개념08~10
(본책 24~29쪽)

삼각비의 활용 – 삼각형의 변의 길이, 높이

□ 다음 그림의 직각삼각형 ABC에서 삼각비를 이용하여 x, y의 값을 각각 구할 수 있는가?

① 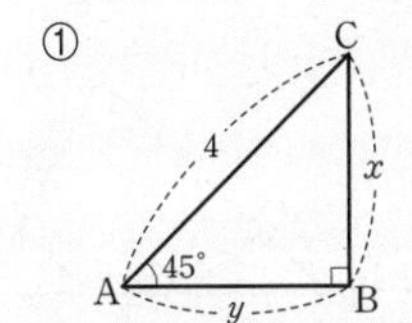

② 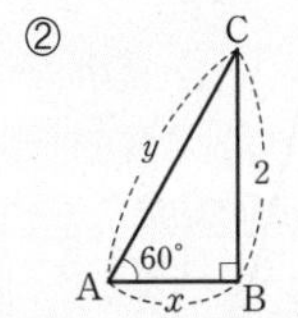

□ 직각삼각형이 아닌 삼각형 ABC에서 $\overline{AC}$의 길이를 구하려고 할 때는 오른쪽 그림과 같이 적당한 수선 AH를 그어 직각삼각형을 만든 후, 다음을 순차적으로 구한다.

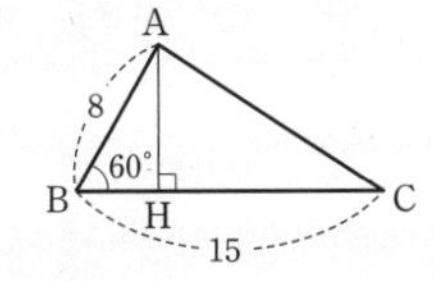

① △ABH에서 삼각비를 이용하여 $\overline{AH}$의 길이를 구하면?

② △ABH에서 삼각비를 이용하여 $\overline{BH}$의 길이를 구한 후, $\overline{CH}$의 길이를 구하면?

③△AHC에서 피타고라스 정리를 이용하여 $\overline{AC}$의 길이를 구하면?

개념11~12 (본책 30~33쪽)	삼각비의 활용 – 삼각형, 사각형의 넓이 □ 두 변의 길이와 그 끼인각의 크기가 주어진 삼각형의 넓이를 구하는 공식을 말할 수 있는가? □ 이웃하는 두 변의 길이와 그 끼인각의 크기가 주어진 평행사변형의 넓이를 구하는 공식을 말할 수 있는가? 두 대각선의 길이와 두 대각선이 이루는 각의 크기가 주어진 일반 사각형의 넓이를 구하는 공식을 말할 수 있는가? □ 다음 그림의 삼각형 ABC의 넓이를 삼각비를 이용하여 구할 수 있는가? ① ② □ 다음 그림의 사각형 ABCD의 넓이를 삼각비를 이용하여 구할 수 있는가? ① ②

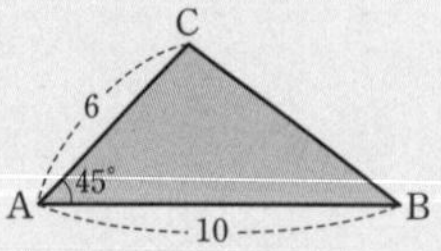

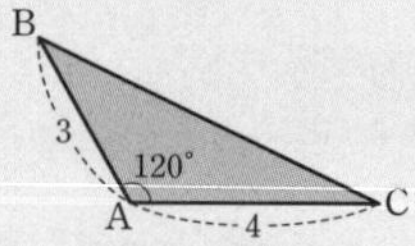

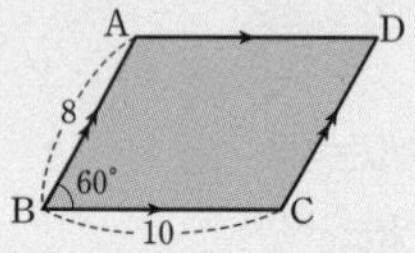

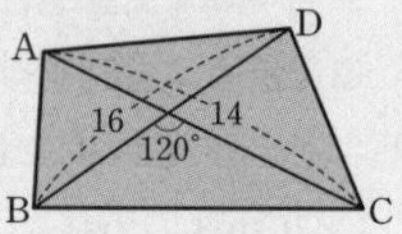

2 원과 직선

개념13~14 (본책 38~41쪽)	현의 수직이등분선과 그 응용 □ 원의 중심에서 현에 내린 수선의 성질을 설명할 수 있는가? □ 원에서 현의 수직이등분선이 항상 지나는 점이 무엇인지 말할 수 있는가?
개념15 (본책 42~43쪽)	현의 길이 □ 한 원 또는 합동인 두 원에서 중심으로부터 같은 거리에 있는 두 현의 길이 사이의 관계를 설명할 수 있는가? □ 한 원 또는 합동인 두 원에서 길이가 같은 두 현은 중심으로부터 같은 거리에 있다고 할 수 있는가?
개념16~17 (본책 44~47쪽)	원의 접선의 성질과 그 응용 □ 원의 접선과 그 접점을 지나는 원의 반지름이 이루는 각의 크기는 얼마인가? □ 원 밖의 한 점에서 그 원에 그은 두 접선의 길이는 같다고 할 수 있는가?
개념18~19 (본책 48~51쪽)	삼각형의 내접원 / 원에 외접하는 사각형 □ 다음 그림과 같이 원 O가 삼각형 ABC에 내접할 때, x, y, z의 값을 각각 구하면? ① ② □ 다음 그림과 같이 사각형 ABCD가 원 O에 외접할 때, x의 값을 구하면? ① ②

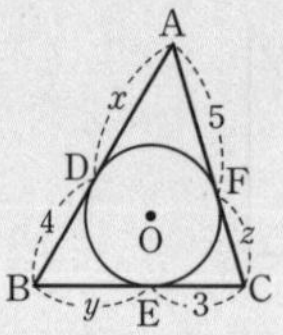

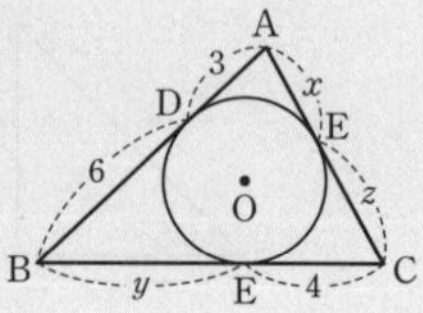

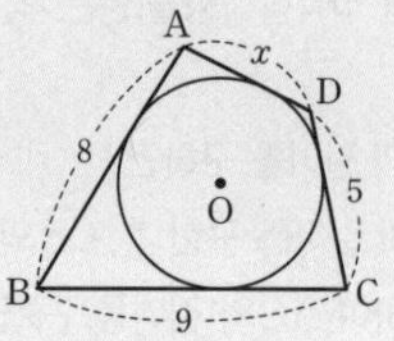

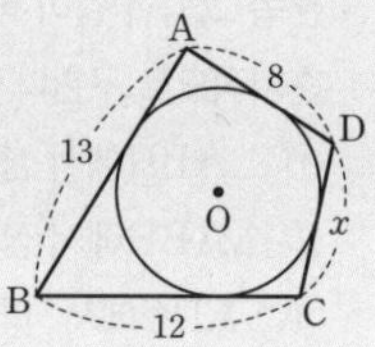

3 원주각

개념20~21 (본책 56~59쪽)	원주각과 중심각의 크기 / 원주각의 성질 □ 원주각의 뜻을 설명할 수 있는가? □ 원에서 한 호에 대한 원주각과 중심각의 크기 사이의 관계를 설명할 수 있는가? □ 원에서 한 호에 대한 원주각은 무수히 많다. 그 원주각의 크기는 모두 같다고 할 수 있는가? □ 원에서 호가 반원일 때, 그 호에 대한 원주각의 크기는 얼마인가?
개념22 (본책 60~61쪽)	원주각의 크기와 호의 길이 □ 한 원 또는 합동인 두 원에서 길이가 같은 호에 대한 원주각의 크기는 모두 같다고 할 수 있는가? □ 한 원 또는 합동인 두 원에서 크기가 같은 원주각에 대한 호의 길이는 모두 같다고 할 수 있는가? □ 한 원 또는 합동인 두 원에서 다음을 원주각의 크기에 정비례하는 것과 정비례하지 않는 것으로 분류할 수 있는가? ① 중심각의 크기 ② 호의 길이 ③ 현의 길이
개념23~25 (본책 62~67쪽)	네 점이 한 원 위에 있을 조건 / 원에 내접하는 사각형의 성질 / 사각형이 원에 내접하기 위한 조건 □ 다음 [그림 1]을 이용하여 네 점이 한 원 위에 있을 조건을 설명할 수 있는가? □ 다음 [그림 2], [그림 3]을 이용하여 사각형이 원에 내접할 조건을 설명할 수 있는가? [그림 1] [그림 2] [그림 3]
개념26 (본책 68~69쪽)	원의 접선과 현이 이루는 각 □ 오른쪽 그림을 이용하여 접선과 현이 이루는 각의 크기와 그 각의 내부에 있는 호에 대한 원주각의 크기 사이의 관계를 설명할 수 있는가? □ 오른쪽 그림에서 $\angle BAT=60°$일 때, $\angle BCA$의 크기를 구할 수 있는가?

4 통계

개념27~28 (본책 74~77쪽)	**대푯값과 그 응용** □ 대푯값의 뜻을 설명할 수 있는가? □ 평균, 중앙값, 최빈값의 뜻을 비교하여 설명할 수 있는가? □ 5개의 수 4, 5, 6, 7, 8의 평균을 구할 수 있는가? □ 다음 두 자료에서 중앙값을 각각 구할 수 있는가? [자료 1] 5, 9, 6, 7, 9 [자료 2] 6, 10, 6, 8 □ 다음 세 자료에서 최빈값을 각각 구할 수 있는가? [자표 1] 1, 2, 3, 3, 3, 3 [자료 2] 1, 2, 2, 3, 3, 4 [자료 3] 1, 1, 2, 2, 3, 3 □ 평균, 중앙값, 최빈값 중 ① 자료에 극단적인 값이 있을 때 사용하기에 가장 적절한 것은? ② 자료가 수치로 나타내지 않을 때 사용하기에 가장 적절한 것은?
개념29 (본책 78~79쪽)	**산포도 (1) – 편차** □ 산포도의 뜻을 설명할 수 있는가? 변량들이 대푯값에 모여 있을수록 산포도는 작아진다고 할 수 있는가? □ 편차의 뜻을 설명할 수 있는가? □ 4개의 변량 6, 11, 14, 9의 편차를 각각 구할 수 있느가? □ 편차의 총합은 항상 일정하다. 그 총합은 얼마인가? 편차의 절댓값이 클수록 변량은 평균에서 멀리 떨어져 있다고 할 수 있는가?
개념30 (본책 80~81쪽)	**산포도 (2) – 분산, 표준편차** □ 분산의 뜻을 설명할 수 있는가? □ 표준편차의 뜻을 설명할 수 있는가? □ 5개의 변량 1, 2, 3, 4, 5의 분산과 표준편차를 각각 구할 수 있는가?
개념31~32 (본책 82~85쪽)	**산점도 / 상관관계** □ 산점도의 뜻을 설명할 수 있는가? □ 상관관계의 뜻을 설명할 수 있는가? □ 다음 상관관계의 뜻을 비교하여 설명할 수 있는가? ① 양의 상관관계 ② 음의 상관관계 ③ 상관관계가 없다. □ 양의 상관관계의 예를 3개 이상 말할 수 있는가? 음의 상관관계의 예를 3개 이상 말할 수 있는가?

memo

memo

1일 1개념

1일 1개념

메가스터디 중학수학

진짜 공부 챌린지
내/가/스/터/디

1일 1개념

3·2

정답 및 해설

메가스터디BOOKS

메가스터디 **중학수학**

3·2

정답 및 해설

1 삼각비

• 본문 10~11쪽

개념 01 삼각비

바/로/풀/기

Q1 답 $\overline{BC}$, $\frac{3}{5}$, $\overline{AC}$, $\frac{4}{5}$, $\overline{BC}$, $\frac{3}{4}$

개념 확인

1 답 (1) $\frac{5}{13}$ (2) $\frac{12}{13}$ (3) $\frac{5}{12}$

(1) $\sin B=\frac{\overline{AC}}{\overline{AB}}=\frac{5}{13}$

(2) $\cos B=\frac{\overline{BC}}{\overline{AB}}=\frac{12}{13}$

(3) $\tan B=\frac{\overline{AC}}{\overline{BC}}=\frac{5}{12}$

2 답 (1) $\frac{15}{17}$, $\frac{8}{17}$, $\frac{15}{8}$ (2) $\frac{\sqrt{2}}{2}$, $\frac{\sqrt{2}}{2}$, 1

(3) $\frac{\sqrt{3}}{3}$, $\frac{\sqrt{6}}{3}$, $\frac{\sqrt{2}}{2}$ (4) $\frac{\sqrt{3}}{2}$, $\frac{1}{2}$, $\sqrt{3}$

(1) $\sin C=\frac{\overline{AB}}{\overline{AC}}=\frac{15}{17}$

$\cos C=\frac{\overline{BC}}{\overline{AC}}=\frac{8}{17}$

$\tan C=\frac{\overline{AB}}{\overline{BC}}=\frac{15}{8}$

(2) $\sin A=\frac{\overline{BC}}{\overline{AC}}=\frac{1}{\sqrt{2}}=\frac{\sqrt{2}}{2}$

$\cos A=\frac{\overline{AB}}{\overline{AC}}=\frac{1}{\sqrt{2}}=\frac{\sqrt{2}}{2}$

$\tan A=\frac{\overline{BC}}{\overline{AB}}=1$

(3) $\sin C=\frac{\overline{AB}}{\overline{BC}}=\frac{\sqrt{3}}{3}$

$\cos C=\frac{\overline{AC}}{\overline{BC}}=\frac{\sqrt{6}}{3}$

$\tan C=\frac{\overline{AB}}{\overline{AC}}=\frac{\sqrt{3}}{\sqrt{6}}=\frac{1}{\sqrt{2}}=\frac{\sqrt{2}}{2}$

(4) $\sin B=\frac{\overline{AC}}{\overline{BC}}=\frac{2\sqrt{3}}{4}=\frac{\sqrt{3}}{2}$

$\cos B=\frac{\overline{AB}}{\overline{BC}}=\frac{2}{4}=\frac{1}{2}$

$\tan B=\frac{\overline{AC}}{\overline{AB}}=\frac{2\sqrt{3}}{2}=\sqrt{3}$

교과서 문제로 개념다지기

1 답 ③

① $\sin A=\frac{\overline{BC}}{\overline{AC}}=\frac{8}{10}=\frac{4}{5}$

② $\tan A=\frac{\overline{BC}}{\overline{AB}}=\frac{8}{6}=\frac{4}{3}$

③ $\sin C=\frac{\overline{AB}}{\overline{AC}}=\frac{6}{10}=\frac{3}{5}$

④ $\cos C=\frac{\overline{BC}}{\overline{AC}}=\frac{8}{10}=\frac{4}{5}$

⑤ $\tan C=\frac{\overline{AB}}{\overline{BC}}=\frac{6}{8}=\frac{3}{4}$

따라서 옳은 것은 ③이다.

해설 꼭 확인

③ $\sin C$의 값 구하기

(×) → $\sin C=\frac{\overline{BC}}{\overline{AC}}=\frac{8}{10}=\frac{4}{5}$

(○) → $\sin C=\frac{\overline{AB}}{\overline{AC}}=\frac{6}{10}=\frac{3}{5}$

➡ 한 직각삼각형에서도 삼각비를 구하고자 하는 기준각에 따라 높이와 밑변이 바뀜에 주의해야 해!
이때 기준각의 대변이 높이가 됨을 잊지 마!

2 답 ④

① $\frac{\overline{CB}}{\overline{AC}}=\frac{\overline{GF}}{\overline{AG}}=\sin A$

② $\frac{\overline{AD}}{\overline{EA}}=\frac{\overline{AF}}{\overline{GA}}=\cos A$

④ $\cos A=\frac{\overline{AB}}{\overline{CA}}=\frac{\overline{AD}}{\overline{EA}}=\frac{\overline{AF}}{\overline{GA}}$

따라서 옳지 않은 것은 ④이다.

| 참고 | ∠A를 공통으로 하는 세 직각삼각형 ABC, ADE, AFG는 서로 닮은 도형이다. 따라서 대응변의 길이의 비가 같으므로 한 예각의 크기가 정해지면 직각삼각형의 크기에 관계없이 직각삼각형의 세 변의 길이의 비의 값, 즉 $\frac{\overline{CB}}{\overline{AC}}$, $\frac{\overline{AB}}{\overline{CA}}$, $\frac{\overline{BC}}{\overline{AB}}$의 값은 항상 일정하다.

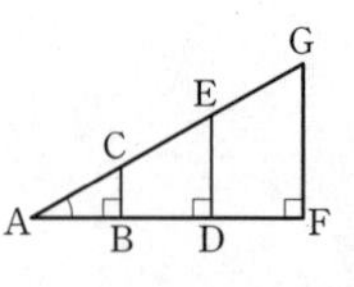

3 답 (1) $\sqrt{5}$

(2) $\sin A=\frac{\sqrt{5}}{5}$, $\cos A=\frac{2\sqrt{5}}{5}$, $\tan A=\frac{1}{2}$

(1) 피타고라스 정리에 의하여

$\overline{AC}=\sqrt{2^2+1^2}=\sqrt{5}$

(2) $\sin A=\frac{\overline{BC}}{\overline{AC}}=\frac{1}{\sqrt{5}}=\frac{\sqrt{5}}{5}$

$\cos A=\frac{\overline{AB}}{\overline{AC}}=\frac{2}{\sqrt{5}}=\frac{2\sqrt{5}}{5}$

$\tan A=\frac{\overline{BC}}{\overline{AB}}=\frac{1}{2}$

4 답 ③

피타고라스 정리에 의하여

$\overline{AB}=\sqrt{6^2-4^2}=2\sqrt{5}$

③ $\tan A=\frac{\overline{BC}}{\overline{AB}}=\frac{4}{2\sqrt{5}}=\frac{2\sqrt{5}}{5}$

5 답 $\frac{\sqrt{13}}{13}$

피타고라스 정리에 의하여

$\overline{AC}=\sqrt{2^2+3^2}=\sqrt{13}$이므로

$\sin A=\frac{\overline{BC}}{\overline{AC}}=\frac{3}{\sqrt{13}}=\frac{3\sqrt{13}}{13}$

$\cos A=\frac{\overline{AB}}{\overline{AC}}=\frac{2}{\sqrt{13}}=\frac{2\sqrt{13}}{13}$

$\therefore \sin A-\cos A=\frac{3\sqrt{13}}{13}-\frac{2\sqrt{13}}{13}=\frac{\sqrt{13}}{13}$

6 답 (1) $\sqrt{2}$ (2) $\sqrt{3}$ (3) $\frac{\sqrt{6}}{3}$

(1) 직각삼각형 EFG에서 피타고라스 정리에 의하여

$\overline{EG}=\sqrt{1^2+1^2}=\sqrt{2}$

(2) 직각삼각형 AEG에서 피타고라스 정리에 의하여

$\overline{AG}=\sqrt{1^2+\overline{EG}^2}=\sqrt{1^2+(\sqrt{2})^2}=\sqrt{3}$

(3) 직각삼각형 AEG에서

$\cos x=\frac{\overline{EG}}{\overline{AG}}=\frac{\sqrt{2}}{\sqrt{3}}=\frac{\sqrt{6}}{3}$

▶ 문제 속 개념 도출

답 ① 삼각비 ② 합

• 본문 12~13쪽

삼각비를 이용하여 변의 길이, 삼각비의 값 구하기

개념 확인

1 답 6, 3, 3, $3\sqrt{3}$

$\sin A=\frac{\overline{BC}}{\boxed{6}}=\frac{1}{2}$이므로

$2\overline{BC}=6$에서 $\overline{BC}=\boxed{3}$

따라서 피타고라스 정리에 의하여

$\overline{AB}=\sqrt{6^2-\overline{BC}^2}=\sqrt{6^2-\boxed{3}^2}=\boxed{3\sqrt{3}}$

2 답 $4\sqrt{2}$

$\cos B=\frac{\overline{AB}}{8}=\frac{\sqrt{2}}{2}$이므로

$2\overline{AB}=8\sqrt{2}$ $\therefore \overline{AB}=4\sqrt{2}$

따라서 피타고라스 정리에 의하여

$\overline{AC}=\sqrt{8^2-\overline{AB}^2}=\sqrt{8^2-(4\sqrt{2})^2}=4\sqrt{2}$

3 답 $\sqrt{5}$, $\sqrt{5}$, $\sqrt{5}$

4 답 $\cos A=\frac{4}{5}$, $\tan A=\frac{3}{4}$

$\sin A=\frac{3}{5}$에서 오른쪽 그림과 같이

$\overline{AC}=5$, $\overline{BC}=3$인 직각삼각형 ABC를

생각할 수 있으므로

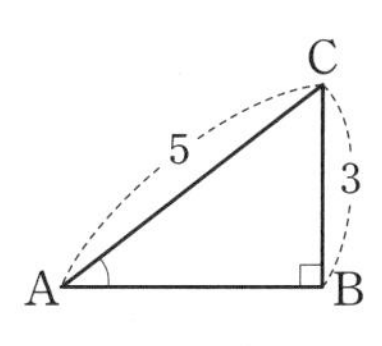

피타고라스 정리에 의하여

$\overline{AB}=\sqrt{5^2-3^2}=4$

$\therefore \cos A=\frac{4}{5}$, $\tan A=\frac{3}{4}$

교과서 문제로 개념 다지기

1 답 $\overline{AB}=3\sqrt{5}$, $\overline{BC}=6$

$\sin A=\frac{\overline{BC}}{9}=\frac{2}{3}$이므로

$3\overline{BC}=18$ $\therefore \overline{BC}=6$

따라서 피타고라스 정리에 의하여

$\overline{AB}=\sqrt{9^2-\overline{BC}^2}=\sqrt{9^2-6^2}=3\sqrt{5}$

2 답 $\sqrt{10}$

$\tan C=\frac{\overline{AB}}{1}=3$이므로 $\overline{AB}=3$

따라서 피타고라스 정리에 의하여

$\overline{AC}=\sqrt{\overline{AB}^2+1^2}=\sqrt{3^2+1^2}=\sqrt{10}$

3 답 (1) $\frac{\sqrt{7}}{4}$ (2) $\frac{4}{3}$ (3) $\frac{\sqrt{5}}{5}$

(1) $\sin A=\frac{3}{4}$이므로 오른쪽 그림에서

피타고라스 정리에 의하여

$\overline{AB}=\sqrt{4^2-3^2}=\sqrt{7}$

$\therefore \cos A=\frac{\sqrt{7}}{4}$

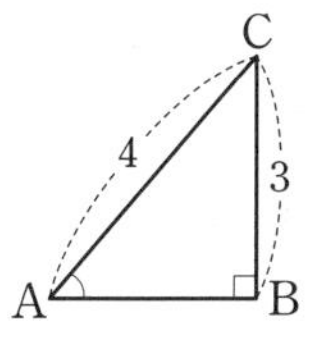

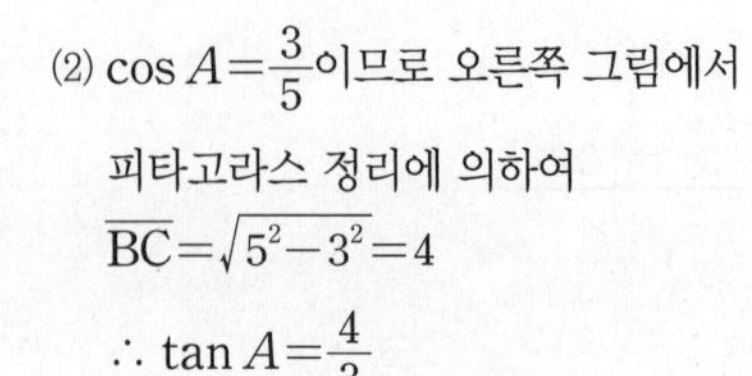

(2) $\cos A=\frac{3}{5}$이므로 오른쪽 그림에서

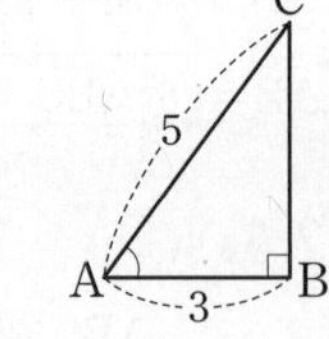
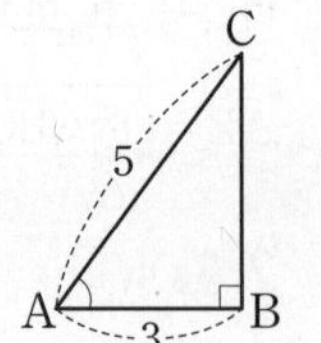

피타고라스 정리에 의하여

$\overline{BC}=\sqrt{5^2-3^2}=4$

$\therefore \tan A=\frac{4}{3}$

(3) $\tan A=\frac{1}{2}$이므로 오른쪽 그림에서

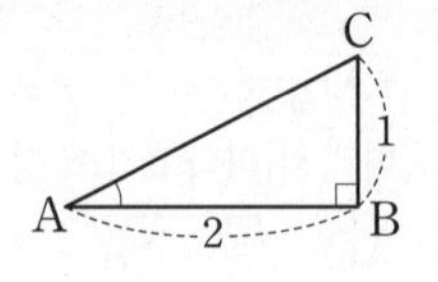

피타고라스 정리에 의하여

$\overline{AC}=\sqrt{1^2+2^2}=\sqrt{5}$

$\therefore \sin A=\frac{1}{\sqrt{5}}=\frac{\sqrt{5}}{5}$

4 답 $\frac{\sqrt{5}}{5}$

$\sin A=\frac{\sqrt{5}}{5}$이므로 오른쪽 그림에서

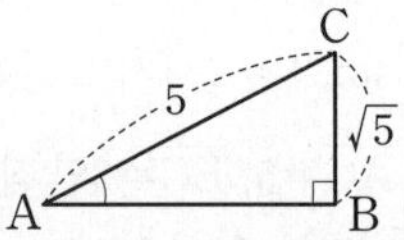

피타고라스 정리에 의하여

$\overline{AB}=\sqrt{5^2-(\sqrt{5})^2}=2\sqrt{5}$

$\therefore \cos A=\frac{2\sqrt{5}}{5}$, $\tan A=\frac{\sqrt{5}}{2\sqrt{5}}=\frac{1}{2}$

$\therefore \cos A\times\tan A=\frac{2\sqrt{5}}{5}\times\frac{1}{2}=\frac{\sqrt{5}}{5}$

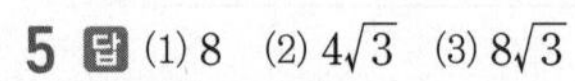

5 답 (1) 8 (2) $4\sqrt{3}$ (3) $8\sqrt{3}$

(1) $\cos B=\frac{4}{\overline{BC}}=\frac{1}{2}$이므로

$\overline{BC}=8$

(2) 피타고라스 정리에 의하여

$\overline{AC}=\sqrt{\overline{BC}^2-4^2}=\sqrt{8^2-4^2}=4\sqrt{3}$

(3) $\triangle ABC=\frac{1}{2}\times\overline{AB}\times\overline{AC}$

$=\frac{1}{2}\times4\times4\sqrt{3}=8\sqrt{3}$

6 답 $\frac{\sqrt{101}}{101}$

경사각이 ∠A인 도로의 수평 거리에 대한 수직 거리의 비의 값이 $\frac{1}{10}$이므로

$\tan A=\frac{1}{10}$

따라서 오른쪽 그림에서

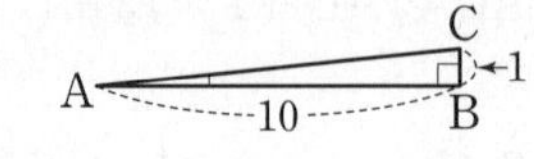

피타고라스 정리에 의하여

$\overline{AC}=\sqrt{10^2+1^2}=\sqrt{101}$

$\therefore \sin A=\frac{1}{\sqrt{101}}=\frac{\sqrt{101}}{101}$

▶ 문제 속 개념 도출

답 ① $\frac{a}{b}$ ② $\frac{a}{c}$

• 본문 14~15쪽

개념 03 삼각비와 직각삼각형의 닮음

개념 확인

1 답 (1) $\overline{BD}$, $\overline{BC}$ (2) $\overline{AB}$, $\overline{BD}$ (3) $\overline{BC}$, $\overline{AD}$, $\overline{CD}$

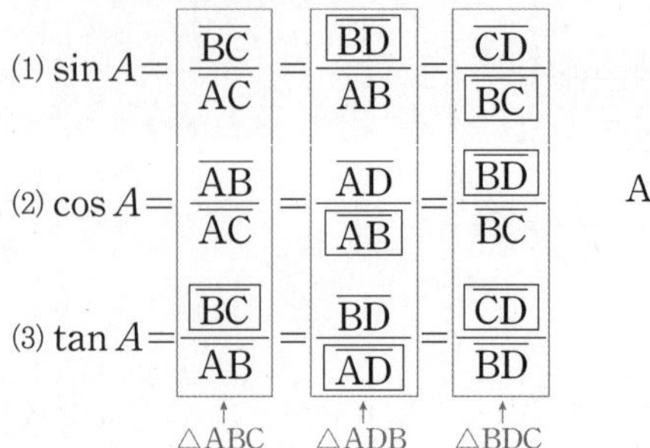

(1) $\sin A=\frac{\overline{BC}}{\overline{AC}}=\frac{\overline{BD}}{\overline{AB}}=\frac{\overline{CD}}{\overline{BC}}$

(2) $\cos A=\frac{\overline{AB}}{\overline{AC}}=\frac{\overline{AD}}{\overline{AB}}=\frac{\overline{BD}}{\overline{BC}}$

(3) $\tan A=\frac{\overline{BC}}{\overline{AB}}=\frac{\overline{BD}}{\overline{AD}}=\frac{\overline{CD}}{\overline{BD}}$

↑ △ABC ↑ △ADB ↑ △BDC

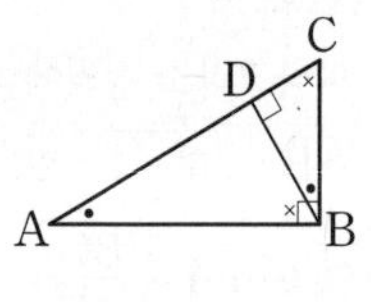

2 답 (1) 13

(2) ∠BCA

(3) $\sin x=\frac{12}{13}$, $\cos x=\frac{5}{13}$, $\tan x=\frac{12}{5}$

(1) △ABC에서 피타고라스 정리에 의하여

$\overline{BC}=\sqrt{12^2+5^2}=13$

(2) △ABC∽△EBD (AA 닮음)이므로

∠BDE=∠BCA

(3) △ABC에서 ∠BCA$=x$이므로

$\sin x=\frac{12}{13}$, $\cos x=\frac{5}{13}$, $\tan x=\frac{12}{5}$

3 답 (1) 12

(2) ∠ACB

(3) $\sin x=\frac{4}{5}$, $\cos x=\frac{3}{5}$, $\tan x=\frac{4}{3}$

(1) △ABC에서 피타고라스 정리에 의하여

$\overline{AB}=\sqrt{15^2-9^2}=12$

(2) △ABC∽△AED (AA 닮음)이므로

∠ADE=∠ACB

(3) △ABC에서 ∠ACB$=x$이므로

$\sin x=\frac{12}{15}=\frac{4}{5}$, $\cos x=\frac{9}{15}=\frac{3}{5}$, $\tan x=\frac{12}{9}=\frac{4}{3}$

교과서 문제로 개념 다지기

1 답 $\frac{3}{5}$

△ABC에서 피타고라스 정리에 의하여

$\overline{BC}=\sqrt{8^2+6^2}=10$

$\triangle ABC \backsim \triangle HBA$ (AA 닮음)이므로
$\angle C = \angle BAH = x$

$\therefore \cos x = \cos C = \frac{6}{10} = \frac{3}{5}$

2 답 $\frac{4}{5}$

$\triangle ABC \backsim \triangle EBD$ (AA 닮음)이므로
$\angle A = \angle BED$

$\therefore \sin A = \sin(\angle BED) = \frac{4}{5}$

3 답 $\frac{2\sqrt{5}}{5}$

$\triangle ADE$에서 피타고라스 정리에 의하여
$\overline{AE} = \sqrt{6^2 - 4^2} = 2\sqrt{5}$
$\triangle ABC \backsim \triangle AED$ (AA 닮음)이므로
$\angle B = \angle AED$

$\therefore \tan B = \tan(\angle AED) = \frac{4}{2\sqrt{5}} = \frac{2\sqrt{5}}{5}$

4 답 $\frac{8}{5}$

$\triangle ABC$에서 피타고라스 정리에 의하여
$\overline{BC} = \sqrt{3^2 + 4^2} = 5$
$\triangle ABC \backsim \triangle DBA$ (AA 닮음)이므로
$\angle C = \angle BAD = x$

$\therefore \cos x = \cos C = \frac{4}{5}$

$\triangle ABC \backsim \triangle DAC$ (AA 닮음)이므로
$\angle B = \angle CAD = y$

$\therefore \sin y = \sin B = \frac{4}{5}$

$\therefore \cos x + \sin y = \frac{4}{5} + \frac{4}{5} = \frac{8}{5}$

5 답 ㄱ, ㄴ

$\triangle ABC \backsim \triangle DAC$ (AA 닮음)이므로
$\angle B = \angle DAC = x$

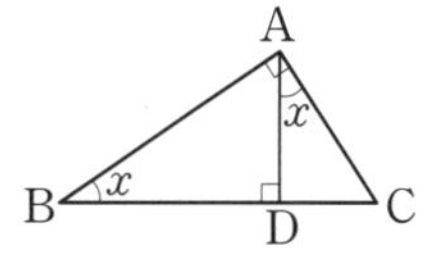

ㄱ. $\triangle ABC$에서 $\sin x = \frac{\overline{AC}}{\overline{BC}}$

ㄴ, ㄷ. $\triangle ABD$에서 $\sin x = \frac{\overline{AD}}{\overline{AB}}$, $\cos x = \frac{\overline{BD}}{\overline{AB}}$

ㄹ. $\triangle ADC$에서 $\tan x = \frac{\overline{CD}}{\overline{AD}}$

따라서 $\sin x$를 나타내는 것은 ㄱ, ㄴ이다.

▶ 문제 속 개념 도출

답 ① HAC ② BAH

• 본문 16~17쪽

개념 04 30°, 45°, 60°의 삼각비의 값

개념 확인

1 답 (1) 1 (2) $\frac{\sqrt{3}-\sqrt{2}}{2}$ (3) $\frac{3}{2}$ (4) 1 (5) $\sqrt{3}+1$ (6) 0

(1) $\sin 30° + \cos 60° = \frac{1}{2} + \frac{1}{2} = 1$

(2) $\cos 30° - \sin 45° = \frac{\sqrt{3}}{2} - \frac{\sqrt{2}}{2} = \frac{\sqrt{3}-\sqrt{2}}{2}$

(3) $\sin 60° \times \tan 60° = \frac{\sqrt{3}}{2} \times \sqrt{3} = \frac{3}{2}$

(4) $\sin 45° \div \cos 45° = \frac{\sqrt{2}}{2} \div \frac{\sqrt{2}}{2} = 1$

(5) $\sin 60° + \cos 30° + \tan 45° = \frac{\sqrt{3}}{2} + \frac{\sqrt{3}}{2} + 1$
$= \sqrt{3} + 1$

(6) $\sin 30° - \tan 45° + \cos 60° = \frac{1}{2} - 1 + \frac{1}{2} = 0$

2 답 (1) 45° (2) 60° (3) 30° (4) 60° (5) 60° (6) 45°

(1) $\sin 45° = \frac{\sqrt{2}}{2}$이므로 $x = 45°$

(2) $\sin 60° = \frac{\sqrt{3}}{2}$이므로 $x = 60°$

(3) $\cos 30° = \frac{\sqrt{3}}{2}$이므로 $x = 30°$

(4) $\cos 60° = \frac{1}{2}$이므로 $x = 60°$

(5) $\tan 60° = \sqrt{3}$이므로 $x = 60°$

(6) $\tan 45° = 1$이므로 $x = 45°$

교과서 문제로 개념 다지기

1 답 ④

① $\cos 60° + \sin 60° = \frac{1}{2} + \frac{\sqrt{3}}{2} = \frac{1+\sqrt{3}}{2}$

② $\sin 60° - \tan 30° = \frac{\sqrt{3}}{2} - \frac{\sqrt{3}}{3} = \frac{\sqrt{3}}{6}$

③ $\cos 45° \div \sin 45° = \frac{\sqrt{2}}{2} \div \frac{\sqrt{2}}{2} = 1$

④ $\sin 30° \times \cos 30° = \frac{1}{2} \times \frac{\sqrt{3}}{2} = \frac{\sqrt{3}}{4}$

⑤ $\cos 45° + \tan 60° = \frac{\sqrt{2}}{2} + \sqrt{3} = \frac{\sqrt{2}+2\sqrt{3}}{2}$

따라서 옳은 것은 ④이다.

2 답 (1) $\frac{3\sqrt{2}}{2}$ (2) 1 (3) 1

(1) $\cos 30° \times \tan 60° \div \sin 45° = \frac{\sqrt{3}}{2} \times \sqrt{3} \div \frac{\sqrt{2}}{2} = \frac{3\sqrt{2}}{2}$

(2) $2\tan 30° \times \sin 60° = 2 \times \frac{\sqrt{3}}{3} \times \frac{\sqrt{3}}{2} = 1$

(3) $\sin^2 30° + \cos^2 30° = \left(\frac{1}{2}\right)^2 + \left(\frac{\sqrt{3}}{2}\right)^2 = \frac{1}{4} + \frac{3}{4} = 1$

해설 꼭 확인

(3) $\sin^2 30°$, $\cos^2 30°$의 값 계산하기

$\xrightarrow{(\times)}$ $\sin^2 30° = \sin(30°)^2 = \sin 900°$
$\cos^2 30° = \cos(30°)^2 = \cos 900°$

$\xrightarrow{(\bigcirc)}$ $\sin^2 30° = (\sin 30°)^2 = \sin 30° \times \sin 30°$
$\cos^2 30° = (\cos 30°)^2 = \cos 30° \times \cos 30°$

➡ 삼각비의 값의 제곱은
$\sin^2 A = (\sin A)^2 = \sin A \times \sin A$,
$\cos^2 A = (\cos A)^2 = \cos A \times \cos A$,
$\tan^2 A = (\tan A)^2 = \tan A \times \tan A$
와 같이 계산해야 해!
즉, $\sin^2 A \neq \sin A^2$임에 주의해야 해!

3 답 $\frac{2\sqrt{6}}{3}$

$(\text{주어진 식}) = 2 \times \frac{\sqrt{3}}{2} \times \frac{\sqrt{2}}{2} + \frac{\sqrt{2}}{2} \times \frac{\sqrt{3}}{3}$
$= \frac{\sqrt{6}}{2} + \frac{\sqrt{6}}{6} = \frac{4\sqrt{6}}{6} = \frac{2\sqrt{6}}{3}$

4 답 ③

$\cos 60° = \frac{1}{2}$이므로 $\cos(2x + 10°) = \frac{1}{2}$에서
$2x + 10° = 60°$
$2x = 50°$ $\therefore x = 25°$

5 답 (1) $x = 4\sqrt{2}$, $y = 4\sqrt{2}$ (2) $x = 5\sqrt{3}$, $y = 10$

(1) $\sin 45° = \frac{x}{8} = \frac{\sqrt{2}}{2}$이므로
$2x = 8\sqrt{2}$ $\therefore x = 4\sqrt{2}$
$\cos 45° = \frac{y}{8} = \frac{\sqrt{2}}{2}$이므로
$2y = 8\sqrt{2}$ $\therefore y = 4\sqrt{2}$

(2) $\tan 60° = \frac{x}{5} = \sqrt{3}$이므로 $x = 5\sqrt{3}$
$\cos 60° = \frac{5}{y} = \frac{1}{2}$이므로 $y = 10$

6 답 (1) $6\sqrt{3}$ (2) $3\sqrt{6}$

(1) $\triangle ABC$에서 $\sin 60° = \frac{\overline{AC}}{12} = \frac{\sqrt{3}}{2}$이므로
$2\overline{AC} = 12\sqrt{3}$ $\therefore \overline{AC} = 6\sqrt{3}$

(2) $\triangle ACD$에서 $\cos 45° = \frac{\overline{AD}}{6\sqrt{3}} = \frac{\sqrt{2}}{2}$이므로
$2\overline{AD} = 6\sqrt{6}$ $\therefore \overline{AD} = 3\sqrt{6}$

7 답 세윤, 민주

은지: $\sin 30° - \cos 45° = \frac{1}{2} - \frac{\sqrt{2}}{2} \neq 0$

세윤: $\sin 30° - \cos 60° = \frac{1}{2} - \frac{1}{2} = 0$

민주: $\sin 45° - \cos 45° = \frac{\sqrt{2}}{2} - \frac{\sqrt{2}}{2} = 0$

아랑: $\sin 45° - \cos 60° = \frac{\sqrt{2}}{2} - \frac{1}{2} \neq 0$

따라서 바르게 구한 학생은 세윤, 민주이다.

▶ 문제 속 개념 도출

답 ① $\frac{\sqrt{3}}{2}$ ② $\frac{\sqrt{2}}{2}$ ③ $\sqrt{3}$

• 본문 18~19쪽

개념 05 예각에 대한 삼각비의 값

1 답 (1) $\overline{AB}$, 1, $\overline{AB}$ (2) $\overline{OB}$, 1, $\overline{OB}$
(3) $\overline{OD}$, 1, $\overline{CD}$

2 답 (1) $\overline{AB}$, 0.64 (2) $\overline{OB}$, 0.77
(3) $\overline{OD}$, $\overline{CD}$, 0.84

교과서 문제로 개념 다지기

1 답 (1) $\cos x$, $\sin y$ (2) $\sin x$, $\cos y$ (3) $\tan x$

(1), (2) $\overline{AC} = 1$이므로 $\triangle ABC$에서
$\sin x = \frac{\overline{BC}}{\overline{AC}} = \overline{BC}$, $\cos x = \frac{\overline{AB}}{\overline{AC}} = \overline{AB}$,
$\sin y = \frac{\overline{AB}}{\overline{AC}} = \overline{AB}$, $\cos y = \frac{\overline{BC}}{\overline{AC}} = \overline{BC}$

(3) $\overline{AD} = 1$이므로 $\triangle ADE$에서
$\tan x = \frac{\overline{DE}}{\overline{AD}} = \overline{DE}$

| 참고 | 반지름의 길이가 1인 사분원에서 예각에 대한 삼각비를 구할 때, sin, cos의 값은 빗변의 길이가 1인 직각삼각형을 이용하여 구하고, tan의 값은 밑변의 길이(또는 높이)가 1인 직각삼각형을 이용하여 구한다.

2 답 ④

① △OBA에서 $\sin x=\frac{\overline{AB}}{\overline{OA}}=\frac{\overline{AB}}{1}=\overline{AB}$

② △OBA에서 $\cos x=\frac{\overline{OB}}{\overline{OA}}=\frac{\overline{OB}}{1}=\overline{OB}$

③ △ODC에서 $\tan y=\frac{\overline{OD}}{\overline{CD}}=\frac{1}{\overline{CD}}$

④ $\angle OAB=\angle OCD=y$ (동위각)이므로

△OBA에서 $\cos y=\frac{\overline{AB}}{\overline{OA}}=\frac{\overline{AB}}{1}=\overline{AB}$

⑤ $\angle OAB=\angle OCD=y$ (동위각)이므로

△OBA에서 $\sin y=\frac{\overline{OB}}{\overline{OA}}=\frac{\overline{OB}}{1}=\overline{OB}$

따라서 옳은 것은 ④이다.

3 답 1.38

△OBA에서 $\sin 57^\circ=\frac{\overline{AB}}{\overline{OA}}=\frac{\overline{AB}}{1}=\overline{AB}=0.84$

△OBA에서 $\cos 57^\circ=\frac{\overline{OB}}{\overline{OA}}=\frac{\overline{OB}}{1}=\overline{OB}=0.54$

$\therefore \sin 57^\circ+\cos 57^\circ=0.84+0.54=1.38$

4 답 ④

△OBA에서 $\angle OAB=180^\circ-(50^\circ+90^\circ)=40^\circ$

④ $\sin 40^\circ=\frac{\overline{OB}}{\overline{OA}}=\frac{0.64}{1}=0.64$

⑤ $\cos 40^\circ=\frac{\overline{AB}}{\overline{OA}}=\frac{0.77}{1}=0.77$

따라서 옳지 않은 것은 ④이다.

5 답 (1) 1 (2) $\frac{\sqrt{2}}{2}$ (3) $\frac{\sqrt{2}}{2}$ (4) $\frac{1}{4}$

(1) $\tan 45^\circ=\frac{\overline{CD}}{\overline{OD}}=\frac{\overline{CD}}{1}=1$이므로 $\overline{CD}=1$

(2) $\sin 45^\circ=\frac{\overline{AB}}{\overline{OA}}=\frac{\overline{AB}}{1}=\frac{\sqrt{2}}{2}$이므로 $\overline{AB}=\frac{\sqrt{2}}{2}$

(3) $\cos 45^\circ=\frac{\overline{OB}}{\overline{OA}}=\frac{\overline{OB}}{1}=\frac{\sqrt{2}}{2}$이므로 $\overline{OB}=\frac{\sqrt{2}}{2}$

(4) (색칠한 부분의 넓이)=△COD−△AOB

$=\frac{1}{2}\times\overline{OD}\times\overline{CD}-\frac{1}{2}\times\overline{OB}\times\overline{AB}$

$=\frac{1}{2}\times1\times1-\frac{1}{2}\times\frac{\sqrt{2}}{2}\times\frac{\sqrt{2}}{2}$

$=\frac{1}{2}-\frac{1}{4}=\frac{1}{4}$

▶ 문제 속 개념 도출

답 ① 밑변 ② $\frac{\sqrt{2}}{2}$

• 본문 20~21쪽

개념 06 0°, 90°의 삼각비의 값 / 삼각비의 값의 대소 관계

개념 확인

1 답 (1) 1 (2) 0 (3) 1 (4) 0 (5) 2 (6) 0

(1) $\sin 0^\circ+\cos 0^\circ=0+1=1$

(2) $\sin 0^\circ+\tan 0^\circ=0+0=0$

(3) $\sin 90^\circ-\cos 90^\circ=1-0=1$

(4) $\cos 90^\circ\times\tan 0^\circ=0\times0=0$

(5) $\sin 90^\circ+\cos 0^\circ+\tan 0^\circ=1+1+0=2$

(6) $\cos 90^\circ+\sin 0^\circ\times\sin 90^\circ=0+0\times1=0$

2 답 (1) < (2) > (3) < (4) = (5) < (6) >

(1) $\sin 30^\circ=\frac{1}{2}$, $\sin 90^\circ=1$이므로

$\sin 30^\circ < \sin 90^\circ$

(2) $\cos 45^\circ=\frac{\sqrt{2}}{2}$, $\cos 90^\circ=0$이므로

$\cos 45^\circ > \cos 90^\circ$

(3) $\tan 0^\circ=0$, $\tan 45^\circ=1$이므로

$\tan 0^\circ < \tan 45^\circ$

(4) $\sin 45^\circ=\frac{\sqrt{2}}{2}$, $\cos 45^\circ=\frac{\sqrt{2}}{2}$이므로

$\sin 45^\circ = \cos 45^\circ$

(5) $\sin 0^\circ=0$, $\cos 60^\circ=\frac{1}{2}$이므로

$\sin 0^\circ < \cos 60^\circ$

(6) $\cos 0^\circ=1$, $\sin 45^\circ=\frac{\sqrt{2}}{2}$이므로

$\cos 0^\circ > \sin 45^\circ$

교과서 문제로 개념 다지기

1 답 (1) $\cos 0^\circ$, $\tan 45^\circ$, $\sin 90^\circ$ (2) $\sin 0^\circ$, $\cos 90^\circ$

$\sin 0^\circ=0$, $\cos 0^\circ=1$, $\tan 45^\circ=1$, $\sin 90^\circ=1$, $\cos 90^\circ=0$

이때 $\tan 90^\circ$의 값은 정할 수 없다.

2 답 ③, ⑤

① $\sin 0^\circ+\cos 90^\circ=0+0=0$

② $\cos 0^\circ+\cos 90^\circ=1+0=1$

③ $\cos 0^\circ+\tan 0^\circ=1+0=1$

④ $2\cos 0^\circ+\sin 90^\circ=2\times1+1=3$

⑤ $2\sin 90^\circ+\tan 45^\circ=2\times1+1=3$

따라서 옳지 않은 것은 ③, ⑤이다.

3 답 (1) 1 (2) 0 (3) $2\sqrt{3}$

(1) (주어진 식)$=1\times1\div1=1$

(2) (주어진 식)$=1^2+0^2-1^2=0$

(3) (주어진 식)$=(1+1)\times\sqrt{3}-0=2\sqrt{3}$

4 답 ㄷ, ㄹ, ㄴ, ㄱ, ㅁ

ㄱ. $\sin 60°=\frac{\sqrt{3}}{2}$ ㄴ. $\cos 45°=\frac{\sqrt{2}}{2}$ ㄷ. $\tan 0°=0$

ㄹ. $\sin 30°=\frac{1}{2}$ ㅁ. $\tan 45°=1$

따라서 $0<\frac{1}{2}<\frac{\sqrt{2}}{2}<\frac{\sqrt{3}}{2}<1\left(=\frac{2}{2}=\frac{\sqrt{4}}{2}\right)$이므로

작은 것부터 순서대로 나열하면 ㄷ, ㄹ, ㄴ, ㄱ, ㅁ이다.

5 답 진영

$0°<\angle A<90°$인 $\angle A$에 대하여

동석: $\cos A$의 값은 $\angle A$의 크기가 커질수록 점점 작아진다.

승희: $\tan A$의 값은 $\angle A$의 크기가 커질수록 무한히 커지고 $\tan 45°=1$이므로 1 이상의 값이 존재한다.

석민: $\cos 90°=0$이므로 $\cos A$의 가장 작은 값은 0이 될 수 없다.

따라서 바르게 말한 학생은 진영이다.

▶ 문제 속 개념 도출

답 ① 1 ② 1 ③ 증가

• 본문 22~23쪽

개념 07 삼각비의 표

개념 확인

1 답 (1) 0.7547 (2) 0.6293 (3) 1.3270 (4) 0.7880 (5) 0.5878 (6) 1.1918

2 답 (1) 22° (2) 24° (3) 21° (4) 24° (5) 20° (6) 23°

교과서 문제로 개념 다지기

1 답 (1) 1.2201 (2) 0.6884

(1) $\sin 15°=0.2588$, $\cos 16°=0.9613$이므로

$\sin 15°+\cos 16°=0.2588+0.9613=1.2201$

(2) $\cos 17°=0.9563$, $\tan 15°=0.2679$이므로

$\cos 17°-\tan 15°=0.9563-0.2679=0.6884$

2 답 104°

$\sin 51°=0.7771$, $\tan 53°=1.3270$이므로

$x=51°$, $y=53°$

$\therefore x+y=51°+53°=104°$

3 답 47°

$\sin x=\frac{73.14}{100}=0.7314$이므로

$x=47°$

4 답 13.112

$\sin 23°=\frac{\overline{AC}}{10}=0.3907$이므로

$\overline{AC}=3.907$

$\cos 23°=\frac{\overline{BC}}{10}=0.9205$이므로

$\overline{BC}=9.205$

$\therefore \overline{AC}+\overline{BC}=3.907+9.205=13.112$

5 답 0.6691

$\triangle ABD$에서 $\cos B=\frac{0.7431}{1}=0.7431$이므로

$\angle B=42°$

이때 주어진 삼각비의 표에서

$\sin B=\sin 42°=0.6691$

$\triangle ABD$에서 $\sin 42°=\frac{\overline{AD}}{1}=0.6691$

$\therefore \overline{AD}=0.6691$

▶ 문제 속 개념 도출

답 ① 삼각비의 표

• 본문 24~25쪽

개념 08 삼각비의 활용 (1) - 직각삼각형의 변의 길이

바/로/풀/기

Q1 답 (1) 8, 8, 4 (2) 30°, 30°, $4\sqrt{3}$

개념 확인

1 답 (1) $5\sqrt{3}$ (2) $2\sqrt{2}$ (3) $3\sqrt{3}$

(1) $\sin 60°=\frac{x}{10}$이므로

$x=10\sin 60°=10\times\frac{\sqrt{3}}{2}=5\sqrt{3}$

(2) $\cos 45° = \frac{2}{x}$이므로

$x = \frac{2}{\cos 45°} = 2 \div \frac{\sqrt{2}}{2} = 2 \times \frac{2}{\sqrt{2}} = 2\sqrt{2}$

(3) $\tan 30° = \frac{3}{x}$이므로

$x = \frac{3}{\tan 30°} = 3 \div \frac{\sqrt{3}}{3} = 3 \times \frac{3}{\sqrt{3}} = 3\sqrt{3}$

2 답 (1) 77 (2) 12.8 (3) 11.9

(1) $\sin 50° = \frac{x}{100}$이므로

$x = 100 \sin 50° = 100 \times 0.77 = 77$

(2) $\cos 50° = \frac{x}{20}$이므로

$x = 20 \cos 50° = 20 \times 0.64 = 12.8$

(3) $\tan 50° = \frac{x}{10}$이므로

$x = 10 \tan 50° = 10 \times 1.19 = 11.9$

교과서 문제로 개념 다지기

1 답 (1) 4.92 cm (2) 3.42 cm

(1) $\overline{AB} = 6 \sin 55° = 6 \times 0.82 = 4.92(\text{cm})$

(2) $\overline{BC} = 6 \cos 55° = 6 \times 0.57 = 3.42(\text{cm})$

해설 꼭 확인

(1) $\overline{AB}$의 길이 구하기

(×) $\overline{AB} = 6 \cos 55° = 6 \times 0.57 = 3.42(\text{cm})$

(○) $\overline{AB} = 6 \sin 55° = 6 \times 0.82 = 4.92(\text{cm})$

➡ 직각삼각형의 변의 길이를 구할 때는 직각삼각형에서 어떤 조건들이 주어졌는지 확인한 후, 조건에 맞는 삼각비를 이용할 수 있어야 해!

2 답 39 m

$\overline{AB} = 50 \tan 38° = 50 \times 0.78 = 39(\text{m})$

따라서 구하는 나무의 높이는 39 m이다.

3 답 1

$x = 20 \sin 43° = 20 \times 0.68 = 13.6$

$y = 20 \cos 43° = 20 \times 0.73 = 14.6$

$\therefore y - x = 14.6 - 13.6 = 1$

4 답 ④

$\sin 63° = \frac{9}{x}$이므로

$x = \frac{9}{\sin 63°}$

따라서 x의 값을 구하는 식으로 옳은 것은 ④이다.

5 답 6 cm

$\triangle ADC$에서

$\overline{AD} = 4 \sin 60° = 4 \times \frac{\sqrt{3}}{2} = 2\sqrt{3}(\text{cm})$

$\triangle ABD$에서

$\overline{BD} = \overline{AD} \tan 60° = 2\sqrt{3} \times \sqrt{3} = 6(\text{cm})$

다른 풀이

$\triangle ABC$에서 $\overline{AB} = 4 \tan 60° = 4 \times \sqrt{3} = 4\sqrt{3}(\text{cm})$

$\triangle ABD$에서 $\overline{BD} = \overline{AB} \cos 30° = 4\sqrt{3} \times \frac{\sqrt{3}}{2} = 6(\text{cm})$

6 답 (1) $\overline{BC} = 20\sqrt{3}$ m, $\overline{BD} = 60$ m (2) $20(\sqrt{3}+3)$ m

(1), (2) $\triangle ABC$에서

$\overline{BC} = 60 \tan 30° = 60 \times \frac{\sqrt{3}}{3} = 20\sqrt{3}(\text{m})$

$\triangle ADB$에서

$\overline{BD} = 60 \tan 45° = 60 \times 1 = 60(\text{m})$

(2) 건물 (나)의 높이는

$\overline{CD} = \overline{BC} + \overline{BD} = 20\sqrt{3} + 60 = 20(\sqrt{3}+3)(\text{m})$

▶ 문제 속 개념 도출

답 ① tan

• 본문 26~27쪽

개념 09 삼각비의 활용 (2) - 일반 삼각형의 변의 길이

개념 확인

1 답 풀이 참조

$\triangle ABH$에서

$\overline{AH} = \overline{AB} \sin 60° = 8 \sin \boxed{60°} = 8 \times \frac{\sqrt{3}}{2} = \boxed{4\sqrt{3}}$

$\overline{BH} = \overline{AB} \cos 60° = 8 \cos \boxed{60°} = 8 \times \frac{1}{2} = \boxed{4}$

$\therefore \overline{CH} = \overline{BC} - \overline{BH} = 15 - 4 = \boxed{11}$

따라서 $\triangle AHC$에서 피타고라스 정리에 의하여

$\overline{AC} = \sqrt{\overline{AH}^2 + \overline{CH}^2} = \sqrt{(4\sqrt{3})^2 + \boxed{11}^2} = \sqrt{169} = \boxed{13}$

2 답 (1) 3 (2) $3\sqrt{3}$ (3) $\sqrt{3}$ (4) $2\sqrt{3}$

(1) $\triangle ABH$에서 $\overline{AH} = 6 \sin 30° = 6 \times \frac{1}{2} = 3$

(2) $\triangle ABH$에서 $\overline{BH} = 6 \cos 30° = 6 \times \frac{\sqrt{3}}{2} = 3\sqrt{3}$

(3) $\overline{CH} = \overline{BC} - \overline{BH} = 4\sqrt{3} - 3\sqrt{3} = \sqrt{3}$

(4) $\triangle AHC$에서 피타고라스 정리에 의하여

$\overline{AC} = \sqrt{\overline{AH}^2 + \overline{CH}^2} = \sqrt{3^2 + (\sqrt{3})^2} = \sqrt{12} = 2\sqrt{3}$

3 답 풀이 참조

$\triangle$BCH에서

$\overline{CH}=\overline{BC}\sin 45°=9\sqrt{2}\sin\boxed{45°}=9\sqrt{2}\times\frac{\sqrt{2}}{2}=\boxed{9}$

따라서 $\triangle$AHC에서

$\angle A=180°-(45°+75°)=\boxed{60°}$이므로

$\overline{AC}=\frac{\overline{CH}}{\sin 60°}=\frac{\boxed{9}}{\sin\boxed{60°}}=9\div\frac{\sqrt{3}}{2}=9\times\frac{2}{\sqrt{3}}=\boxed{6\sqrt{3}}$

4 답 (1) 4 (2) 45° (3) $4\sqrt{2}$

(1) $\triangle$ABH에서

$\overline{BH}=8\sin 30°=8\times\frac{1}{2}=4$

(2) $\triangle$ABC에서

$\angle C=180°-(30°+105°)=45°$

(3) $\triangle$BCH에서

$\overline{BC}=\frac{4}{\sin 45°}=4\div\frac{\sqrt{2}}{2}$

$=4\times\frac{2}{\sqrt{2}}=4\sqrt{2}$

교과서 문제로 개념 다지기

1 답 (1) $\sqrt{7}$ (2) $\sqrt{21}$

(1) 오른쪽 그림과 같이 꼭짓점 A에서 $\overline{BC}$에 내린 수선의 발을 H라 하면 $\triangle$AHC에서

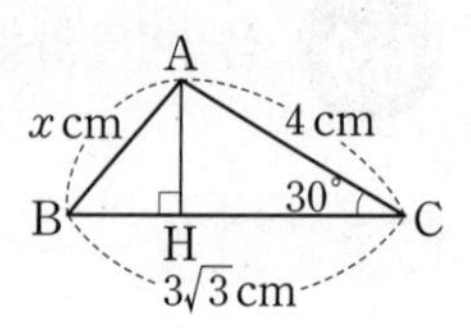

$\overline{AH}=4\sin 30°=4\times\frac{1}{2}=2(\text{cm})$

$\overline{CH}=4\cos 30°=4\times\frac{\sqrt{3}}{2}=2\sqrt{3}(\text{cm})$

$\therefore \overline{BH}=3\sqrt{3}-2\sqrt{3}=\sqrt{3}(\text{cm})$

따라서 $\triangle$ABH에서 피타고라스 정리에 의하여

$x=\sqrt{\overline{AH}^2+\overline{BH}^2}=\sqrt{2^2+(\sqrt{3})^2}=\sqrt{7}$

(2) 오른쪽 그림과 같이 꼭짓점 A에서 $\overline{BC}$에 내린 수선의 발을 H라 하면 $\triangle$ABH에서

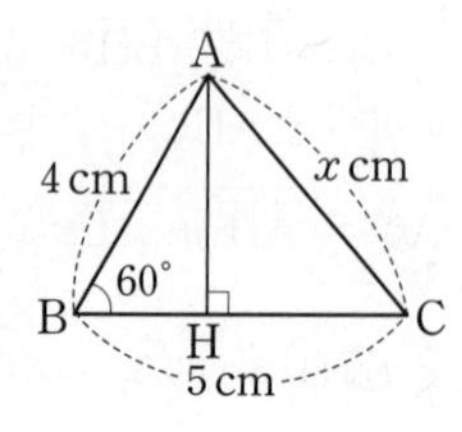

$\overline{AH}=4\sin 60°=4\times\frac{\sqrt{3}}{2}$

$=2\sqrt{3}(\text{cm})$

$\overline{BH}=4\cos 60°=4\times\frac{1}{2}$

$=2(\text{cm})$

$\therefore \overline{HC}=5-2=3(\text{cm})$

따라서 $\triangle$AHC에서 피타고라스 정리에 의하여

$x=\sqrt{\overline{AH}^2+\overline{CH}^2}=\sqrt{(2\sqrt{3})^2+3^2}=\sqrt{21}$

2 답 (1) $6\sqrt{2}$ (2) $3\sqrt{2}$

(1) 오른쪽 그림과 같이 꼭짓점 C에서 $\overline{AB}$에 내린 수선의 발을 H라 하면 $\triangle$BCH에서

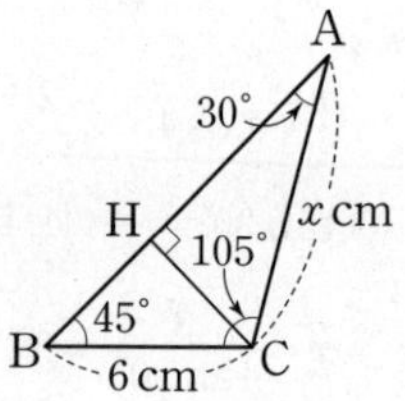

$\overline{CH}=6\sin 45°=6\times\frac{\sqrt{2}}{2}$

$=3\sqrt{2}(\text{cm})$

따라서 $\triangle$ABC에서 $\angle A=180°-(45°+105°)=30°$이므로

$\triangle$AHC에서 $\sin 30°=\frac{\overline{CH}}{\overline{AC}}=\frac{3\sqrt{2}}{x}$

$\therefore x=\frac{3\sqrt{2}}{\sin 30°}=3\sqrt{2}\div\frac{1}{2}$

$=3\sqrt{2}\times 2=6\sqrt{2}$

(2) 오른쪽 그림과 같이 꼭짓점 C에서 $\overline{AB}$에 내린 수선의 발을 H라 하면 $\triangle$AHC에서

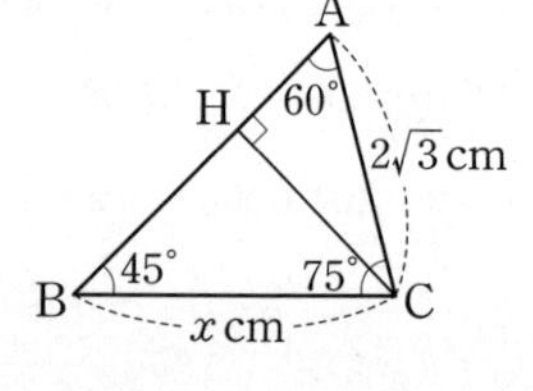

$\overline{CH}=2\sqrt{3}\sin 60°=2\sqrt{3}\times\frac{\sqrt{3}}{2}$

$=3(\text{cm})$

따라서 $\triangle$ABC에서 $\angle B=180°-(60°+75°)=45°$이므로

$\triangle$BCH에서 $\sin 45°=\frac{\overline{CH}}{\overline{BC}}=\frac{3}{x}$

$\therefore x=\frac{3}{\sin 45°}=3\div\frac{\sqrt{2}}{2}$

$=3\times\frac{2}{\sqrt{2}}=3\sqrt{2}$

해설 꼭 확인

(2) 수선을 그어 직각삼각형 만들기

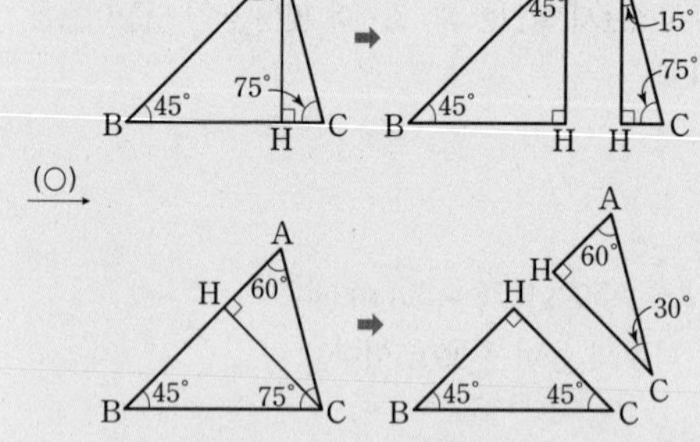

➡ 수선을 그을 때는 구하는 변을 빗변으로 하고, 30°, 45°, 60°의 삼각비를 이용할 수 있는 직각삼각형이 만들어지도록 그어야 해!

3 답 $2\sqrt{6}$ cm

오른쪽 그림과 같이 꼭짓점 A에서 $\overline{BC}$에 내린 수선의 발을 H라 하면 $\triangle$AHC에서

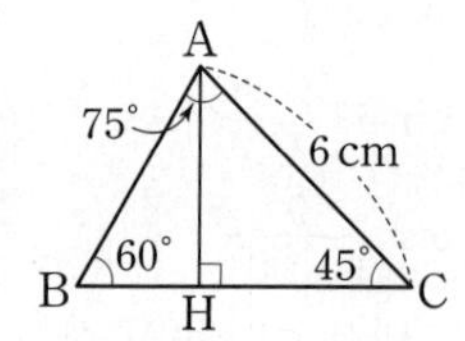

$\overline{AH}=6\sin 45°=6\times\frac{\sqrt{2}}{2}=3\sqrt{2}(\text{cm})$

따라서 $\triangle ABC$에서 $\angle B=180^\circ-(75^\circ+45^\circ)=60^\circ$이므로

$\triangle ABH$에서 $\sin 60^\circ=\dfrac{\overline{AH}}{\overline{AB}}=\dfrac{3\sqrt{2}}{\overline{AB}}$

$\therefore \overline{AB}=\dfrac{3\sqrt{2}}{\sin 60^\circ}=3\sqrt{2}\div\dfrac{\sqrt{3}}{2}=3\sqrt{2}\times\dfrac{2}{\sqrt{3}}=2\sqrt{6}(\text{cm})$

4 답 $100\sqrt{7}$ m

오른쪽 그림과 같이 꼭짓점 A에서 $\overline{BC}$에 내린 수선의 발을 H라 하면

$\triangle ABH$에서

$\overline{AH}=200\sin 60^\circ=200\times\dfrac{\sqrt{3}}{2}$

$=100\sqrt{3}(\text{m})$

$\overline{BH}=200\cos 60^\circ=200\times\dfrac{1}{2}=100(\text{m})$

$\therefore \overline{CH}=\overline{BC}-\overline{BH}=300-100=200(\text{m})$

따라서 $\triangle AHC$에서 피타고라스 정리에 의하여

$\overline{AC}=\sqrt{\overline{AH}^2+\overline{CH}^2}=\sqrt{(100\sqrt{3})^2+200^2}$

$=\sqrt{70000}=100\sqrt{7}(\text{m})$

▶ 문제 속 개념 도출

답 ① 수선

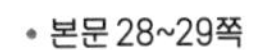

• 본문 28~29쪽

개념 10 삼각비의 활용 (3) - 삼각형의 높이

개념 확인

1 답 풀이 참조

$\angle BAH=\boxed{60^\circ}$, $\angle CAH=\boxed{45^\circ}$

이므로

$\triangle ABH$에서 $\overline{BH}=h\tan\boxed{60^\circ}=\sqrt{3}h$

$\triangle AHC$에서 $\overline{CH}=h\tan\boxed{45^\circ}=h$

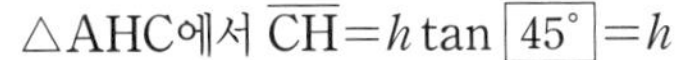

$\overline{BC}=\overline{BH}+\overline{CH}=\boxed{\sqrt{3}}h+h=(\sqrt{3}+1)h=10$

이므로

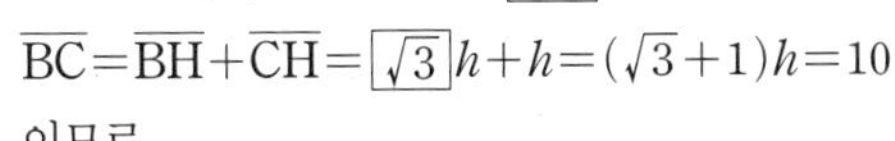

$h=\dfrac{10}{\boxed{\sqrt{3}}+1}=\dfrac{10(\sqrt{3}-1)}{(\sqrt{3}+1)(\sqrt{3}-1)}=\boxed{5(\sqrt{3}-1)}$

| 참고 | 분모의 유리화

분모가 2개의 항으로 된 무리수일 때, 곱셈 공식 $(a+b)(a-b)=a^2-b^2$을 이용하여 분모를 유리화한다.

⇨ $a>0$, $b>0$, $a\neq b$일 때

- $\dfrac{1}{\sqrt{a}+\sqrt{b}}=\dfrac{\sqrt{a}-\sqrt{b}}{(\sqrt{a}+\sqrt{b})(\sqrt{a}-\sqrt{b})}=\dfrac{\sqrt{a}-\sqrt{b}}{a-b}$
- $\dfrac{\sqrt{a}+\sqrt{b}}{\sqrt{a}-\sqrt{b}}=\dfrac{(\sqrt{a}+\sqrt{b})^2}{(\sqrt{a}-\sqrt{b})(\sqrt{a}+\sqrt{b})}=\dfrac{(\sqrt{a}+\sqrt{b})^2}{a-b}$

2 답 (1) $\angle BAH=30^\circ$, $\angle CAH=45^\circ$

(2) $\overline{BH}=\overline{AH}\tan 30^\circ$, $\overline{CH}=\overline{AH}\tan 45^\circ$

(3) $5(3-\sqrt{3})$

(3) $\overline{BC}=\overline{BH}+\overline{CH}$

$=\overline{AH}\tan 30^\circ+\overline{AH}\tan 45^\circ$

$=\dfrac{\sqrt{3}}{3}\overline{AH}+\overline{AH}=10$

에서 $\left(\dfrac{\sqrt{3}}{3}+1\right)\overline{AH}=10$

즉, $\dfrac{\sqrt{3}+3}{3}\overline{AH}=10$

$\therefore \overline{AH}=10\times\dfrac{3}{\sqrt{3}+3}=\dfrac{30(\sqrt{3}-3)}{(\sqrt{3}+3)(\sqrt{3}-3)}=5(3-\sqrt{3})$

3 답 풀이 참조

$\angle BAH=\boxed{60^\circ}$, $\angle CAH=\boxed{30^\circ}$

이므로

$\triangle ABH$에서

$\overline{BH}=h\tan\boxed{60^\circ}=\sqrt{3}h$

$\triangle ACH$에서 $\overline{CH}=h\tan\boxed{30^\circ}=\dfrac{\sqrt{3}}{3}h$

$\overline{BC}=\overline{BH}-\overline{CH}=\boxed{\sqrt{3}}h-\boxed{\dfrac{\sqrt{3}}{3}}h=\dfrac{2\sqrt{3}}{3}h=10$

이므로 $h=10\times\dfrac{3}{\boxed{2\sqrt{3}}}=\boxed{5\sqrt{3}}$

4 답 (1) $\angle BAH=60^\circ$, $\angle CAH=45^\circ$

(2) $\overline{BH}=\overline{AH}\tan 60^\circ$, $\overline{CH}=\overline{AH}\tan 45^\circ$

(3) $5(\sqrt{3}+1)$

(3) $\overline{BC}=\overline{BH}-\overline{CH}$

$=\overline{AH}\tan 60^\circ-\overline{AH}\tan 45^\circ$

$=\sqrt{3}\,\overline{AH}-\overline{AH}=10$

에서 $(\sqrt{3}-1)\overline{AH}=10$

$\therefore \overline{AH}=\dfrac{10}{\sqrt{3}-1}=\dfrac{10(\sqrt{3}+1)}{(\sqrt{3}-1)(\sqrt{3}+1)}=5(\sqrt{3}+1)$

교과서 문제로 개념 다지기

1 답 $6(3-\sqrt{3})$ cm

$\angle BAH=45^\circ$, $\angle CAH=30^\circ$이므로 $\overline{AH}=h$ cm라 하면

$\triangle ABH$에서 $\overline{BH}=h\tan 45^\circ=h(\text{cm})$

$\triangle AHC$에서 $\overline{CH}=h\tan 30^\circ=\dfrac{\sqrt{3}}{3}h(\text{cm})$

$\overline{BC}=\overline{BH}+\overline{CH}=h+\dfrac{\sqrt{3}}{3}h=12$이므로

$\dfrac{3+\sqrt{3}}{3}h=12$

$\therefore h=\frac{36}{3+\sqrt{3}}=\frac{36(3-\sqrt{3})}{(3+\sqrt{3})(3-\sqrt{3})}=6(3-\sqrt{3})$

$\therefore \overline{AH}=6(3-\sqrt{3})$ cm

2 답 $3(3+\sqrt{3})$ cm

$\angle BAH=45^\circ$이고, $\angle ACH=60^\circ$에서 $\angle CAH=30^\circ$이므로

$\overline{AH}=h$ cm라 하면

$\triangle ABH$에서 $\overline{BH}=h\tan 45^\circ=h$(cm)

$\triangle ACH$에서 $\overline{CH}=h\tan 30^\circ=\frac{\sqrt{3}}{3}h$(cm)

$\overline{BC}=\overline{BH}-\overline{CH}=h-\frac{\sqrt{3}}{3}h=6$이므로

$\frac{3-\sqrt{3}}{3}h=6$

$\therefore h=\frac{18}{3-\sqrt{3}}=\frac{18(3+\sqrt{3})}{(3-\sqrt{3})(3+\sqrt{3})}=3(3+\sqrt{3})$

$\therefore \overline{AH}=3(3+\sqrt{3})$ cm

3 답 ③

$\angle BAH=45^\circ$, $\angle CAH=35^\circ$이므로 $\overline{AH}=h$라 하면

$\triangle ABH$에서 $\overline{BH}=h\tan 45^\circ=h$

$\triangle AHC$에서 $\overline{CH}=h\tan 35^\circ$

$\overline{BC}=\overline{BH}+\overline{CH}=h+h\tan 35^\circ=10$이므로

$h(1+\tan 35^\circ)=10 \qquad \therefore h=\frac{10}{1+\tan 35^\circ}$

4 답 $9\sqrt{3}\text{ cm}^2$

오른쪽 그림과 같이 꼭짓점 A에서 $\overline{BC}$의 연장선에 내린 수선의 발을 H라 하자.

$\angle BAH=60^\circ$이고, $\angle ACH=60^\circ$

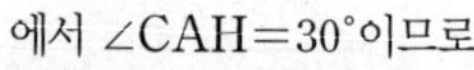

에서 $\angle CAH=30^\circ$이므로

$\overline{AH}=h$ cm라 하면

$\triangle ABH$에서 $\overline{BH}=h\tan 60^\circ=\sqrt{3}h$(cm)

$\triangle ACH$에서 $\overline{CH}=h\tan 30^\circ=\frac{\sqrt{3}}{3}h$(cm)

$\overline{BC}=\overline{BH}-\overline{CH}=\sqrt{3}h-\frac{\sqrt{3}}{3}h=6$이므로

$\frac{2\sqrt{3}}{3}h=6 \qquad \therefore h=\frac{18}{2\sqrt{3}}=3\sqrt{3}$

$\therefore \triangle ABC=\frac{1}{2}\times\overline{BC}\times h=\frac{1}{2}\times 6\times 3\sqrt{3}=9\sqrt{3}(\text{cm}^2)$

5 답 $100(\sqrt{3}-1)$ m

오른쪽 그림과 같이 꼭짓점 C에서 $\overline{AB}$에 내린 수선의 발을 H라 하자.

$\angle ACH=45^\circ$, $\angle BCH=60^\circ$이므로

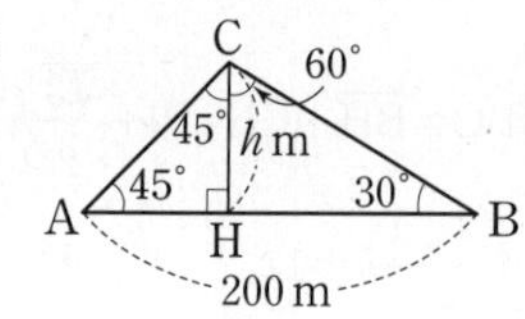

$\overline{CH}=h$ m라 하면

$\triangle CAH$에서 $\overline{AH}=h\tan 45^\circ=h$(m)

$\triangle CHB$에서 $\overline{BH}=h\tan 60^\circ=\sqrt{3}h$(m)

$\overline{AB}=\overline{AH}+\overline{BH}=h+\sqrt{3}h=200$이므로

$(1+\sqrt{3})h=200$

$\therefore h=\frac{200}{1+\sqrt{3}}=\frac{200(1-\sqrt{3})}{(1+\sqrt{3})(1-\sqrt{3})}=100(\sqrt{3}-1)$

따라서 구하는 높이는 $100(\sqrt{3}-1)$ m이다.

▶ 문제 속 개념 도출

답 ① tan

• 본문 30~31쪽

개념 11 삼각비의 활용 (4) - 삼각형의 넓이

개념 확인

1 답 (1) 풀이 참조 (2) 풀이 참조

(1) $\triangle ABC=\frac{1}{2}\times 6\times \boxed{4}\times\sin\boxed{60^\circ}$

$=\frac{1}{2}\times 6\times 4\times\frac{\sqrt{3}}{2}$

$=\boxed{6\sqrt{3}}$

(2) $\triangle ABC=\frac{1}{2}\times\boxed{8}\times 5\times\sin(180^\circ-\boxed{120^\circ})$

$=\frac{1}{2}\times\boxed{8}\times 5\times\sin\boxed{60^\circ}$

$=\frac{1}{2}\times 8\times 5\times\frac{\sqrt{3}}{2}$

$=\boxed{10\sqrt{3}}$

2 답 (1) $\frac{21\sqrt{2}}{2}$ (2) $20\sqrt{2}$

(1) $\triangle ABC=\frac{1}{2}\times 7\times 6\times\sin 45^\circ$

$=\frac{1}{2}\times 7\times 6\times\frac{\sqrt{2}}{2}$

$=\frac{21\sqrt{2}}{2}$

(2) $\triangle ABC=\frac{1}{2}\times 8\times 10\times\sin(180^\circ-135^\circ)$

$=\frac{1}{2}\times 8\times 10\times\sin 45^\circ$

$=\frac{1}{2}\times 8\times 10\times\frac{\sqrt{2}}{2}$

$=20\sqrt{2}$

교과서 문제로 개념다지기

1 답 $15\sqrt{2}\,\text{cm}^2$

$\triangle ABC=\frac{1}{2}\times10\times6\times\sin45^\circ$

$=\frac{1}{2}\times10\times6\times\frac{\sqrt{2}}{2}=15\sqrt{2}(\text{cm}^2)$

2 답 $6\sqrt{3}\,\text{cm}^2$

$\angle A=180^\circ-(37^\circ+23^\circ)=120^\circ$이므로

$\triangle ABC=\frac{1}{2}\times4\times6\times\sin(180^\circ-120^\circ)$

$=\frac{1}{2}\times4\times6\times\sin60^\circ$

$=\frac{1}{2}\times4\times6\times\frac{\sqrt{3}}{2}=6\sqrt{3}(\text{cm}^2)$

3 답 ⑤

$\triangle ABC$는 $\overline{AB}=\overline{AC}$인 이등변삼각형이므로

$\angle B=\angle C=75^\circ$

$\therefore \angle A=180^\circ-(75^\circ+75^\circ)=30^\circ$

$\therefore \triangle ABC=\frac{1}{2}\times2\sqrt{5}\times2\sqrt{5}\times\sin30^\circ$

$=\frac{1}{2}\times2\sqrt{5}\times2\sqrt{5}\times\frac{1}{2}$

$=5(\text{cm}^2)$

4 답 $5\sqrt{3}\,\text{cm}$

$\triangle ABC=\frac{1}{2}\times\overline{BC}\times\overline{AC}\times\sin(180^\circ-150^\circ)$

$=\frac{1}{2}\times\overline{BC}\times\overline{AC}\times\sin30^\circ$

$=\frac{1}{2}\times12\times\overline{AC}\times\frac{1}{2}$

$=3\overline{AC}$

따라서 $3\overline{AC}=15\sqrt{3}$이므로

$\overline{AC}=5\sqrt{3}(\text{cm})$

5 답 60°

$\triangle ABC=\frac{1}{2}\times\overline{AB}\times\overline{AC}\times\sin A$

$=\frac{1}{2}\times10\times12\times\sin A$

$=60\sin A$

따라서 $60\sin A=30\sqrt{3}$이므로

$\sin A=\frac{\sqrt{3}}{2}$

이때 $\sin60^\circ=\frac{\sqrt{3}}{2}$이므로

$\angle A=60^\circ$

6 답 $14\sqrt{3}\,\text{m}^2$

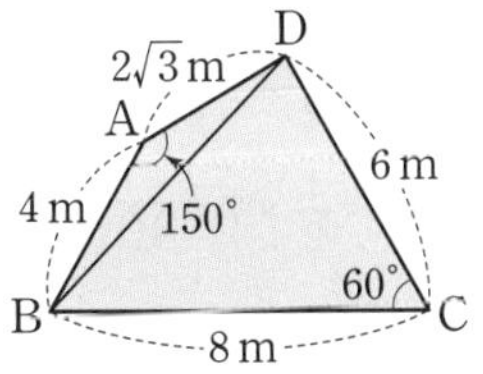

오른쪽 그림과 같이 $\overline{BD}$를 그으면

$\square ABCD$

$=\triangle ABD+\triangle BCD$

$=\frac{1}{2}\times2\sqrt{3}\times4\times\sin(180^\circ-150^\circ)$

$+\frac{1}{2}\times8\times6\times\sin60^\circ$

$=\frac{1}{2}\times2\sqrt{3}\times4\times\sin30^\circ+\frac{1}{2}\times8\times6\times\sin60^\circ$

$=\frac{1}{2}\times2\sqrt{3}\times4\times\frac{1}{2}+\frac{1}{2}\times8\times6\times\frac{\sqrt{3}}{2}$

$=2\sqrt{3}+12\sqrt{3}=14\sqrt{3}(\text{m}^2)$

▶ 문제 속 개념 도출

답 ① $\frac{1}{2}ab\sin x$ ② 둔각

• 본문 32~33쪽

개념 12 삼각비의 활용 (5) - 사각형의 넓이

개념 확인

1 답 (1) $3\sqrt{2}$, $6\sqrt{2}$ (2) $\sin45^\circ\left(\text{또는 } \frac{\sqrt{2}}{2}\right)$, $6\sqrt{2}$

(1) $S=2\triangle ABC$

$=2\times\left(\frac{1}{2}\times\overline{AB}\times\overline{BC}\times\sin45^\circ\right)$

$=2\times\left(\frac{1}{2}\times3\times4\times\frac{\sqrt{2}}{2}\right)$

$=2\times\boxed{3\sqrt{2}}=\boxed{6\sqrt{2}}$

(2) $S=\overline{AB}\times\overline{BC}\times\sin45^\circ$

$=3\times4\times\boxed{\sin45^\circ}$

$=3\times4\times\boxed{\frac{\sqrt{2}}{2}}=\boxed{6\sqrt{2}}$

2 답 (1) $28\sqrt{3}$, $14\sqrt{3}$ (2) $\sin60^\circ\left(\text{또는 } \frac{\sqrt{3}}{2}\right)$, $14\sqrt{3}$

(1) $\square EFGH$는 평행사변형이므로

$\overline{EH}=\overline{AC}=7$, $\overline{GH}=\overline{BD}=8$이고

$\angle EHG=\angle EDB=\angle AOB=60^\circ$ (동위각)

$\therefore S=\frac{1}{2}\square EFGH$

$=\frac{1}{2}\times(\overline{EH}\times\overline{GH}\times\sin60^\circ)$

$=\frac{1}{2}\times\left(7\times8\times\frac{\sqrt{3}}{2}\right)$

$=\frac{1}{2}\times\boxed{28\sqrt{3}}=\boxed{14\sqrt{3}}$

(2) $S=\frac{1}{2}\times\overline{AC}\times\overline{BD}\times\sin 60^\circ$

$=\frac{1}{2}\times 7\times 8\times\boxed{\sin 60^\circ}$

$=\frac{1}{2}\times 7\times 8\times\boxed{\frac{\sqrt{3}}{2}}=\boxed{14\sqrt{3}}$

교과서 문제로 개념 다지기

1 답 (1) $12\sqrt{3}\,\text{cm}^2$ (2) $27\sqrt{2}\,\text{cm}^2$ (3) $18\sqrt{3}\,\text{cm}^2$ (4) $45\sqrt{2}\,\text{cm}^2$

(1) $\square ABCD=4\times 6\times\sin 60^\circ$

$=4\times 6\times\frac{\sqrt{3}}{2}=12\sqrt{3}(\text{cm}^2)$

(2) $\square ABCD=9\times 6\times\sin(180^\circ-135^\circ)$

$=9\times 6\times\sin 45^\circ$

$=9\times 6\times\frac{\sqrt{2}}{2}=27\sqrt{2}(\text{cm}^2)$

(3) $\square ABCD=\frac{1}{2}\times 8\times 9\times\sin 60^\circ$

$=\frac{1}{2}\times 8\times 9\times\frac{\sqrt{3}}{2}=18\sqrt{3}(\text{cm}^2)$

(4) $\square ABCD=\frac{1}{2}\times 15\times 12\times\sin(180^\circ-135^\circ)$

$=\frac{1}{2}\times 15\times 12\times\sin 45^\circ$

$=\frac{1}{2}\times 15\times 12\times\frac{\sqrt{2}}{2}=45\sqrt{2}(\text{cm}^2)$

2 답 10 cm

$\square ABCD=4\times\overline{BC}\times\sin 60^\circ$

$=4\times\overline{BC}\times\frac{\sqrt{3}}{2}=2\sqrt{3}\,\overline{BC}$

따라서 $2\sqrt{3}\,\overline{BC}=20\sqrt{3}$이므로

$\overline{BC}=\frac{20\sqrt{3}}{2\sqrt{3}}=10(\text{cm})$

3 답 6 cm

$\square ABCD=\frac{1}{2}\times 10\times\overline{AC}\times\sin(180^\circ-135^\circ)$

$=\frac{1}{2}\times 10\times\overline{AC}\times\sin 45^\circ$

$=\frac{1}{2}\times 10\times\overline{AC}\times\frac{\sqrt{2}}{2}=\frac{5\sqrt{2}}{2}\overline{AC}$

따라서 $\frac{5\sqrt{2}}{2}\overline{AC}=15\sqrt{2}$이므로

$\overline{AC}=15\sqrt{2}\times\frac{2}{5\sqrt{2}}=6(\text{cm})$

4 답 6 cm

등변사다리꼴의 두 대각선의 길이는 같으므로

$\overline{AC}=\overline{BD}=x\,\text{cm}$라 하면

$\square ABCD=\frac{1}{2}\times x\times x\times\sin(180^\circ-120^\circ)$

$=\frac{1}{2}\times x\times x\times\sin 60^\circ$

$=\frac{1}{2}\times x\times x\times\frac{\sqrt{3}}{2}=\frac{\sqrt{3}}{4}x^2$

따라서 $\frac{\sqrt{3}}{4}x^2=9\sqrt{3}$이므로

$x^2=9\sqrt{3}\times\frac{4}{\sqrt{3}}=36$

이때 $x>0$이므로 $x=6$

$\therefore\ \overline{AC}=6\,\text{cm}$

5 답 $50\sqrt{2}\,\text{cm}^2$

마름모는 네 변의 길이가 같으므로

(마름모 모양의 타일 한 개의 넓이)$=10\times 10\times\sin 45^\circ$

$=10\times 10\times\frac{\sqrt{2}}{2}$

$=50\sqrt{2}(\text{cm}^2)$

▶ **문제 속 개념 도출**

답 ① $ab\sin x$ ② 평행사변형

학교 시험 문제로 단원 마무리

• 본문 34~35쪽

1 답 $\frac{7\sqrt{7}}{12}$

피타고라스 정리에 의하여 $\overline{AB}=\sqrt{4^2-3^2}=\sqrt{7}$

$\therefore\ \cos B=\frac{\sqrt{7}}{4},\ \tan C=\frac{\sqrt{7}}{3}$

$\therefore\ \cos B+\tan C=\frac{\sqrt{7}}{4}+\frac{\sqrt{7}}{3}=\frac{7\sqrt{7}}{12}$

2 답 $\frac{\sqrt{21}}{2}$

$5\cos A-2=0$에서 $\cos A=\frac{2}{5}$

즉, $\cos A=\frac{2}{5}$이므로 오른쪽 그림에서

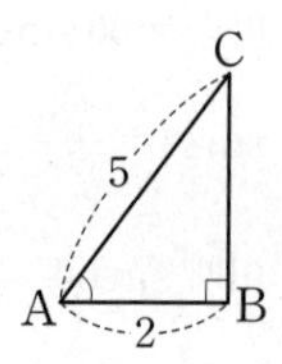

피타고라스 정리에 의하여

$\overline{BC}=\sqrt{5^2-2^2}=\sqrt{21}$

$\therefore\ \tan A=\frac{\sqrt{21}}{2}$

3 답 $\frac{\sqrt{3}}{3}$

오른쪽 그림에서 직선이 x축, y축과 만나는 점을 각각 A, B라 하면

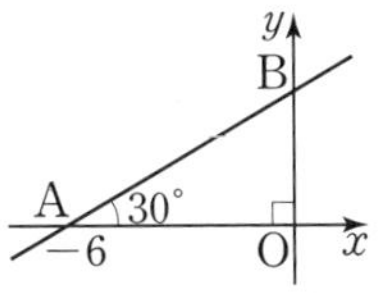

(직선의 기울기)

$=\frac{(y\text{의 값의 증가량})}{(x\text{의 값의 증가량})}=\frac{\overline{BO}}{\overline{AO}}$

$=\tan 30^\circ=\frac{\sqrt{3}}{3}$

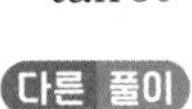

위의 그림의 △AOB에서 $\tan 30^\circ=\frac{\overline{BO}}{6}=\frac{\sqrt{3}}{3}$이므로

$3\overline{BO}=6\sqrt{3}$ $\quad\therefore \overline{BO}=2\sqrt{3}$

따라서 구하는 직선의 기울기는

$\frac{(y\text{의 값의 증가량})}{(x\text{의 값의 증가량})}=\frac{\overline{BO}}{\overline{AO}}=\frac{2\sqrt{3}}{6}=\frac{\sqrt{3}}{3}$

| 참고 | tan의 값과 직선의 기울기

직선 $y=ax+b$와 x축이 이루는 예각의 크기를 θ라 하면

$\tan\theta=$(직선의 기울기)$=a$

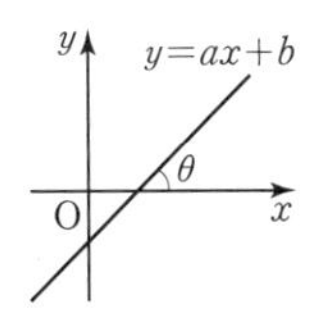

4 답 ⑤

$\sin 48^\circ=\frac{\overline{PD}}{\overline{OP}}=\frac{\overline{PD}}{1}=\overline{PD}$

$\tan 48^\circ=\frac{\overline{QE}}{\overline{OE}}=\frac{\overline{QE}}{1}=\overline{QE}$

$\therefore \overline{AC}=\overline{OA}-\overline{OC}=\overline{QE}-\overline{PD}$

$=\tan 48^\circ-\sin 48^\circ$

5 답 ㄷ, ㅁ

ㄱ. $\sin 30^\circ+\tan 45^\circ=\frac{1}{2}+1=\frac{3}{2}$

ㄴ. $\cos 45^\circ\times\cos 60^\circ=\frac{\sqrt{2}}{2}\times\frac{1}{2}=\frac{\sqrt{2}}{4}$

ㄷ. $\tan 60^\circ\div\cos 30^\circ=\sqrt{3}\div\frac{\sqrt{3}}{2}=\sqrt{3}\times\frac{2}{\sqrt{3}}=2$

ㄹ. $\sin 90^\circ\times\cos 0^\circ=1\times1=1$

ㅁ. $(\sin 0^\circ+\cos 90^\circ)\times\tan 30^\circ=(0+0)\times\frac{\sqrt{3}}{3}=0$

따라서 옳은 것은 ㄷ, ㅁ이다.

6 답 $\sqrt{3}$

△ABC에서

$\angle BAC=180^\circ-(90^\circ+30^\circ)=60^\circ$

$\overline{AD}$가 ∠A의 이등분선이므로

$\angle BAD=\angle CAD=\frac{1}{2}\angle A$

$=\frac{1}{2}\times60^\circ=30^\circ$

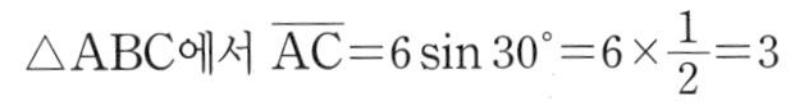
△ABC에서 $\overline{AC}=6\sin 30^\circ=6\times\frac{1}{2}=3$

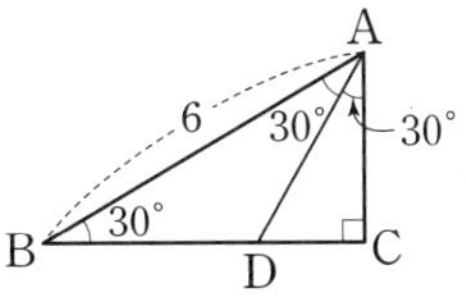

△ADC에서 $\overline{CD}=\overline{AC}\tan 30^\circ=3\times\frac{\sqrt{3}}{3}=\sqrt{3}$

7 답 $20\sqrt{3}$ m

오른쪽 그림과 같이 꼭짓점 A에서 $\overline{BC}$에 내린 수선의 발을 H라 하면

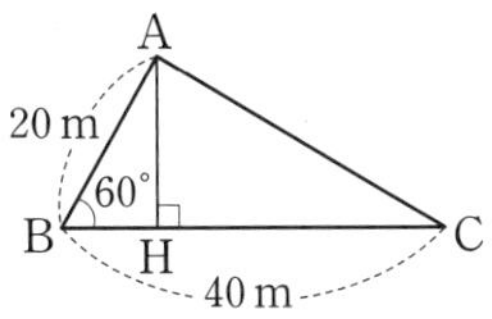

$\overline{AH}=20\sin 60^\circ=20\times\frac{\sqrt{3}}{2}$

$=10\sqrt{3}$(m)

$\overline{BH}=20\cos 60^\circ=20\times\frac{1}{2}=10$(m)

$\therefore \overline{CH}=\overline{BC}-\overline{BH}=40-10=30$(m)

따라서 △AHC에서 피타고라스 정리에 의하여

$\overline{AC}=\sqrt{\overline{AH}^2+\overline{CH}^2}=\sqrt{(10\sqrt{3})^2+30^2}$

$=\sqrt{1200}=20\sqrt{3}$(m)

8 답 $30\sqrt{3}\,\text{cm}^2$

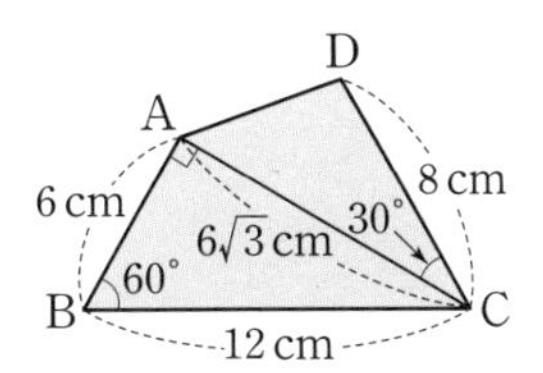

위의 그림의 △ABC에서

$\overline{AC}=6\tan 60^\circ=6\times\sqrt{3}=6\sqrt{3}$(cm)

$\therefore$ □ABCD$=$△ABC$+$△ACD

$=\frac{1}{2}\times\overline{AB}\times\overline{AC}+\frac{1}{2}\times\overline{AC}\times\overline{CD}\times\sin 30^\circ$

$=\frac{1}{2}\times6\times6\sqrt{3}+\frac{1}{2}\times6\sqrt{3}\times8\times\frac{1}{2}$

$=18\sqrt{3}+12\sqrt{3}$

$=30\sqrt{3}(\text{cm}^2)$

9 답 150°

□ABCD는 평행사변형이므로

$\overline{DC}=\overline{AB}=15$ cm

□ABCD$=15\times10\times\sin(180^\circ-\angle x)=75$이므로

$\sin(180^\circ-\angle x)=\frac{1}{2}$

이때 $90^\circ<\angle x<180^\circ$이고 $\sin 30^\circ=\frac{1}{2}$이므로

$180^\circ-\angle x=30^\circ$ $\quad\therefore \angle x=150^\circ$

OX 문제로 확인하기 본문 36쪽

답 ❶ ○ ❷ × ❸ ○ ❹ × ❺ × ❻ ○ ❼ ×

2 원과 직선

• 본문 38~39쪽

개념 13 현의 수직이등분선

개념 확인

1 답 (1) 4 (2) 6 (3) 8

(1) $\overline{AM}=\overline{BM}$이므로 $x=4$

(2) $\overline{AM}=\overline{BM}$이므로

$\overline{AB}=2\overline{AM}=2\times3=6$ $\quad\therefore x=6$

(3) $\overline{AM}=\overline{BM}$이므로

$\overline{BM}=\frac{1}{2}\overline{AB}=\frac{1}{2}\times16=8$ $\quad\therefore x=8$

2 답 (1) 3 (2) 6

(1) $\triangle OAM$에서 피타고라스 정리에 의하여

$\overline{AM}=\sqrt{5^2-4^2}=\sqrt{9}=3$

(2) $\overline{AM}=\overline{BM}$이므로

$\overline{AB}=2\overline{AM}=2\times3=6$

3 답 (1) 12 (2) $2\sqrt{10}$ (3) $\sqrt{33}$

(1) $\triangle OMB$에서 피타고라스 정리에 의하여

$\overline{MB}=\sqrt{15^2-9^2}=\sqrt{144}=12$

이때 $\overline{AM}=\overline{BM}$이므로 $x=12$

(2) $\overline{AM}=\overline{BM}$이므로

$\overline{AM}=\frac{1}{2}\overline{AB}=\frac{1}{2}\times12=6$

따라서 $\triangle OAM$에서 피타고라스 정리에 의하여

$\overline{OA}=\sqrt{6^2+2^2}=\sqrt{40}=2\sqrt{10}$

$\therefore x=2\sqrt{10}$

(3) $\overline{AM}=\overline{BM}$이므로

$\overline{BM}=\frac{1}{2}\overline{AB}=\frac{1}{2}\times8=4$

따라서 $\triangle OMB$에서 피타고라스 정리에 의하여

$\overline{OM}=\sqrt{7^2-4^2}=\sqrt{33}$

$\therefore x=\sqrt{33}$

교과서 문제로 개념 다지기

1 답 16 cm

$\triangle OBM$에서 피타고라스 정리에 의하여

$\overline{BM}=\sqrt{10^2-6^2}=\sqrt{64}=8(\text{cm})$

이때 $\overline{AM}=\overline{BM}$이므로

$\overline{AB}=2\overline{BM}=2\times8=16(\text{cm})$

2 답 ③

$\overline{AC}=\overline{BC}$이므로

$\overline{BC}=\frac{1}{2}\overline{AB}=\frac{1}{2}\times6\sqrt{3}=3\sqrt{3}(\text{cm})$

따라서 $\triangle OCB$에서 피타고라스 정리에 의하여

$\overline{OC}=\sqrt{6^2-(3\sqrt{3})^2}=\sqrt{9}=3(\text{cm})$

3 답 (1) 5 (2) 3

(1) $\overline{AM}=\overline{BM}=3$

$\overline{OC}=\overline{OA}=x$(원의 반지름)이므로

$\overline{OM}=x-1$

따라서 $\triangle OAM$에서 피타고라스 정리에 의하여

$3^2+(x-1)^2=x^2$

$2x=10$ $\quad\therefore x=5$

(2) $\overline{AM}=\overline{BM}$이므로

$\overline{BM}=\frac{1}{2}\overline{AB}=\frac{1}{2}\times2\sqrt{5}=\sqrt{5}$

$\overline{OC}=\overline{OB}=x$(원의 반지름)이므로

$\overline{OM}=x-1$

따라서 $\triangle OBM$에서 피타고라스 정리에 의하여

$(\sqrt{5})^2+(x-1)^2=x^2$

$2x=6$ $\quad\therefore x=3$

4 답 $2\sqrt{3}$ cm

오른쪽 그림과 같이 $\overline{OA}$를 긋고,

원 O의 반지름의 길이를 r cm라 하면

$\overline{AM}=\overline{BM}$이므로

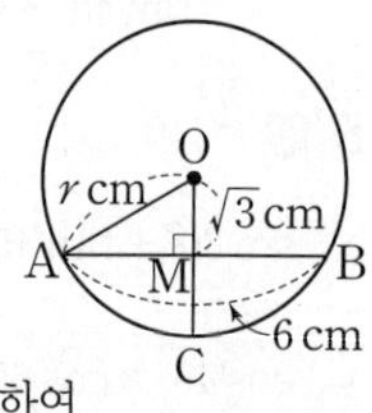

$\overline{AM}=\frac{1}{2}\overline{AB}=\frac{1}{2}\times6=3(\text{cm})$

따라서 $\triangle OAM$에서 피타고라스 정리에 의하여

$3^2+(\sqrt{3})^2=r^2$

$r^2=12$ $\quad\therefore r=2\sqrt{3}$ ($\because r>0$)

즉, 원 O의 반지름의 길이는 $2\sqrt{3}$ cm이다.

5 답 3

오른쪽 그림과 같이 $\overline{OC}$를 그으면

$\overline{OC}$는 원의 반지름이므로

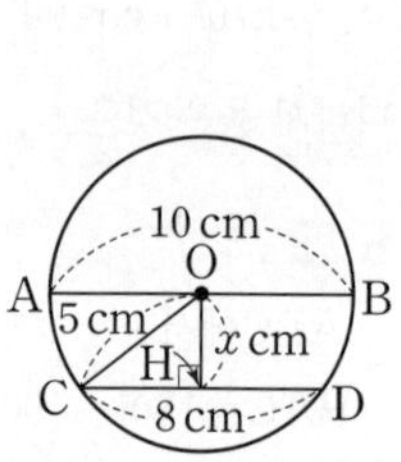

$\overline{OC}=\frac{1}{2}\overline{AB}=\frac{1}{2}\times10=5(\text{cm})$

$\overline{CH}=\overline{DH}$이므로

$\overline{CH}=\frac{1}{2}\overline{CD}=\frac{1}{2}\times8=4(\text{cm})$

따라서 $\triangle OCH$에서 피타고라스 정리에 의하여

$x=\sqrt{5^2-4^2}=\sqrt{9}=3$

6 답 (1) $30\sqrt{5}$ m (2) 50 m (3) 2000π m^2

(1) $\overline{AH}=\overline{BH}$이므로

$\overline{AH}=\frac{1}{2}\overline{AB}=\frac{1}{2}\times120=60(\text{m})$

$\overline{OA}$를 그으면 $\triangle OAH$에서 피타고라스 정리에 의하여

$\overline{OA}=\sqrt{60^2+30^2}=\sqrt{4500}=30\sqrt{5}(\text{m})$

(2) $\overline{CH}=\overline{DH}$이므로

$\overline{CH}=\frac{1}{2}\overline{CD}=\frac{1}{2}\times80=40(\text{m})$

$\overline{OC}$를 그으면 $\triangle OCH$에서 피타고라스 정리에 의하여

$\overline{OC}=\sqrt{40^2+30^2}=\sqrt{2500}=50(\text{m})$

(3) (트랙의 넓이)=(바깥쪽 원의 넓이)−(안쪽 원의 넓이)

$=\pi\times(30\sqrt{5})^2-\pi\times50^2$

$=4500\pi-2500\pi=2000\pi(\text{m}^2)$

▶ 문제 속 개념 도출

답 ① 수직이등분 ② 합

• 본문 40~41쪽

개념 14 현의 수직이등분선의 응용

개념 확인

1 답 풀이 참조

현의 수직이등분선은 원의 중심을 지나므로 원의 중심을 O라 하면 $\boxed{\overline{CM}}$의 연장선은 점 O를 지난다.

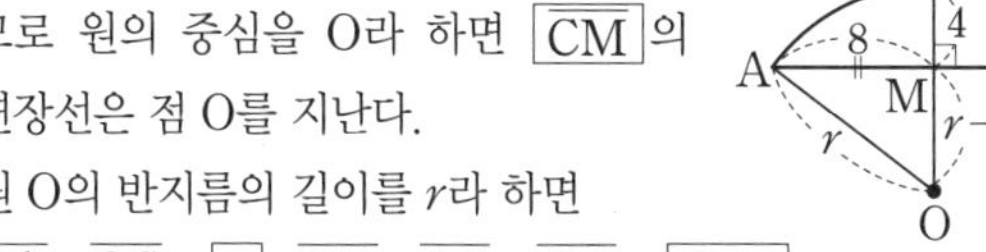

원 O의 반지름의 길이를 r라 하면

$\overline{OA}=\overline{OC}=\boxed{r}$, $\overline{OM}=\overline{OC}-\overline{CM}=\boxed{r-4}$

따라서 $\triangle AOM$에서 피타고라스 정리에 의하여

$8^2+(\boxed{r-4})^2=r^2$

$\boxed{8}r=80$ $\therefore r=\boxed{10}$

즉, 원의 반지름의 길이는 $\boxed{10}$이다.

2 답 풀이 참조

원의 중심 O에서 현 AB에 내린 수선의 발을 M이라 하면

$\overline{OA}=\boxed{10}$ (원의 반지름)

$\overline{OM}=\frac{1}{2}\overline{OA}=\frac{1}{2}\times10=\boxed{5}$

따라서 $\triangle AOM$에서 피타고라스 정리에 의하여

$\overline{AM}=\sqrt{\boxed{10}^2-\boxed{5}^2}=\sqrt{75}=\boxed{5\sqrt{3}}$

$\therefore \overline{AB}=2\overline{AM}=2\times\boxed{5\sqrt{3}}=\boxed{10\sqrt{3}}$

교과서 문제로 개념다지기

1 답 5 cm

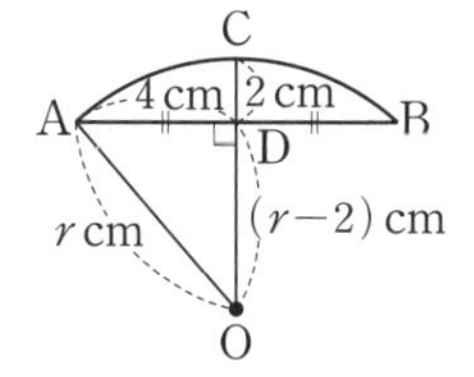

현의 수직이등분선은 원의 중심을 지나므로 오른쪽 그림과 같이 원의 중심을 O라 하면 $\overline{CD}$의 연장선은 점 O를 지난다.

$\overline{AD}=\frac{1}{2}\overline{AB}=\frac{1}{2}\times8=4(\text{cm})$

이때 $\overline{OA}=r$ cm라 하면

$\overline{OC}=\overline{OA}=r$ cm이므로

$\overline{OD}=\overline{OC}-\overline{DC}=r-2(\text{cm})$

따라서 $\triangle AOD$에서 피타고라스 정리에 의하여

$4^2+(r-2)^2=r^2$

$4r=20$ $\therefore r=5$

즉, 원의 반지름의 길이는 5 cm이다.

2 답 (1) 3 cm (2) $3\sqrt{3}$ cm (3) $6\sqrt{3}$ cm

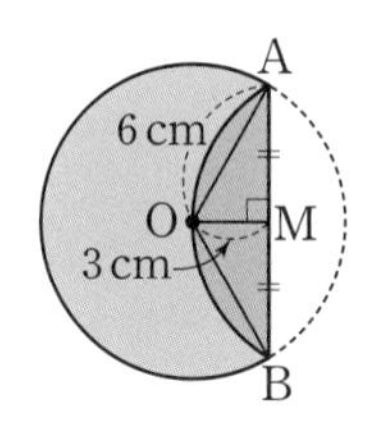

(1) $\overline{OA}=6$ cm(원의 반지름)이므로

$\overline{OM}=\frac{1}{2}\overline{OA}=\frac{1}{2}\times6=3(\text{cm})$

(2) $\triangle AOM$에서 피타고라스 정리에 의하여

$\overline{AM}=\sqrt{6^2-3^2}=\sqrt{27}=3\sqrt{3}(\text{cm})$

(3) $\overline{AM}=\overline{BM}$이므로

$\overline{AB}=2\overline{AM}=2\times3\sqrt{3}=6\sqrt{3}(\text{cm})$

3 답 2 cm

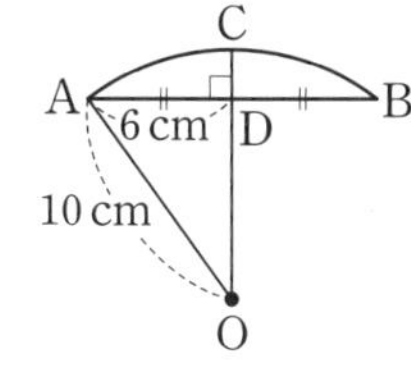

오른쪽 그림과 같이 원의 중심을 O라 하면 $\overline{CD}$의 연장선은 점 O를 지난다.

$\overline{AD}=\frac{1}{2}\overline{AB}=\frac{1}{2}\times12=6(\text{cm})$

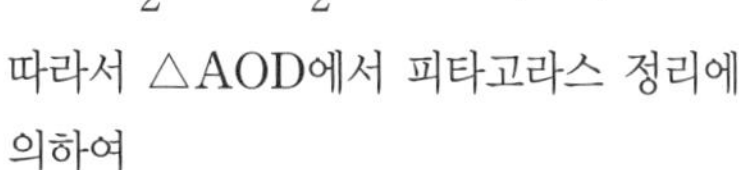

따라서 $\triangle AOD$에서 피타고라스 정리에 의하여

$\overline{OD}=\sqrt{10^2-6^2}=\sqrt{64}=8(\text{cm})$

이때 $\overline{OC}=10$ cm이므로

$\overline{CD}=\overline{OC}-\overline{OD}=10-8=2(\text{cm})$

4 답 ⑤

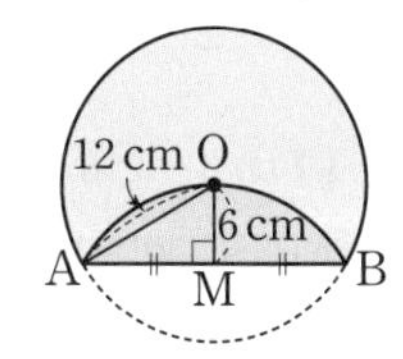

오른쪽 그림과 같이 원의 중심 O에서 현 AB에 내린 수선의 발을 M이라 하면

$\overline{OA}=12$ cm(원의 반지름)이므로

$\overline{OM}=\frac{1}{2}\overline{OA}=\frac{1}{2}\times12=6(\text{cm})$

따라서 $\triangle OAM$에서 피타고라스 정리에 의하여

$\overline{AM}=\sqrt{12^2-6^2}=\sqrt{108}=6\sqrt{3}(\text{cm})$

$\therefore \overline{AB}=2\overline{AM}=2\times6\sqrt{3}=12\sqrt{3}(\text{cm})$

5 답 30π cm

$\overline{AD}=\frac{1}{2}\overline{AB}=\frac{1}{2}\times 24=12$(cm)

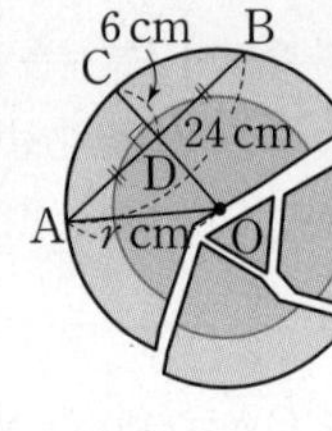

오른쪽 그림과 같이 원래 접시의 중심을 O라 하면 $\overline{CD}$는 현 AB의 수직이등분선이므로 $\overline{CD}$의 연장선은 점 O를 지난다.
이때 반지름의 길이를 r cm라 하면
$\overline{OD}=r-6$(cm), $\overline{OA}=r$ cm
△AOD에서 피타고라스 정리에 의하여
$12^2+(r-6)^2=r^2$
$12r=180$ $\therefore r=15$
따라서 원래 접시의 반지름의 길이는 15 cm이므로
원래 접시의 둘레의 길이는
$2\pi\times 15=30\pi$(cm)

▶ **문제 속 개념 도출**

답 ① 중심 ② 합 ③ 반지름의 길이

• 본문 42~43쪽

개념 15 현의 길이

1 답 (1) 13 (2) 22 (3) 8

(1) $\overline{OM}=\overline{ON}$이므로
$\overline{CD}=\overline{AB}=13$ $\therefore x=13$

(2) $\overline{CN}=\overline{DN}$이므로
$\overline{CD}=2\overline{CN}=2\times 11=22$
$\overline{OM}=\overline{ON}$이므로
$\overline{AB}=\overline{CD}=22$ $\therefore x=22$

(3) $\overline{OM}=\overline{ON}$이므로
$\overline{CD}=\overline{AB}=16$
$\overline{CN}=\overline{DN}$이므로
$\overline{CN}=\frac{1}{2}\overline{CD}=\frac{1}{2}\times 16=8$ $\therefore x=8$

2 답 (1) 3 (2) 6 (3) 8

(1) $\overline{AB}=\overline{CD}$이므로
$\overline{OM}=\overline{ON}=3$ $\therefore x=3$

(2) $\overline{AB}=2\overline{AM}=2\times 9=18$이므로
$\overline{AB}=\overline{CD}$
따라서 $\overline{ON}=\overline{OM}=6$이므로 $x=6$

(3) $\overline{AB}=2\overline{AM}=2\times 6=12$
$\overline{CD}=2\overline{DN}=2\times 6=12$
따라서 $\overline{AB}=\overline{CD}$이므로
$\overline{ON}=\overline{OM}=8$ $\therefore x=8$

3 답 (1) 4 (2) 8 (3) 8

(1) △OBM에서 피타고라스 정리에 의하여
$\overline{BM}=\sqrt{5^2-3^2}=\sqrt{16}=4$

(2) $\overline{AB}=2\overline{BM}=2\times 4=8$

(3) $\overline{OM}=\overline{ON}$이므로 $\overline{CD}=\overline{AB}=8$

교과서 문제로 개념 다지기

1 답 (가) $\overline{OC}$, (나) $\overline{CN}$, (다) RHS

2 답 10 cm

$\overline{AM}=\overline{BM}$이므로 $\overline{AB}=2\overline{BM}=2\times 5=10$(cm)
이때 $\overline{OM}=\overline{ON}$이므로
$\overline{CD}=\overline{AB}=10$ cm

3 답 $4\sqrt{10}$ cm

△OMB에서 피타고라스 정리에 의하여
$\overline{MB}=\sqrt{7^2-3^2}=\sqrt{40}=2\sqrt{10}$(cm)
$\therefore \overline{AB}=2\overline{MB}=2\times 2\sqrt{10}=4\sqrt{10}$(cm)
이때 $\overline{OM}=\overline{ON}$이므로
$\overline{CD}=\overline{AB}=4\sqrt{10}$ cm

4 답 5 cm

$\overline{OM}=\overline{ON}$이므로 $\overline{AB}=\overline{CD}=8$ cm
$\therefore \overline{AM}=\frac{1}{2}\overline{AB}=\frac{1}{2}\times 8=4$(cm)
따라서 △OAM에서 피타고라스 정리에 의하여
$\overline{OA}=\sqrt{4^2+3^2}=\sqrt{25}=5$(cm)

5 답 70°

$\overline{OM}=\overline{ON}$이므로 $\overline{AB}=\overline{AC}$
즉, △ABC는 $\overline{AB}=\overline{AC}$인 이등변삼각형이므로
$\angle ABC=\angle ACB$
따라서 $\angle x+\angle x+40°=180°$이므로
$2\angle x=140°$ $\therefore \angle x=70°$

| 참고 | △ABC의 외접원 O에서 $\overline{OM}=\overline{ON}$이면 $\overline{AB}=\overline{AC}$이므로 △ABC는 이등변삼각형이다.

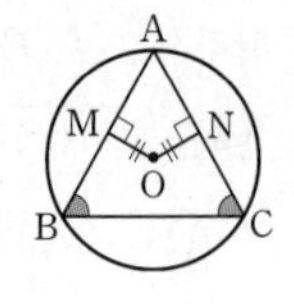

6 답 60°

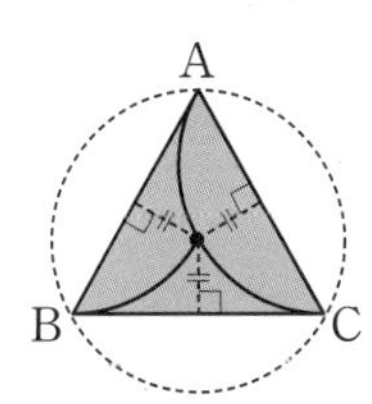

주어진 그림과 같이 색종이를 접으면 세 현 AB, BC, CA는 모두 원의 중심으로부터 같은 거리에 있으므로

$\overline{AB}=\overline{BC}=\overline{CA}$

따라서 $\triangle ABC$는 정삼각형이므로

$\angle BAC=60^\circ$

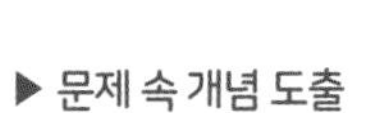

▶ 문제 속 개념 도출

답 ① 현 ② 정삼각형

• 본문 44~45쪽

개념 16 원의 접선의 성질

개념 확인

1 답 (1) 60° (2) 125°

(1) $\angle PAO=\angle PBO=90^\circ$이므로 □APBO에서
$\angle x=360^\circ-(90^\circ+120^\circ+90^\circ)=60^\circ$

(2) $\angle PAO=\angle PBO=90^\circ$이므로 □APBO에서
$\angle x=360^\circ-(90^\circ+55^\circ+90^\circ)=125^\circ$

2 답 (1) 4 (2) 13

(1) $\overline{PA}=\overline{PB}=4$이므로 $x=4$

(2) $\overline{PB}=\overline{PA}=13$이므로 $x=13$

3 답 (1) 8 (2) 10

(1) $\overline{PB}=\overline{PA}=8$

(2) $\angle PBO=90^\circ$이므로 $\triangle PBO$에서
피타고라스 정리에 의하여
$\overline{PO}=\sqrt{8^2+6^2}=\sqrt{100}=10$

교과서 문제로 개념 다지기

1 답 4

$\overline{PA}=\overline{PB}$이므로 $2x+1=9$

$2x=8$ $\therefore x=4$

2 답 66°

$\overline{PA}=\overline{PB}$이므로 $\triangle PBA$는 이등변삼각형이다.

즉, $\angle PAB=\angle PBA$이므로

$\angle PAB=\frac{1}{2}\times(180^\circ-48^\circ)=66^\circ$

3 답 $27\pi\,\text{cm}^2$

$\angle PAO=\angle PBO=90^\circ$이므로 □AOBP에서

$\angle AOB=360^\circ-(90^\circ+60^\circ+90^\circ)=120^\circ$

따라서 색칠한 부분은 반지름의 길이가 9 cm, 중심각의 크기가 120°인 부채꼴이므로 구하는 넓이는

$\pi\times9^2\times\frac{120}{360}=27\pi(\text{cm}^2)$

4 답 $6\sqrt{2}\,\text{cm}$

$\overline{CO}=\overline{AO}=3\,\text{cm}$ (원의 반지름)

$\therefore \overline{PO}=6+3=9(\text{cm})$

$\angle PAO=90^\circ$이므로 $\triangle POA$에서

피타고라스 정리에 의하여

$\overline{PA}=\sqrt{9^2-3^2}=\sqrt{72}=6\sqrt{2}(\text{cm})$

$\therefore \overline{PB}=\overline{PA}=6\sqrt{2}\,\text{cm}$

5 답 44 cm

$\angle PAO=\angle PBO=90^\circ$이므로 □APBO에서

$\angle AOB=360^\circ-(90^\circ+90^\circ+90^\circ)=90^\circ$

이때 $\overline{PA}=\overline{PB}$이므로 □APBO는 정사각형이다.

따라서 □APBO의 둘레의 길이는

$4\times11=44(\text{cm})$

| 참고 | 직사각형이 정사각형이 되는 조건

① 이웃하는 두 변의 길이가 같다.

② 두 대각선이 직교한다.

6 답 $3200\sqrt{5}\,\text{km}$

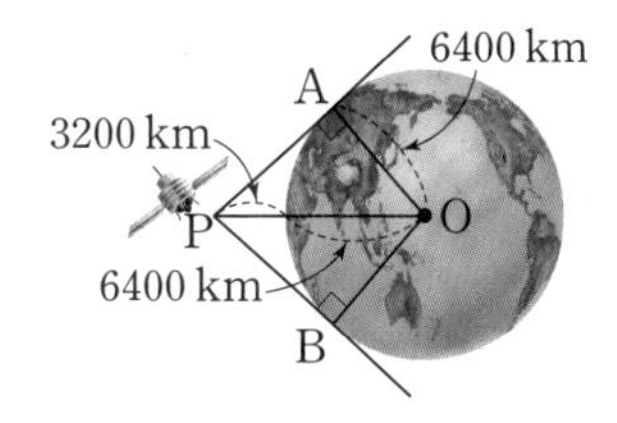

위의 그림과 같이 인공위성을 P, 지구의 중심을 O라 하고, 점 P에서 구 모양의 지구의 단면에 접선을 그어 두 접점을 각각 A, B라 하자.

$\overline{PO}=3200+6400=9600(\text{km})$

이때 인공위성으로부터 인공위성이 관찰할 수 있는 지표면까지의 최대 거리는 $\overline{PA}$의 길이 또는 $\overline{PB}$의 길이이다.

따라서 $\triangle POA$에서 피타고라스 정리에 의하여

$\overline{PA}=\sqrt{9600^2-6400^2}=\sqrt{3200^2\times5}=3200\sqrt{5}(\text{km})$

즉, 인공위성으로부터 인공위성이 관찰할 수 있는 지표면까지의 최대 거리는 $3200\sqrt{5}$ km이다.

▶ 문제 속 개념 도출

답 ① 수직

• 본문 46~47쪽

개념 17 원의 접선의 성질의 응용

개념 확인

1 답 풀이 참조

$\overline{BD}=\overline{BT}=12-\boxed{8}=\boxed{4}$

$\overline{AT'}=\overline{AT}=\boxed{12}$이므로

$\overline{CD}=\overline{CT'}=\boxed{12}-10=\boxed{2}$

$\therefore \overline{BC}=\overline{BD}+\overline{CD}=4+2=6$

따라서 $\triangle ABC$의 둘레의 길이는

$\overline{AB}+\overline{BC}+\overline{CA}=8+\boxed{6}+10=\boxed{24}$

2 답 풀이 참조

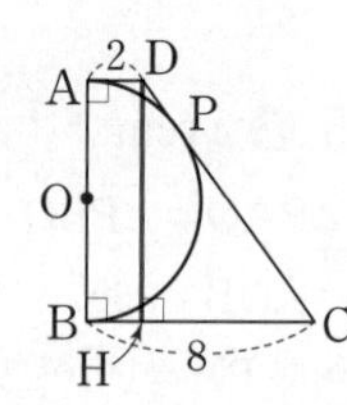

점 D에서 $\overline{BC}$에 내린 수선의 발을 H라 하면

$\overline{DH}=\overline{AB}$

$\overline{DP}=\overline{DA}=\boxed{2}$, $\overline{CP}=\overline{CB}=\boxed{8}$이므로

$\overline{DC}=\overline{DP}+\overline{CP}=2+8=\boxed{10}$

$\overline{BH}=\overline{AD}=\boxed{2}$이므로

$\overline{HC}=\overline{BC}-\overline{BH}=8-2=\boxed{6}$

따라서 $\triangle DHC$에서 피타고라스 정리에 의하여

$\overline{DH}=\sqrt{\overline{DC}^2-\overline{HC}^2}=\sqrt{\boxed{10}^2-\boxed{6}^2}=\sqrt{64}=\boxed{8}$

$\therefore \overline{AB}=\overline{DH}=\boxed{8}$

교과서 문제로 개념 다지기

1 답 2 cm

$\overline{AD}=\overline{AE}=\overline{AC}+\overline{CE}=8+1=9(\text{cm})$이므로

$\overline{BD}=\overline{AD}-\overline{AB}=9-7=2(\text{cm})$

$\therefore \overline{BF}=\overline{BD}=2\text{ cm}$

2 답 6 cm

$\overline{AC}=\overline{PC}-\overline{PA}=9-5=4(\text{cm})$

$\overline{PE}=\overline{PC}=9\text{ cm}$이므로

$\overline{BE}=\overline{PE}-\overline{PB}=9-7=2(\text{cm})$

$\therefore \overline{AB}=\overline{AD}+\overline{BD}=\overline{AC}+\overline{BE}=4+2=6(\text{cm})$

3 답 (1) 15 cm (2) 9 cm (3) 12 cm (4) 12 cm

(1) $\overline{CD}=\overline{CE}+\overline{DE}=\overline{CB}+\overline{DA}=12+3=15(\text{cm})$

(2) $\overline{BH}=\overline{AD}=3\text{ cm}$이므로

$\overline{CH}=\overline{BC}-\overline{BH}=12-3=9(\text{cm})$

(3) $\triangle CDH$에서 피타고라스 정리에 의하여

$\overline{DH}=\sqrt{\overline{CD}^2-\overline{CH}^2}=\sqrt{15^2-9^2}=\sqrt{144}=12(\text{cm})$

(4) $\overline{AB}=\overline{DH}=12\text{ cm}$

4 답 38 cm

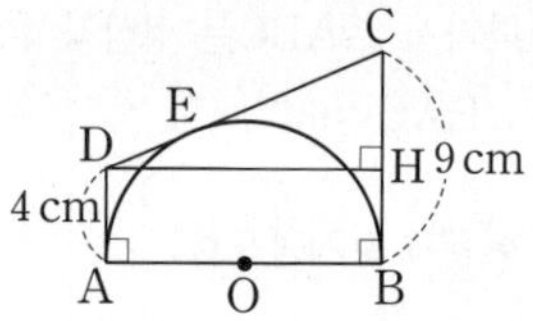

오른쪽 그림과 같이 점 D에서 $\overline{BC}$에 내린 수선의 발을 H라 하자.

$\overline{CD}=\overline{CE}+\overline{DE}=\overline{CB}+\overline{DA}$

$=9+4=13(\text{cm})$

$\overline{CH}=\overline{BC}-\overline{BH}=\overline{BC}-\overline{AD}$

$=9-4=5(\text{cm})$

$\triangle DHC$에서 피타고라스 정리에 의하여

$\overline{DH}=\sqrt{13^2-5^2}=\sqrt{144}=12(\text{cm})$

$\therefore \overline{AB}=\overline{DH}=12\text{ cm}$

따라서 $\square ABCD$의 둘레의 길이는

$\overline{AB}+\overline{BC}+\overline{CD}+\overline{DA}=12+9+13+4=38(\text{cm})$

5 답 (1) $2\sqrt{10}$ cm (2) $2\sqrt{11}$ cm

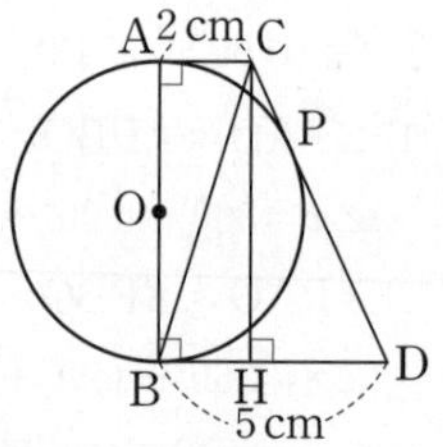

(1) 오른쪽 그림과 같이 점 C에서 $\overline{BD}$에 내린 수선의 발을 H라 하자.

$\overline{CD}=\overline{CP}+\overline{DP}=\overline{CA}+\overline{DB}$

$=2+5=7(\text{cm})$

$\overline{HD}=\overline{BD}-\overline{BH}=\overline{BD}-\overline{AC}$

$=5-2=3(\text{cm})$

$\triangle CHD$에서 피타고라스 정리에 의하여

$\overline{CH}=\sqrt{7^2-3^2}=\sqrt{40}=2\sqrt{10}(\text{cm})$

$\therefore \overline{AB}=\overline{CH}=2\sqrt{10}\text{ cm}$

(2) $\triangle ABC$에서 피타고라스 정리에 의하여

$\overline{BC}=\sqrt{(2\sqrt{10})^2+2^2}=\sqrt{44}=2\sqrt{11}(\text{cm})$

▶ 문제 속 개념 도출

답 ① $a+b$ ② 직각삼각형

• 본문 48~49쪽

개념 18 삼각형의 내접원

개념 확인

1 답 (1) $x=4$, $y=5$, $z=8$ (2) $x=5$, $y=2$, $z=3$

(1) $\overline{AD}=\overline{AF}$이므로 $x=4$

$\overline{BE}=\overline{BD}$이므로 $y=5$

$\overline{CF}=\overline{CE}$이므로 $z=8$

(2) $\overline{BD}=\overline{BE}$이므로 $x=5$

$\overline{AF}=\overline{AD}$이므로 $y=2$

$\overline{CE}=\overline{CF}$이므로 $z=3$

2 답 (1) $x=8$, $y=6$, $z=3$ (2) $x=6$, $y=5$, $z=4$

(1) $\overline{AF}=\overline{AD}$이므로 $z=3$

$\overline{CE}=\overline{CF}=\overline{AC}-\overline{AF}=9-3=6$이므로

$y=6$

$\overline{BD}=\overline{BE}=\overline{BC}-\overline{CE}=14-6=8$이므로

$x=8$

(2) $\overline{BE}=\overline{BD}$이므로 $y=5$

$\overline{CF}=\overline{CE}=\overline{BC}-\overline{BE}=9-5=4$이므로

$z=4$

$\overline{AD}=\overline{AF}=\overline{AC}-\overline{CF}=10-4=6$이므로

$x=6$

3 답 풀이 참조

$\overline{AF}=x$라 하면 $\overline{AD}=\overline{AF}=x$이므로

$\overline{BD}=\overline{BA}-\overline{AD}=\boxed{8-x}$,

$\overline{CF}=\overline{CA}-\overline{AF}=\boxed{10-x}$

$\overline{BE}=\overline{BD}$, $\overline{CE}=\overline{CF}$이므로

$\overline{BC}=\overline{BE}+\overline{CE}=(\boxed{8-x})+(\boxed{10-x})=12$

$18-2x=12$, $2x=6$ $\therefore x=\boxed{3}$

$\therefore \overline{AF}=\boxed{3}$

교과서 문제로 개념 다지기

1 답 30 cm

$\overline{AF}=\overline{AD}=4$ cm, $\overline{BD}=\overline{BE}=5$ cm,

$\overline{CE}=\overline{CF}=6$ cm이므로

($\triangle ABC$의 둘레의 길이)

$=\overline{AB}+\overline{BC}+\overline{CA}$

$=(\overline{AD}+\overline{BD})+(\overline{BE}+\overline{CE})+(\overline{CF}+\overline{AF})$

$=(\overline{AD}+\overline{AF})+(\overline{BD}+\overline{BE})+(\overline{CE}+\overline{CF})$

$=2\overline{AD}+2\overline{BE}+2\overline{CF}$

$=2\times4+2\times5+2\times6$

$=8+10+12=30$(cm)

2 답 ⑤

$\overline{BD}=\overline{AB}-\overline{AD}=9-4=5$(cm)

$\overline{AF}=\overline{AD}=4$ cm이므로

$\overline{CF}=\overline{AC}-\overline{AF}=7-4=3$(cm)

따라서 $\overline{BE}=\overline{BD}=5$ cm, $\overline{CE}=\overline{CF}=3$ cm이므로

$\overline{BC}=\overline{BE}+\overline{CE}=5+3=8$(cm)

3 답 6 cm

$\overline{AD}=x$ cm라 하면 $\overline{AF}=\overline{AD}=x$ cm,

$\overline{BD}=\overline{BE}=14-x$(cm), $\overline{CF}=\overline{CE}=13-x$(cm)

이때 $\overline{BC}=15$ cm이므로

$\overline{BE}+\overline{CE}=(14-x)+(13-x)=15$

$27-2x=15$, $2x=12$ $\therefore x=6$

$\therefore \overline{AD}=6$ cm

4 답 (1) 5 cm (2) $(7-2r)$ cm (3) 1

(1) $\triangle ABC$에서 피타고라스 정리에 의하여

$\overline{AB}=\sqrt{4^2+3^2}=\sqrt{25}=5$(cm)

(2) 오른쪽 그림과 같이 원 O와 직각삼각형 ABC의 접점을 각각 D, E, F라 하자.

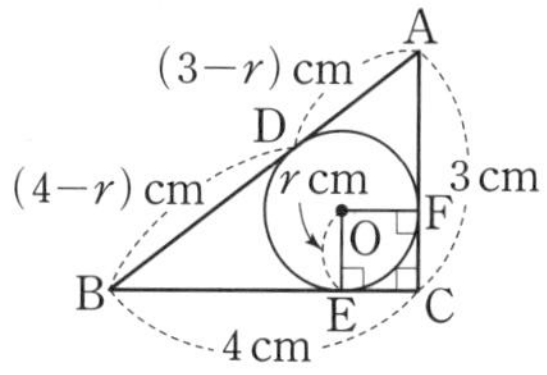

$\overline{CE}=\overline{CF}=r$ cm이므로

$\overline{BD}=\overline{BE}=4-r$(cm),

$\overline{AD}=\overline{AF}=3-r$(cm)

$\therefore \overline{AB}=\overline{AD}+\overline{BD}=(3-r)+(4-r)=7-2r$(cm)

(3) (1), (2)에서 $7-2r=5$

$2r=2$ $\therefore r=1$

| 참고 | 반지름의 길이가 r인 원 O가 $\angle C=90°$인 직각삼각형 ABC의 내접원이고 두 점 D, E가 그 접점일 때, □ODCE는 한 변의 길이가 r인 정사각형이다.

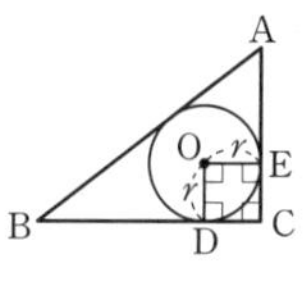

5 답 38 cm²

오른쪽 그림과 같이 원의 중심 O에서 $\overline{AB}$, $\overline{BC}$, $\overline{CA}$에 내린 수선의 발이 각각 D, E, F이므로

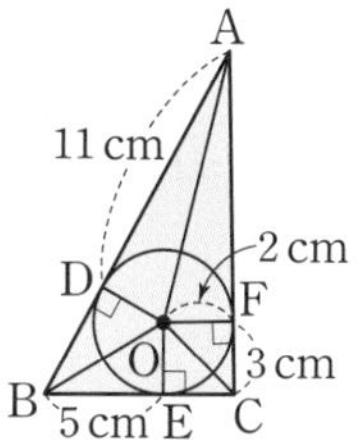

$\overline{OD}=\overline{OE}=\overline{OF}=2$ cm (원의 반지름)

$\overline{AB}=\overline{AD}+\overline{BD}=\overline{AD}+\overline{BE}$

$=11+5=16$(cm)

$\overline{BC}=\overline{BE}+\overline{CE}=\overline{BE}+\overline{CF}$

$=5+3=8$(cm)

$\overline{CA}=\overline{CF}+\overline{AF}=\overline{CF}+\overline{AD}$

$=3+11=14$(cm)

$\therefore \triangle ABC=\triangle OAB+\triangle OBC+\triangle OCA$

$=\frac{1}{2}\times\overline{AB}\times\overline{OD}+\frac{1}{2}\times\overline{BC}\times\overline{OE}+\frac{1}{2}\times\overline{CA}\times\overline{OF}$

$=\frac{1}{2}\times16\times2+\frac{1}{2}\times8\times2+\frac{1}{2}\times14\times2$

$=16+8+14=38$(cm²)

▶ 문제 속 개념 도출

답 ① $\overline{BE}$ ② $\frac{1}{2}r\overline{CA}$

• 본문 50~51쪽

원에 외접하는 사각형

개념 확인

1 답 (1) 10 (2) 6

(1) $\overline{AB}+\overline{CD}=\overline{AD}+\overline{BC}$이므로

$13+x=8+15$

$\therefore x=10$

(2) $\overline{AB}+\overline{CD}=\overline{AD}+\overline{BC}$이므로

$7+10=x+11$

$\therefore x=6$

2 답 (1) 4 (2) 3

(1) $\overline{AB}+\overline{CD}=\overline{AD}+\overline{BC}$이므로

$(3+x)+11=8+10$

$\therefore x=4$

(2) $\overline{AB}+\overline{CD}=\overline{AD}+\overline{BC}$이므로

$10+14=15+(x+6)$

$\therefore x=3$

3 답 (1) 15 (2) 30

(1) $\overline{AB}+\overline{CD}=\overline{AD}+\overline{BC}$

$=5+10$

$=15$

(2) (□ABCD의 둘레의 길이)

$=\overline{AB}+\overline{BC}+\overline{CD}+\overline{DA}$

$=(\overline{AB}+\overline{CD})+10+5$

$=15+10+5$

$=30$

교과서 문제로 개념 다지기

1 답 ②

$\overline{AB}+\overline{CD}=\overline{AD}+\overline{BC}$이므로

$6+\overline{CD}=4+9$

$\therefore \overline{CD}=7(\text{cm})$

2 답 5 cm

$\overline{AB}+\overline{CD}=\overline{AD}+\overline{BC}$이므로

$(\overline{AE}+8)+12=10+15$

$\therefore \overline{AE}=5(\text{cm})$

3 답 3

$\overline{AB}+\overline{CD}=\overline{AD}+\overline{BC}$이므로

$(3x-2)+(4x-4)=2x+3x$

$7x-6=5x$

$2x=6 \quad \therefore x=3$

해설 꼭 확인

x의 값 구하기

(×) $2x+(3x-2)=3x+(4x-4)$

$5x-2=7x-4 \quad \therefore x=1$

(○) $(3x-2)+(4x-4)=2x+3x$

$7x-6=5x \quad \therefore x=3$

➡ 사각형에서 대변은 마주 보는 변이므로 원에 외접하는 사각형에서 대변의 길이의 합을 이웃하는 변의 길이의 합으로 착각하지 않도록 주의해야 해!

4 답 44 cm

$\overline{DR}=\overline{DS}=4\text{ cm}$이므로

$\overline{CD}=5+4=9(\text{cm})$

$\therefore \overline{AD}+\overline{BC}=\overline{AB}+\overline{CD}=13+9=22(\text{cm})$

$\therefore$ (□ABCD의 둘레의 길이) $=\overline{AB}+\overline{BC}+\overline{CD}+\overline{DA}$

$=(\overline{AB}+\overline{CD})+(\overline{DA}+\overline{BC})$

$=22+22$

$=44(\text{cm})$

5 답 (1) 9 cm (2) 162 cm^2

(1) 원 O의 반지름의 길이가 6 cm이므로

$\overline{CD}=2\times6=12(\text{cm})$

□ABCD에서 $\overline{AB}+\overline{CD}=\overline{AD}+\overline{BC}$이므로

$15+12=\overline{AD}+18$

$\therefore \overline{AD}=9(\text{cm})$

(2) □ABCD는 사다리꼴이므로

□ABCD$=\frac{1}{2}\times(9+18)\times12=162(\text{cm}^2)$

▶ 문제 속 개념 도출

답 ① 같다 ② 높이

학교 시험 문제로 단원 마무리

• 본문 52~53쪽

1 답 ④

$\overline{OM}=\overline{OC}-\overline{MC}=10-4=6(\text{cm})$이므로

△OAM에서 피타고라스 정리에 의하여

$\overline{AM}=\sqrt{10^2-6^2}=\sqrt{64}=8(\text{cm})$

이때 $\overline{AM}=\overline{BM}$이므로

$\overline{AB}=2\overline{AM}=2\times8=16(\text{cm})$

2 답 $3\sqrt{3}\,\text{cm}$

오른쪽 그림과 같이 $\overline{OA}$를 긋고, 원의 중심 O에서 $\overline{AB}$에 내린 수선의 발을 M, 원의 반지름의 길이를 $r\,\text{cm}$라 하면

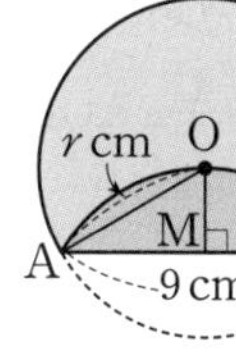

$\overline{OA}=r\,\text{cm}$

$\overline{OM}=\frac{1}{2}\overline{OA}=\frac{r}{2}(\text{cm})$

$\overline{AM}=\frac{1}{2}\overline{AB}=\frac{1}{2}\times9$

$=\frac{9}{2}(\text{cm})$

따라서 △OAM에서 피타고라스 정리에 의하여

$\left(\frac{9}{2}\right)^2+\left(\frac{r}{2}\right)^2=r^2$

$\frac{3}{4}r^2=\frac{81}{4}$, $r^2=27$

$\therefore r=3\sqrt{3}$ ($\because r>0$)

즉, 처음 원 모양의 색종이의 반지름의 길이는 $3\sqrt{3}\,\text{cm}$이다.

3 답 $12\,\text{cm}^2$

오른쪽 그림과 같이 원의 중심 O에서 현 CD에 내린 수선의 발을 H라 하면

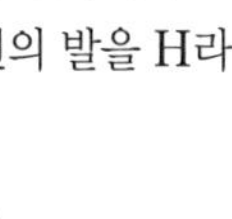

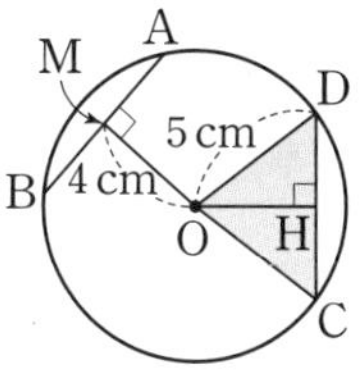

$\overline{AB}=\overline{CD}$이므로

$\overline{OH}=\overline{OM}=4\,\text{cm}$

△DOH에서 피타고라스 정리에 의하여

$\overline{DH}=\sqrt{5^2-4^2}=\sqrt{9}=3(\text{cm})$

이때 $\overline{CH}=\overline{DH}$이므로 $\overline{CD}=2\overline{DH}=2\times3=6(\text{cm})$

$\therefore \triangle OCD=\frac{1}{2}\times6\times4=12(\text{cm}^2)$

4 답 $16\,\text{cm}$

$\overline{OM}=\overline{ON}$이므로 $\overline{AB}=\overline{AC}$

즉, △ABC는 $\overline{AB}=\overline{AC}$인 이등변삼각형이므로

$\angle ABC=\angle ACB=\frac{1}{2}\times(180^\circ-60^\circ)=60^\circ$

따라서 △ABC는 세 내각의 크기가 같으므로 정삼각형이다.

$\therefore \overline{BC}=\overline{AB}=2\overline{AM}=2\times8=16(\text{cm})$

5 $8\,\text{cm}$

$\overline{PA}=\overline{PB}=12\,\text{cm}$

$\angle PAO=90^\circ$이므로 △POA에서

피타고라스 정리에 의하여

$\overline{PO}=\sqrt{12^2+5^2}=\sqrt{169}=13(\text{cm})$

$\therefore \overline{PC}=\overline{PO}-\overline{CO}=13-5=8(\text{cm})$

6 답 $12\pi\,\text{cm}^2$

오른쪽 그림과 같이 점 C에서 $\overline{BD}$에 내린 수선의 발을 H라 하자.

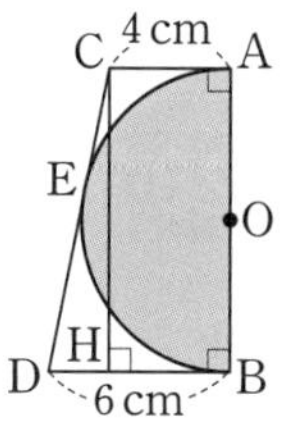

$\overline{CD}=\overline{CE}+\overline{DE}$

$=\overline{CA}+\overline{DB}$

$=4+6$

$=10(\text{cm})$

$\overline{DH}=\overline{DB}-\overline{HB}$

$=\overline{DB}-\overline{CA}$

$=6-4$

$=2(\text{cm})$

△CDH에서 피타고라스 정리에 의하여

$\overline{CH}=\sqrt{10^2-2^2}=\sqrt{96}=4\sqrt{6}(\text{cm})$

따라서 반원 O의 반지름의 길이는 $\frac{4\sqrt{6}}{2}=2\sqrt{6}(\text{cm})$이므로

그 넓이는

$\pi\times(2\sqrt{6})^2\times\frac{1}{2}=12\pi(\text{cm}^2)$

7 답 $5\,\text{cm}$

오른쪽 그림과 같이

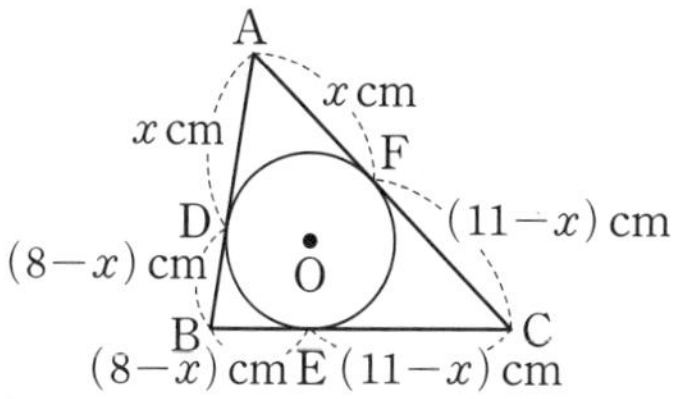

$\overline{AD}=x\,\text{cm}$라 하면

$\overline{AF}=\overline{AD}=x\,\text{cm}$,

$\overline{BE}=\overline{BD}$

$=8-x(\text{cm})$,

$\overline{CE}=\overline{CF}$

$=11-x(\text{cm})$

이때 $\overline{BC}=9\,\text{cm}$이므로

$\overline{BE}+\overline{CE}=(8-x)+(11-x)=9$

$19-2x=9$

$2x=10$ $\quad\therefore x=5$

$\therefore \overline{AD}=5\,\text{cm}$

8 답 $18\,\text{cm}$

$\overline{AB}:\overline{CD}=3:2$이므로

$\overline{AB}=3k\,\text{cm}$, $\overline{CD}=2k\,\text{cm}\,(k>0)$라 하자.

$\overline{AB}+\overline{CD}=\overline{AD}+\overline{BC}$이므로

$3k+2k=14+16$

$5k=30$

$\therefore k=6$

$\therefore \overline{AB}=3k=3\times6=18(\text{cm})$

OX 문제로 확인하기 본문 54쪽

답 ❶ ○ ❷ ○ ❸ × ❹ × ❺ ○ ❻ ○

3 원주각

• 본문 56~57쪽

개념 20 원주각과 중심각의 크기

개념 확인

1 답 (1) 60° (2) 35° (3) 28°

(1) $\angle x=\frac{1}{2}\angle\mathrm{AOB}=\frac{1}{2}\times120^\circ=60^\circ$

(2) $\angle x=\frac{1}{2}\angle\mathrm{AOB}=\frac{1}{2}\times70^\circ=35^\circ$

(3) $\angle x=\frac{1}{2}\angle\mathrm{AOB}=\frac{1}{2}\times56^\circ=28^\circ$

2 답 (1) 105° (2) 120°

(1) $\angle x=\frac{1}{2}\times210^\circ=105^\circ$

(2) $120^\circ=\frac{1}{2}(360^\circ-\angle x)$

$\frac{1}{2}\angle x=60^\circ \qquad \therefore \angle x=120^\circ$

3 답 (1) 120° (2) 50° (3) 64°

(1) $\angle x=2\angle\mathrm{APB}=2\times60^\circ=120^\circ$

(2) $\angle x=2\angle\mathrm{APB}=2\times25^\circ=50^\circ$

(3) $\angle x=2\angle\mathrm{APB}=2\times32^\circ=64^\circ$

교과서 문제로 개념 다지기

1 답 50°

$\angle\mathrm{APB}=\frac{1}{2}\angle\mathrm{AOB}=\frac{1}{2}\times100^\circ=50^\circ$

2 답 $\angle x=220^\circ$, $\angle y=70^\circ$

$\angle x=2\angle\mathrm{BAD}=2\times110^\circ=220^\circ$

$\angle\mathrm{BOD}=360^\circ-220^\circ=140^\circ$이므로

$\angle y=\frac{1}{2}\angle\mathrm{BOD}=\frac{1}{2}\times140^\circ=70^\circ$

해설 꼭 확인

$\angle x$의 크기 구하기

$\xrightarrow{(\times)}$ $\angle x=360^\circ-2\times110^\circ=140^\circ$

$\xrightarrow{(\bigcirc)}$ $\angle x=2\times110^\circ=220^\circ$

➡ 중심각의 크기가 180°보다 큰 경우에는 원주각과 중심각의 위치를 착각하지 않도록 주의해야 해!

3 답 ①

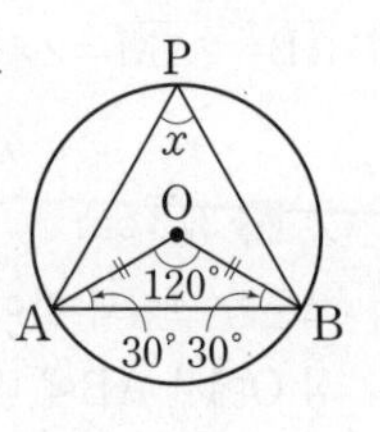

$\triangle$OAB는 $\overline{\mathrm{OA}}=\overline{\mathrm{OB}}$인 이등변삼각형이므로

$\angle\mathrm{OAB}=\angle\mathrm{OBA}=30^\circ$

$\triangle$OAB에서

$\angle\mathrm{AOB}=180^\circ-(30^\circ+30^\circ)=120^\circ$

$\therefore \angle x=\frac{1}{2}\angle\mathrm{AOB}=\frac{1}{2}\times120^\circ=60^\circ$

4 답 110°

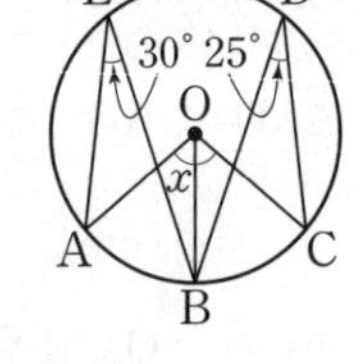

오른쪽 그림과 같이 $\overline{\mathrm{OB}}$를 그으면

$\angle x=\angle\mathrm{AOB}+\angle\mathrm{BOC}$

$=2\angle\mathrm{AEB}+2\angle\mathrm{BDC}$

$=2\times30^\circ+2\times25^\circ$

$=60^\circ+50^\circ=110^\circ$

5 답 64°

$\angle\mathrm{PAO}=\angle\mathrm{PBO}=90^\circ$이므로

□AOBP에서

$\angle\mathrm{AOB}=360^\circ-(52^\circ+90^\circ+90^\circ)=128^\circ$

$\therefore \angle\mathrm{ACB}=\frac{1}{2}\angle\mathrm{AOB}=\frac{1}{2}\times128^\circ=64^\circ$

6 답 60°

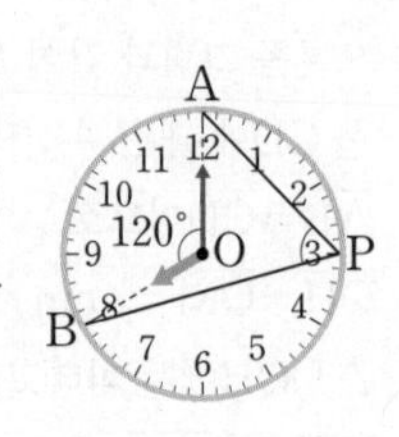

시를 나타내는 이웃한 숫자와 원의 중심이 이루는 각의 크기는 $\frac{360^\circ}{12}=30^\circ$이므로 8시 정각을 나타내는 시침과 분침이 이루는 각 중 작은 각의 크기는

$\angle\mathrm{AOB}=30^\circ\times4=120^\circ$

$\therefore \angle\mathrm{APB}=\frac{1}{2}\angle\mathrm{AOB}=\frac{1}{2}\times120^\circ=60^\circ$

▶ 문제 속 개념 도출

답 ① $\frac{1}{2}$

• 본문 58~59쪽

개념 21 원주각의 성질

개념 확인

1 답 (1) $\angle x=35^\circ$, $\angle y=60^\circ$

(2) $\angle x=30^\circ$, $\angle y=35^\circ$

(3) $\angle x=40^\circ$, $\angle y=30^\circ$

(1) $\angle x=\angle\mathrm{APB}=35^\circ$

$\angle y=\angle\mathrm{PBQ}=60^\circ$

(2) $\angle x=\angle \mathrm{PBQ}=30^\circ$

$\angle y=\angle \mathrm{APB}=35^\circ$

(3) $\angle x=\angle \mathrm{APB}=40^\circ$

$\angle y=\angle \mathrm{PBQ}=30^\circ$

2 답 (1) 54° (2) 28° (3) 50°

(1) $\angle \mathrm{ACB}=90^\circ$이므로 $\triangle \mathrm{ABC}$에서

$\angle x=180^\circ-(36^\circ+90^\circ)=54^\circ$

(2) $\angle \mathrm{ACB}=90^\circ$이므로 $\triangle \mathrm{ACB}$에서

$\angle x=180^\circ-(62^\circ+90^\circ)=28^\circ$

(3) $\angle \mathrm{ACB}=90^\circ$이므로 $\triangle \mathrm{ACB}$에서

$\angle x=180^\circ-(40^\circ+90^\circ)=50^\circ$

3 답 (1) $\angle x=40^\circ$, $\angle y=90^\circ$

(2) $\angle x=65^\circ$, $\angle y=25^\circ$

(1) $\angle x=\angle \mathrm{ADB}=40^\circ$

$\triangle \mathrm{PBC}$에서 $\angle y=50^\circ+40^\circ=90^\circ$

| 참고 | 삼각형의 내각과 외각의 크기 사이의 관계

삼각형의 한 외각의 크기는 그와 이웃하지 않는 두 내각의 크기의 합과 같다.

(2) $\angle x=\angle \mathrm{AQB}=65^\circ$

$\overline{\mathrm{PB}}$는 원 O의 지름이므로 $\angle \mathrm{PAB}=90^\circ$

따라서 $\triangle \mathrm{PAB}$에서

$\angle y=180^\circ-(65^\circ+90^\circ)=25^\circ$

교과서 문제로 개념 다지기

1 답 90°

$\angle x=\angle \mathrm{BDC}=30^\circ$

$\angle y=2\angle \mathrm{BDC}=2\times 30^\circ=60^\circ$

$\therefore \angle x+\angle y=30^\circ+60^\circ=90^\circ$

2 답 ③

$\angle \mathrm{CAD}=\angle \mathrm{CBD}=35^\circ$이므로

$\triangle \mathrm{APD}$에서 $\angle \mathrm{APB}=35^\circ+40^\circ=75^\circ$

3 답 40°

$\angle \mathrm{BDC}=\angle \mathrm{BAC}=50^\circ$

$\overline{\mathrm{BD}}$는 원 O의 지름이므로 $\angle \mathrm{BCD}=90^\circ$

따라서 $\triangle \mathrm{BCD}$에서

$\angle \mathrm{DBC}=180^\circ-(50^\circ+90^\circ)=40^\circ$

4 답 30°

$\triangle \mathrm{OBC}$는 $\overline{\mathrm{OB}}=\overline{\mathrm{OC}}$인 이등변삼각형이므로

$\angle \mathrm{OCB}=\angle \mathrm{OBC}=60^\circ$

$\overline{\mathrm{AB}}$는 원 O의 지름이므로

$\angle \mathrm{ACB}=90^\circ$

$\therefore \angle x=90^\circ-60^\circ=30^\circ$

다른 풀이

$\angle \mathrm{AOC}=2\angle \mathrm{ABC}=2\times 60^\circ=120^\circ$

이때 $\triangle \mathrm{OCA}$는 $\overline{\mathrm{OC}}=\overline{\mathrm{OA}}$인 이등변삼각형이므로

$\angle x=\frac{1}{2}\times(180^\circ-120^\circ)=30^\circ$

5 답 55°

$\angle \mathrm{AED}=\angle \mathrm{ACD}=35^\circ$

$\overline{\mathrm{AB}}$는 원 O의 지름이므로

$\angle \mathrm{AEB}=90^\circ$

$\therefore \angle x=90^\circ-35^\circ=55^\circ$

6 답 (1) 25° (2) 55° (3) 80°

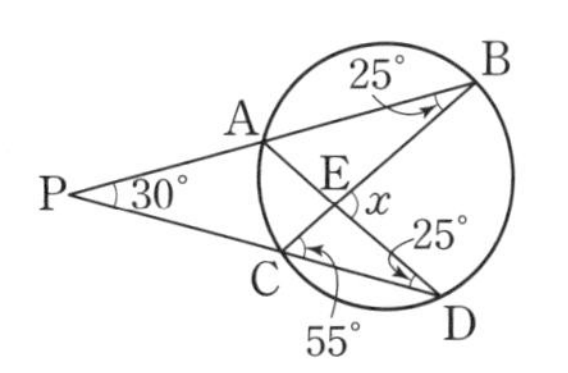

(1) $\angle \mathrm{ABC}=\angle \mathrm{ADC}=25^\circ$

(2) $\triangle \mathrm{BPC}$에서

$\angle \mathrm{BCD}=30^\circ+25^\circ=55^\circ$

(3) $\triangle \mathrm{ECD}$에서

$\angle x=55^\circ+25^\circ=80^\circ$

▶ 문제 속 개념 도출

답 ① 같다 ② 합

• 본문 60~61쪽

개념 22 원주각의 크기와 호의 길이

개념 확인

1 답 (1) 20 (2) 15 (3) 6

(1) $\widehat{\mathrm{AB}}=\widehat{\mathrm{CD}}$이므로

$\angle \mathrm{APB}=\angle \mathrm{CQD}=20^\circ$ $\therefore x=20$

(2) $\angle \mathrm{APB}=\angle \mathrm{BPC}$이므로

$\widehat{\mathrm{BC}}=\widehat{\mathrm{AB}}=15$ $\therefore x=15$

(3) $\angle \mathrm{APB}=\angle \mathrm{BQC}$이므로

$\widehat{\mathrm{BC}}=\widehat{\mathrm{AB}}=6$ $\therefore x=6$

2 답 (1) 20　(2) 80　(3) 14

(1) $\overset{\frown}{AB} : \overset{\frown}{BC}=6:3=2:1$이므로

$\angle APB : \angle BPC=2:1$에서

$40^\circ : x^\circ=2:1$

$2x^\circ=40^\circ$

$\therefore x=20$

(2) $\overset{\frown}{AB} : \overset{\frown}{BC}=4:16=1:4$이므로

$\angle APB : \angle BQC=1:4$에서

$20^\circ : x^\circ=1:4$

$x^\circ=80^\circ$

$\therefore x=80$

(3) $\angle BCA : \angle CAD=25^\circ : 50^\circ=1:2$이므로

$\overset{\frown}{AB} : \overset{\frown}{CD}=1:2$에서

$7 : x=1:2$

$\therefore x=14$

3 답 (1) 30　(2) 4π

(1) $\overset{\frown}{AB}$의 길이는 원의 둘레의 길이의 $\frac{1}{6}$이므로

$x^\circ=180^\circ\times\frac{1}{6}=30^\circ$　　$\therefore x=30$

(2) $\frac{60^\circ}{180^\circ}=\frac{1}{3}$이고, 호의 길이는 그 호에 대한 원주각의 크기에 정비례하므로 $\overset{\frown}{AB}$의 길이는 원의 둘레의 길이의 $\frac{1}{3}$이다.

$\therefore x=12\pi\times\frac{1}{3}=4\pi$

| 참고 |

- 한 원에서 모든 호에 대한 중심각의 크기의 합은 360°이므로 모든 호에 대한 원주각의 크기의 합은 $360^\circ\times\frac{1}{2}=180^\circ$이다.
- $\overset{\frown}{AB}$의 길이가 원의 둘레의 길이의 $\frac{1}{n}$이면

➡ $\angle APB=180^\circ\times\frac{1}{n}$

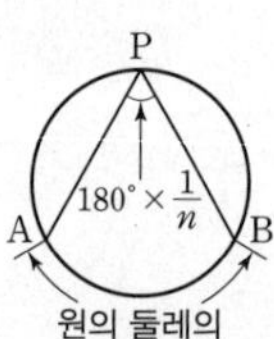

교과서 문제로 개념 다지기

1 답 60°

$\overset{\frown}{AC} : \overset{\frown}{BC}=\angle APC : \angle BQC$이므로

$(10+5) : 5=\angle x : 20^\circ$

$3 : 1=\angle x : 20^\circ$

$\therefore \angle x=60^\circ$

2 답 4 cm

$\overline{BC}$는 원 O의 지름이므로

$\angle BAC=90^\circ$

즉, $\triangle ABC$에서

$\angle ABC=180^\circ-(45^\circ+90^\circ)=45^\circ$

이때 $\angle ABC=\angle ACB$이므로

$\overset{\frown}{AC}=\overset{\frown}{AB}=4$ cm

3 답 (1) 40　(2) 10

(1) 오른쪽 그림과 같이 $\overline{PC}$를 그으면

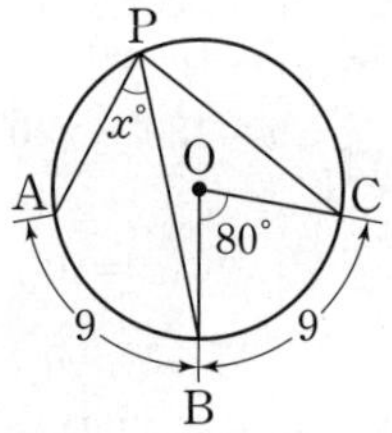

$\angle BPC=\frac{1}{2}\angle BOC$

$=\frac{1}{2}\times80^\circ$

$=40^\circ$

$\overset{\frown}{AB}=\overset{\frown}{BC}$이므로

$\angle APB=\angle BPC=40^\circ$

$\therefore x=40$

(2) 오른쪽 그림과 같이 $\overline{PC}$를 그으면

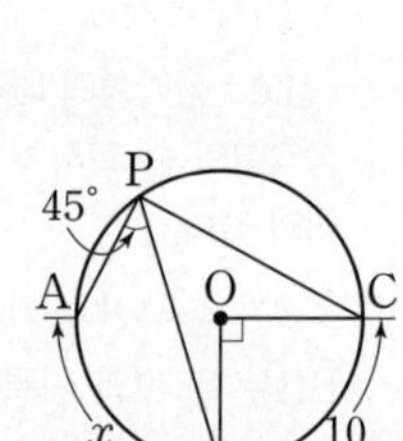

$\angle BPC=\frac{1}{2}\angle BOC$

$=\frac{1}{2}\times90^\circ$

$=45^\circ$

$\angle APB=\angle BPC$이므로

$\overset{\frown}{AB}=\overset{\frown}{BC}=10$

$\therefore x=10$

4 답 (1) 37°　(2) 74°

(1) $\overset{\frown}{AB}=\overset{\frown}{CD}$이므로

$\angle CBD=\angle ACB=37^\circ$

(2) $\triangle PBC$에서

$\angle x=\angle CBD+\angle ACB=37^\circ+37^\circ=74^\circ$

5 답 72°

호의 길이는 그 호에 대한 원주각의 크기에 정비례하고, $\overset{\frown}{BC}$의 길이는 원의 둘레의 길이의 $\frac{6}{5+6+4}=\frac{2}{5}$이므로

$\angle BAC=180^\circ\times\frac{2}{5}=72^\circ$

| 참고 | $\overset{\frown}{AB} : \overset{\frown}{BC} : \overset{\frown}{CA}=a:b:c$일 때, 한 원에서 모든 호에 대한 원주각의 크기의 합은 180°이므로

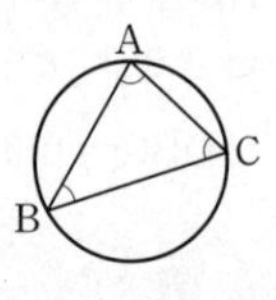

$\angle ACB=180^\circ\times\frac{a}{a+b+c}$,

$\angle BAC=180^\circ\times\frac{b}{a+b+c}$,

$\angle CBA=180^\circ\times\frac{c}{a+b+c}$

6 답 250 m

$\triangle ABC$에서

$\angle BAC=180^\circ-(70^\circ+60^\circ)=50^\circ$

$\angle ACB : \angle BAC=\overset{\frown}{AB} : \overset{\frown}{BC}$이므로

$60^\circ : 50^\circ=300 : \overset{\frown}{BC}$

$6 : 5=300 : \overset{\frown}{BC}$

$6\overset{\frown}{BC}=1500$

$\therefore \overset{\frown}{BC}=250(m)$

따라서 B지점에서 C지점까지의 산책로의 거리는 250 m이다.

▶ 문제 속 개념 도출

답 ① 정비례 ② 180°

• 본문 62~63쪽

개념 23 네 점이 한 원 위에 있을 조건 - 원주각

개념 확인

1 답 (1) ○ (2) × (3) ○ (4) ×

(1) $\angle BAC=\angle BDC=60^\circ$이므로 네 점 A, B, C, D는 한 원 위에 있다.

(2) $\angle DAC\neq\angle DBC$이므로 네 점 A, B, C, D는 한 원 위에 있지 않다.

(3) $\angle DBC=180^\circ-(35^\circ+100^\circ)=45^\circ$
즉, $\angle DAC=\angle DBC=45^\circ$이므로 네 점 A, B, C, D는 한 원 위에 있다.

(4) $\angle BAC=180^\circ-(75^\circ+40^\circ)=65^\circ$
즉, $\angle BAC\neq\angle BDC$이므로 네 점 A, B, C, D는 한 원 위에 있지 않다.

2 답 (1) 12° (2) 37° (3) 70° (4) 80°

(1) $\angle x=\angle CAD=12^\circ$

(2) $\angle x=\angle ADB=37^\circ$

(3) $\angle x=\angle ABD$
$=180^\circ-(45^\circ+65^\circ)=70^\circ$

(4) $\angle BAC=\angle BDC=23^\circ$이므로
$\angle x=23^\circ+57^\circ=80^\circ$

교과서 문제로 개념 다지기

1 답 ①, ③

① $\angle BAC=\angle BDC=90^\circ$이므로 네 점 A, B, C, D는 한 원 위에 있다.

③ $90^\circ=\angle BDC+50^\circ$
$\therefore \angle BDC=40^\circ$
따라서 $\angle BAC=\angle BDC=40^\circ$이므로 네 점 A, B, C, D는 한 원 위에 있다.

해설 꼭 확인

⑤ 네 점 A, B, C, D가 한 원 위에 있는지 확인하기

(×) → $\angle ADB=\angle CBD=45^\circ$이므로 네 점 A, B, C, D는 한 원 위에 있다.

(○) → 두 점 C, D가 직선 AB에 대하여 같은 쪽에 있고 $\angle ACB\neq\angle ADB$이므로 네 점 A, B, C, D는 한 원 위에 있지 않다.

➡ 네 점이 한 원 위에 있는지 확인하려면 우선 기준이 되는 직선을 찾아야 해. 그 다음에 그 직선에 대하여 반드시 같은 쪽에 있는 두 각의 크기가 같은지 확인해야 해!

2 답 $\angle x=35^\circ$, $\angle y=60^\circ$

네 점 A, B, C, D가 한 원 위에 있으므로

$\angle x=\angle ACB=35^\circ$,

$\angle y=\angle BAC=60^\circ$

3 답 40°

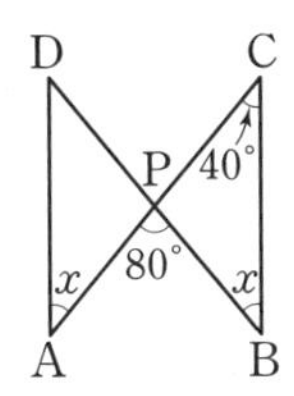

위의 그림과 같이 네 점 A, B, C, D가 한 원 위에 있으므로

$\angle CBD=\angle CAD=\angle x$

따라서 $\triangle PBC$에서

$40^\circ+\angle x=80^\circ$

$\therefore \angle x=40^\circ$

4 답 29°

네 점 A, B, C, D가 한 원 위에 있으므로

$\angle DBC=\angle DAC=64^\circ$

따라서 $\triangle PBD$에서

$35^\circ+\angle PDB=64^\circ$

$\therefore \angle PDB=29^\circ$

5 답 카메라 P

카메라 S에서 촬영해야 하는 곳의 양 끝 지점 A, B를 바라본 각의 크기는 34°이다. 즉, $\angle ASB=34°$

카메라가 두 지점 A, B와 카메라 S를 지나는 원 위에 있으려면 직선 AB를 기준으로 카메라 S와 같은 쪽에 있고, 두 지점 A, B를 바라본 각의 크기가 34°이어야 한다.

이때 $\angle APB=34°$이므로 구하는 카메라는 카메라 P이다.

▶ 문제 속 개념 도출

답 ① 크기

• 본문 64~65쪽

개념 24 원에 내접하는 사각형의 성질

개념 확인

1 답 (1) $\angle x=105°$, $\angle y=70°$
(2) $\angle x=80°$, $\angle y=120°$
(3) $\angle x=100°$, $\angle y=108°$

□ABCD가 원에 내접하므로

(1) $\angle x=180°-75°=105°$
$\angle y=180°-110°=70°$

(2) $\angle x=180°-100°=80°$
$\angle y=180°-60°=120°$

(3) $\angle x=180°-80°=100°$
$\angle y=180°-72°=108°$

2 답 (1) 105° (2) 115° (3) 35°

□ABCD가 원에 내접하므로

(1) $\angle x=\angle ADC=105°$

(2) $\angle x=\angle BAD=115°$

(3) $\angle BAD=110°$에서 $\angle x+75°=110°$ $\therefore \angle x=35°$

3 답 (1) ① 70° ② 110° (2) ① 80° ② 80°

(1) ① △ABD에서
$\angle BAD=180°-(30°+80°)=70°$
② □ABCD가 원에 내접하므로
$\angle x=180°-\angle BAD=180°-70°=110°$

(2) ① △ABD에서
$\angle BAD=180°-(60°+40°)=80°$
② □ABCD가 원에 내접하므로
$\angle x=\angle BAD=80°$

교과서 문제로 개념 다지기

1 답 15°

□ABCD가 원에 내접하므로

$100°+\angle y=180°$에서 $\angle y=80°$

$\angle x=\angle BAD=95°$

$\therefore \angle x-\angle y=95°-80°=15°$

2 답 75°

△CDB에서

$\angle DCB=180°-(40°+35°)=105°$

□ABCD가 원에 내접하므로

$\angle x+\angle DCB=180°$에서

$\angle x+105°=180°$

$\therefore \angle x=75°$

3 답 134°

$\angle BAD=\frac{1}{2}\angle BOD=\frac{1}{2}\times 92°=46°$

□ABCD가 원에 내접하므로

$\angle BAD+\angle x=180°$에서

$46°+\angle x=180°$

$\therefore \angle x=134°$

다른 풀이

$\overset{\frown}{BAD}$에 대한 중심각의 크기는

$360°-\angle BOD=360°-92°=268°$

$\angle BCD$는 $\overset{\frown}{BAD}$에 대한 원주각이므로

$\angle x=\frac{1}{2}\times(\overset{\frown}{BAD}$에 대한 중심각$)$

$=\frac{1}{2}\times 268°$

$=134°$

4 답 ⑤

□ABCD가 원에 내접하므로

$\boxed{(가)\ \angle CDQ}=\angle B=\angle x$

△PBC에서

$\angle PCQ=\angle B+\boxed{(나)\ \angle BPC}=\angle x+\boxed{(다)\ 34°}$

따라서 △DCQ에서

$\angle x+(\angle x+\boxed{(다)\ 34°})+44°=\boxed{(라)\ 180°}$

$2\angle x+78°=180°$

$2\angle x=102°$

$\therefore \angle x=\boxed{(마)\ 51°}$

따라서 옳지 않은 것은 ⑤이다.

5 답 (1) 40° (2) 75° (3) 105°

(1) $\angle BDC=\frac{1}{2}\angle BOC=\frac{1}{2}\times 80°=40°$

(2) $\angle EDB=115°-\angle BDC=115°-40°=75°$

(3) □ABDE가 원에 내접하므로

$\angle EAB+\angle EDB=180°$에서

$\angle EAB+75°=180°$

$\therefore \angle EAB=105°$

▶ 문제 속 개념 도출

답 ① 180° ② $\frac{1}{2}$

• 본문 66~67쪽

개념 25 사각형이 원에 내접하기 위한 조건

개념 확인

1 답 (1) × (2) ○ (3) ○ (4) ×

(1) $\angle A+\angle C=100°+70°=170°\neq 180°$

따라서 한 쌍의 대각의 크기의 합이 180°가 아니므로

□ABCD는 원에 내접하지 않는다.

(2) 두 점 A, D가 직선 BC에 대하여 같은 쪽에 있고,

$\angle BAC=\angle BDC=70°$이므로 □ABCD는 원에 내접한다.

(3) $\angle ABE=\angle D=100°$

따라서 한 외각의 크기가 그 외각과 이웃한 내각의 대각의 크기와 같으므로 □ABCD는 원에 내접한다.

(4) △ABC에서 $\angle B=180°-(60°+60°)=60°$

$\therefore \angle B+\angle D=60°+100°=160°\neq 180°$

따라서 한 쌍의 대각의 크기의 합이 180°가 아니므로

□ABCD는 원에 내접하지 않는다.

2 답 (1) 70° (2) 105° (3) 50°

(1) $\angle x+110°=180°$이므로

$\angle x=70°$

(2) $\angle BCD=180°-75°=105°$이므로

$\angle x=\angle BCD=105°$

(3) $\angle BAC=\angle BDC=60°$

$\angle BAD=110°$이므로

$\angle BAC+\angle x=110°$에서

$\angle 60°+\angle x=110°$ $\therefore \angle x=50°$

교과서 문제로 **개념 다지기**

1 답 80°

△ABC에서

$\angle B=180°-(45°+35°)=100°$

□ABCD가 원에 내접하려면

$\angle B+\angle D=180°$이어야 하므로

$\angle D=180°-\angle B=180°-100°=80°$

2 답 ③

③ $\angle A+\angle C=90°+100°=190°\neq 180°$이므로

□ABCD는 원에 내접하지 않는다.

④ $\angle BDC=180°-(77°+55°)=48°$에서

$\angle BAC=\angle BDC$이므로 □ABCD는 원에 내접한다.

⑤ △BCD에서 $\angle C=180°-(50°+70°)=60°$

$\angle A+\angle C=120°+60°=180°$이므로

□ABCD는 원에 내접한다.

따라서 □ABCD가 원에 내접하지 않는 것은 ③이다.

해설 꼭 확인

④ □ABCD가 원에 내접하는지 확인하기

(×) → $\angle BAC=\angle BDC$인지 알 수 없으므로 □ABCD는 원에 내접하지 않는다.

(○) → $\angle BDC=180°-(77°+55°)=48°$

즉, $\angle BAC=\angle BDC$이므로 □ABCD는 원에 내접한다.

➡ 필요한 각의 크기가 주어지지 않았을 때는 삼각형의 내각의 크기의 합, 삼각형의 내각과 외각의 크기 사이의 관계 등을 이용하여 각의 크기를 구할 수 있는지 확인해야 해!

3 답 120°

□ABCD가 원에 내접하려면

$\angle BAD=\angle DCE$이어야 하므로

$\angle BAD=105°$에서

$\angle BAC=\angle BAD-\angle CAD$

$=105°-35°=70°$

따라서 △ABP에서

$\angle x=\angle ABP+\angle BAP$

$=50°+70°=120°$

4 답 96°

□ABCD가 원에 내접하려면

$\angle C+119°=180°$이어야 하므로

$\angle C=61°$

따라서 △DQC에서

$\angle x=35°+61°=96°$

5 답 ㄱ, ㄹ, ㅂ

ㄱ. 오른쪽 그림의 등변사다리꼴 ABCD에서 $\overline{AD} /\!/ \overline{BC}$이므로 $\angle A+\angle B=180^\circ$

이때 $\angle B=\angle C$이므로

$\angle A+\angle C=\angle A+\angle B=180^\circ$

따라서 등변사다리꼴은 한 쌍의 대각의 크기의 합이 180°이므로 항상 원에 내접한다.

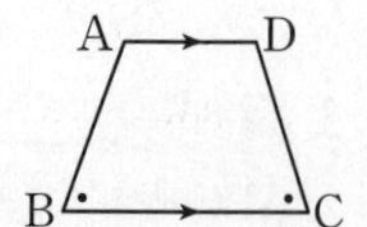

ㄴ. 오른쪽 그림의 평행사변형 ABCD에서

$\angle A+\angle C=70^\circ+70^\circ=140^\circ\neq180^\circ$

이므로 원에 내접하지 않는다.

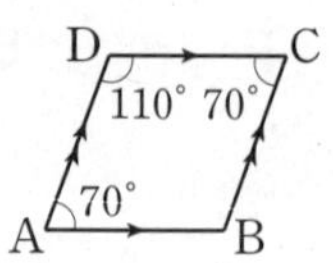

ㄷ. 오른쪽 그림의 마름모 ABCD에서

$\angle A+\angle C=50^\circ+50^\circ$

$=100^\circ\neq180^\circ$

이므로 원에 내접하지 않는다.

ㄹ, ㅂ. 직사각형과 정사각형은 모두 한 쌍의 대각의 크기의 합이 $90^\circ+90^\circ=180^\circ$이므로 항상 원에 내접한다.

ㅁ. 오른쪽 그림의 사다리꼴 ABCD에서

$\angle A+\angle C=90^\circ+110^\circ$

$=200^\circ\neq180^\circ$

이므로 원에 내접하지 않는다.

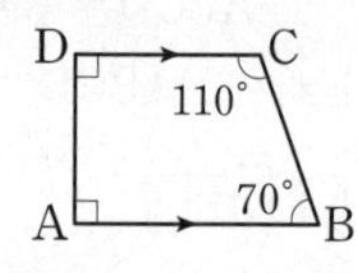

따라서 항상 원에 내접하는 사각형은 ㄱ, ㄹ, ㅂ이다.

| 참고 | 항상 원에 내접하는 사각형

정사각형, 직사각형, 등변사다리꼴은 한 쌍의 대각의 크기의 합이 180°이므로 항상 원에 내접한다.

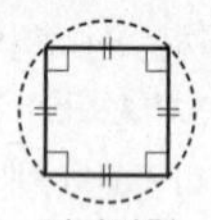
정사각형

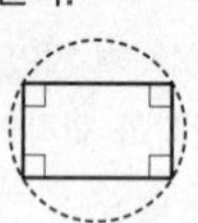
직사각형

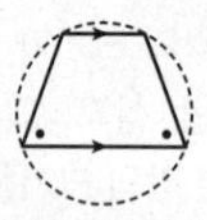
등변사다리꼴

▶ 문제 속 개념 도출

답 ① 180°

• 본문 068~069쪽

개념 26 원의 접선과 현이 이루는 각

개념 확인

1 답 (1) $\angle APT$ (2) $\angle ABP$ (3) 30°

2 답 (1) 35° (2) 100° (3) 130°

$\overleftrightarrow{PT}$는 원의 접선이므로

(1) $\angle x=\angle BAP=35^\circ$

(2) $\angle x=\angle BPT=100^\circ$

(3) $\angle BPT=\angle BAP=50^\circ$

$\therefore \angle x=180^\circ-50^\circ=130^\circ$

3 답 (1) 40° (2) 80°

$\overleftrightarrow{TT'}$은 원의 접선이므로

(1) $\angle BPT'=\angle BAP=95^\circ$

$\therefore \angle x=180^\circ-(45^\circ+95^\circ)=40^\circ$

(2) $\angle ABP=\angle APT=40^\circ$

따라서 $\triangle APB$에서

$\angle x=180^\circ-(40^\circ+60^\circ)=80^\circ$

교과서 문제로 개념 다지기

1 답 ④

④ (라) $\angle BCD$

2 답 75°

$\overleftrightarrow{PT}$는 원의 접선이므로

$\angle x=\angle ABP=35^\circ$, $\angle y=\angle BAP=110^\circ$

$\therefore \angle y-\angle x=110^\circ-35^\circ=75^\circ$

3 답 72°

$\overleftrightarrow{PT}$는 원의 접선이므로

$\angle BAP=\angle BPT=36^\circ$

$\triangle APB$는 $\overline{AB}=\overline{AP}$인 이등변삼각형이므로

$\angle x=\frac{1}{2}\times(180^\circ-36^\circ)=72^\circ$

4 답 67°

$\angle ACB=\frac{1}{2}\angle AOB=\frac{1}{2}\times134^\circ=67^\circ$

$\overleftrightarrow{AT}$는 원 O의 접선이므로

$\angle BAT=\angle ACB=67^\circ$

5 답 59°

□ABCD가 원에 내접하므로

$\angle BCD=180^\circ-\angle BAD=180^\circ-103^\circ=77^\circ$

$\triangle BCD$에서

$\angle DBC=180^\circ-(77^\circ+44^\circ)=59^\circ$

$\overleftrightarrow{CE}$는 원의 접선이므로

$\angle DCE=\angle DBC=59^\circ$

6 답 (1) 55° (2) 35° (3) 20°

(1) $\overleftrightarrow{PT}$는 원 O의 접선이므로

$\angle ABP=\angle APT=55°$

(2) $\overline{AB}$는 원의 지름이므로 $\angle APB=90°$

$\therefore \angle BPC=180°-(55°+90°)=35°$

(3) $\triangle BPC$에서 $\angle BPC+\angle x=\angle ABP$이므로

$35°+\angle x=55°$ $\therefore \angle x=20°$

▶ 문제 속 개념 도출

답 ① $\angle ABP$ ② $\angle BAP$ ③ 90°

학교 시험 문제로 단원 마무리

• 본문 70~71쪽

1 답 25°

$\angle BOC=2\angle BAC=2\times 65°=130°$

$\triangle OBC$는 $\overline{OB}=\overline{OC}$인 이등변삼각형이므로

$\angle x=\frac{1}{2}\times(180°-130°)=25°$

2 답 25°

오른쪽 그림과 같이 $\overline{OD}$를 그으면

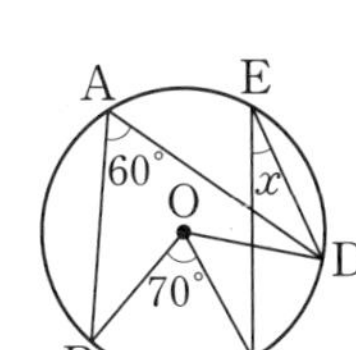

$\angle BOD=2\angle BAD$

$=2\times 60°=120°$

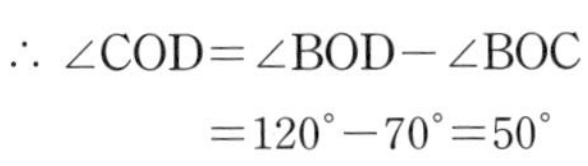

$\therefore \angle COD=\angle BOD-\angle BOC$

$=120°-70°=50°$

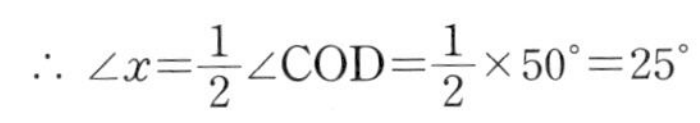

$\therefore \angle x=\frac{1}{2}\angle COD=\frac{1}{2}\times 50°=25°$

3 답 30°

$\angle BDC=\frac{1}{2}\angle BOC=\frac{1}{2}\times 120°=60°$

$\overline{AB}$는 원 O의 지름이므로

$\angle ADB=90°$

$\therefore \angle x=\angle ADB-\angle BDC$

$=90°-60°=30°$

4 답 4 cm

$\triangle ABP$에서 $44°+\angle ABP=66°$

$\therefore \angle ABP=22°$

이때 $\widehat{AD}:\widehat{BC}=\angle ABP:\angle BAC$이므로

$\widehat{AD}:\widehat{BC}=22°:44°$에서

$\widehat{AD}:8=1:2$

$2\widehat{AD}=8$ $\therefore \widehat{AD}=4(cm)$

5 답 ⑤

① $\angle x=\angle BAC=70°$

② $\angle ADB=\angle ACB=35°$이므로

$\triangle ABD$에서 $\angle x=180°-(35°+75°)=70°$

③ $\angle BDC=\angle BAC=54°$이므로

$54°+\angle x=86°$

$\therefore \angle x=32°$

④ $\angle BAC=\angle BDC=24°$이므로

$\angle x=24°+50°=74°$

⑤ $\angle CAD=\angle CBD=60°$이므로

$\angle x=180°-(60°+40°)=80°$

따라서 $\angle x$의 크기가 가장 큰 것은 ⑤이다.

6 답 105°

□ABCD가 원에 내접하므로

$\angle BAC=\angle BDC=65°$

$\therefore \angle BAD=65°+40°=105°$

$\therefore \angle DCE=\angle BAD=105°$

7 답 ㄴ, ㄷ

ㄱ. $\angle DAC=\angle ACB=49°$이지만 두 점 A, C가 직선 BD에 대하여 같은 쪽에 있지 않으므로 □ABCD는 원에 내접한다고 할 수 없다.

ㄴ. $\triangle PCD$에서 $\angle CDP+53°=104°$이므로

$\angle CDP=51°$

즉, $\angle BAC=\angle BDC$이므로 □ABCD는 원에 내접한다.

ㄷ. $\angle DCE=\angle BAD$이므로 □ABCD는 원에 내접한다.

ㄹ. $\triangle BCD$에서

$\angle C=180°-(32°+43°)=105°$

즉, $\angle A+\angle C=85°+105°=190°\neq 180°$이므로

□ABCD는 원에 내접하지 않는다.

따라서 □ABCD가 원에 내접하는 것은 ㄴ, ㄷ이다.

8 답 30°

□ABCD가 원에 내접하므로

$\angle ADC=180°-116°=64°$

$\triangle DPA$에서

$64°=34°+\angle DAP$

$\therefore \angle DAP=30°$

$\overline{PA}$는 원의 접선이므로

$\angle x=\angle DAP=30°$

OX 문제로 확인하기 ········ • 본문 72쪽

답 ❶ × ❷ ○ ❸ × ❹ ○ ❺ × ❻ × ❼ ○ ❽ ○

4 통계

• 본문 74~75쪽

개념 27 대푯값

개념 확인

1 답 (1) 3 (2) 4 (3) 7 (4) 8

(1) (평균)$=\frac{1+2+4+5}{4}=\frac{12}{4}=3$

(2) (평균)$=\frac{2+3+3+5+7}{5}=\frac{20}{5}=4$

(3) (평균)$=\frac{9+6+5+11+8+3}{6}=\frac{42}{6}=7$

(4) (평균)$=\frac{8+4+7+9+12+6+10}{7}=\frac{56}{7}=8$

2 답 (1) 5 (2) 6 (3) 6 (4) 12.5

(1) 변량을 작은 값부터 크기순으로 나열하면
3, 4, 5, 7, 8
이므로 중앙값은 $\frac{5+1}{2}=3$(번째) 변량인 5이다.

(2) 변량을 작은 값부터 크기순으로 나열하면
3, 4, 5, 7, 8, 9
이므로 중앙값은 $\frac{6}{2}=3$(번째)와 $\frac{6}{2}+1=4$(번째) 변량인 5와 7의 평균이다.
$\therefore$ (중앙값)$=\frac{5+7}{2}=6$

(3) 변량을 작은 값부터 크기순으로 나열하면
4, 5, 6, 6, 6, 7, 10
이므로 중앙값은 $\frac{7+1}{2}=4$(번째) 변량인 6이다.

(4) 변량을 작은 값부터 크기순으로 나열하면
10, 10, 11, 12, 13, 13, 14, 16
이므로 중앙값은 $\frac{8}{2}=4$(번째)와 $\frac{8}{2}+1=5$(번째) 변량인 12와 13의 평균이다.
$\therefore$ (중앙값)$=\frac{12+13}{2}=12.5$

3 답 (1) 3 (2) 1, 2 (3) 없다. (4) 빨강

(1) 3이 두 번으로 가장 많이 나타나므로
(최빈값)=3

(2) 1, 2가 각각 두 번씩 가장 많이 나타나므로
(최빈값)=1, 2

(3) 3, 4, 5가 모두 두 번씩 가장 많이 나타나므로
최빈값은 없다.

(4) 빨강이 세 번으로 가장 많이 나타나므로
최빈값은 빨강이다.

교과서 문제로 개념 다지기

1 답 30회

(평균)$=\frac{26+36+34+25+29}{5}=\frac{150}{5}=30$(회)

2 답 ②

각 자료의 중앙값은 다음과 같다.

① 3　② 6

③ $\frac{5+5}{2}=5$　④ $\frac{5+6}{2}=5.5$

⑤ $\frac{4+7}{2}=5.5$

따라서 중앙값이 가장 큰 것은 ②이다.

3 답 (1) 중앙값: 5, 최빈값: 4
(2) 중앙값: 4, 최빈값: 3, 5

(1) 변량을 작은 값부터 크기순으로 나열하면
2, 4, 4, 5, 7, 8, 9
이므로 중앙값은 $\frac{7+1}{2}=4$(번째) 변량인 5이다.
또 4가 두 번으로 가장 많이 나타나므로
(최빈값)=4

(2) 변량을 작은 값부터 크기순으로 나열하면
1, 2, 3, 3, 5, 5, 7, 9
이므로 중앙값은 $\frac{8}{2}=4$(번째)와 $\frac{8}{2}+1=5$(번째) 변량인 3과 5의 평균이다.
$\therefore$ (중앙값)$=\frac{3+5}{2}=4$
또 3, 5가 각각 두 번씩 가장 많이 나타나므로
(최빈값)=3, 5

해설 꼭 확인

(2) 1, 3, 3, 5, 7, 5, 2, 9의 최빈값 구하기

(×) → 3이 두 번으로 가장 많이 나타나므로 최빈값은 3
(×) → 3이 두 번으로 가장 많이 나타나므로 최빈값은 2
(○) → 3과 5가 각각 두 번씩 가장 많이 나타나므로 최빈값은 3, 5

➡ 자료에서 변량이 나타난 횟수와 변량의 값을 헷갈리지 않도록 하고, 최빈값은 자료에 따라 없거나 2개 이상일 수도 있음에 주의해야 해!

4 답 사과

사과를 좋아하는 학생이 10명으로 가장 많으므로 주어진 자료의 최빈값은 사과이다.

5 답 평균: 15분, 중앙값: 14분, 최빈값: 13분

$$(\text{평균})=\frac{5+7+10+13+13+15+20+21+22+24}{10}=\frac{150}{10}=15(\text{분})$$

변량을 작은 값부터 크기순으로 나열하면

5분, 7분, 10분, 13분, 13분,
15분, 20분, 21분, 22분, 24분

이므로 중앙값은 $\frac{10}{2}=5$(번째)와 $\frac{10}{2}+1=6$(번째) 변량인 13과 15의 평균이다.

$\therefore$ (중앙값)$=\frac{13+15}{2}=14$(분)

또 13분이 두 번으로 가장 많이 나타나므로 최빈값은 13분이다.

6 답 7

a, b, c의 평균이 6이므로

$\frac{a+b+c}{3}=6$ $\quad\therefore a+b+c=18$

따라서 5, a, b, c, 12의 평균은

$$\frac{5+a+b+c+12}{5}=\frac{5+18+12}{5}=\frac{35}{5}=7$$

7 답 레, 미

주어진 악보에서 도는 3번, 레는 10번, 미는 10번, 솔은 2번 나타나므로 계이름의 최빈값은 레, 미이다.

▶ 문제 속 개념 도출

답 ① 대푯값

• 본문 76~77쪽

개념 28 대푯값의 응용

개념 확인

1 답 11

주어진 6개의 수의 평균이 9이므로

$\frac{7+15+x+6+8+7}{6}=9$

$x+43=54$ $\quad\therefore x=11$

2 답 7

주어진 6개의 수의 중앙값이 6이므로

$\frac{5+x}{2}=6$

$x+5=12$ $\quad\therefore x=7$

3 답 4

x를 제외한 5개의 수에서 3, 4가 각각 두 번씩 나타나므로 주어진 6개의 수에서 최빈값이 4이려면 $x=4$이어야 한다.

4 답 (1) 64 mm (2) 36 mm (3) 없다. (4) 중앙값

(1) $(\text{평균})=\frac{23+20+35+39+37+230}{6}=\frac{384}{6}=64(\text{mm})$

(2) 변량을 작은 값부터 크기순으로 나열하면

20 mm, 23 mm, 35 mm, 37 mm, 39 mm, 230 mm

$\therefore$ (중앙값)$=\frac{35+37}{2}=36$(mm)

(3) 중복되어 나타나는 변량이 없으므로 최빈값은 없다.

(4) 230 mm와 같이 극단적인 값이 있으므로 중앙값이 평균보다 대푯값으로 더 적절하다.

교과서 문제로 개념 다지기

1 답 15

평균이 12개이므로

$\frac{16+x+13+10+6}{5}=12$

$x+45=60$ $\quad\therefore x=15$

2 답 $x=6$, 중앙값: 5.5

주어진 자료의 최빈값이 6이므로

$x=6$

따라서 변량을 작은 값부터 크기순으로 나열하면

1, 2, 5, 6, 6, 8

$\therefore$ (중앙값)$=\frac{5+6}{2}=5.5$

3 답 7

x의 값에 관계없이 8권이 가장 많이 나타나므로 주어진 자료의 최빈값은 8권이다.

따라서 주어진 자료의 평균이 8권이므로

$\frac{8+9+8+x+10+8+6}{7}=8$

$x+49=56$ $\quad\therefore x=7$

4 답 15

중앙값이 13점이므로 변량을 작은 값부터 크기순으로 나열하면
9점, 11점, x점, 18점

따라서 $\frac{11+x}{2}=13$이므로

$11+x=26 \qquad \therefore x=15$

5 답 중앙값, 22

326과 같이 극단적인 값이 있으므로 평균은 대푯값으로 적절하지 않다.
또 중복되어 나타나는 변량이 없으므로 최빈값도 대푯값으로 적절하지 않다.
따라서 이 자료의 대푯값으로 가장 적절한 것은 중앙값이다.
이때 변량을 작은 값부터 크기순으로 나열하면
16, 20, 21, 23, 25, 326

$\therefore$ (중앙값)$=\frac{21+23}{2}=22$

6 답 최빈값, 240 mm

가장 많이 나타난 치수의 실내화를 가장 많이 주문해야 하므로 대푯값으로 가장 적절한 것은 최빈값이다.
이때 240 mm가 4번으로 가장 많이 나타나므로 최빈값은 240 mm이다.

▶ 문제 속 개념 도출

답 ① 최빈값

• 본문 78~79쪽

개념 29 산포도 (1) - 편차

개념 확인

1 답 풀이 참조

(편차)=(변량)−(평균)이므로

(1)

변량	8	5	9	2	6
편차	8−6=2	5−6=−1	9−6=3	2−6=−4	6−6=0

(2)

변량	6	9	13	17	5	10
편차	6−10=−4	9−10=−1	13−10=3	17−10=7	5−10=−5	10−10=0

(3)

변량	2+7=9	−5+7=2	1+7=8	4+7=11	−7+7=0
편차	2	−5	1	4	−7

2 답 (1) 8점
(2) 2점, −1점, 0점, −2점, 1점

(1) (평균)$=\frac{10+7+8+6+9}{5}$

$=\frac{40}{5}=8$(점)

(2) (편차)=(변량)−(평균)이고 평균은 8점이므로 각 기록의 편차를 구하면 다음 표와 같다.

회	1	2	3	4	5
기록(점)	10	7	8	6	9
편차(점)	10−8=2	7−8=−1	8−8=0	6−8=−2	9−8=1

3 답 (1) 2 (2) −6

편차의 총합은 항상 0이므로

(1) $3+(-5)+0+x=0$

$x-2=0$

$\therefore x=2$

(2) $10+6+(-8)+(-2)+x=0$

$x+6=0$

$\therefore x=-6$

교과서 문제로 개념 다지기

1 답 평균: 13개
편차: −1개, 1개, 2개, 0개, −2개

(평균)$=\frac{12+14+15+13+11}{5}$

$=\frac{65}{5}=13$(개)

따라서 각 아이스크림 개수의 편차는
12−13=−1(개), 14−13=1(개),
15−13=2(개), 13−13=0(개),
11−13=−2(개)

해설 꼭 확인

각 변량의 편차 구하기

(×) → 자료의 평균이 13개이므로 각 변량의 편차는
1개, −1개, −2개, 0개, 2개

(○) → 자료의 평균이 13개이므로 각 변량의 편차는
−1개, 1개, 2개, 0개, −2개

➡ (편차)=(변량)−(평균)이므로 평균보다 작은 변량의 편차는 음수가 돼.
편차를 구할 때, (평균)−(변량)을 하거나 무조건 큰 수에서 작은 수를 빼지 않도록 주의해야 해!

2 답 ④

$(\text{평균})=\frac{6+2+7+9+5+7}{6}=\frac{36}{6}=6(\text{점})$

따라서 각 점수의 편차는

$6-6=0(\text{점})$, $2-6=-4(\text{점})$, $7-6=1(\text{점})$,

$9-6=3(\text{점})$, $5-6=-1(\text{점})$, $7-6=1(\text{점})$

따라서 편차가 될 수 없는 것은 ④이다.

3 답 ②

편차의 총합은 항상 0이므로

$3+a+(-4)+2+b=0$

$a+b+1=0 \quad \therefore a+b=-1$

4 답 (1) 3 (2) 74점

(1) 편차의 총합은 항상 0이므로

$4+(-2)+x+1+(-6)=0$

$x-3=0 \quad \therefore x=3$

(2) 학생 5명의 과학 성적의 평균이 71점이고, 학생 C의 과학 성적의 편차는 3점이므로 학생 C의 과학 성적은

$3+71=74(\text{점})$ ← (편차)+(평균)=(변량)

5 답 30개

상희네 반 학생들이 암기한 영단어의 개수의 평균이 35개이고, 상희가 암기한 영단어의 개수의 편차는 −5개이므로 상희가 암기한 영단어의 개수는

$-5+35=30(\text{개})$ ← (편차)+(평균)=(변량)

6 답 (1) 영미: 7 cm, 초희: −3 cm, 연경: −5 cm, 희진: 1 cm (2) 12 cm

(1) 주어진 대화를 읽고, 네 학생의 키의 편차를 구하면 다음 표와 같다.

학생	영미	초희	연경	희진
편차(cm)	7	−3		1

이때 편차의 총합은 항상 0이므로 연경이의 키의 편차를 x cm라 하면

$7+(-3)+x+1=0$

$x+5=0 \quad \therefore x=-5$

따라서 네 학생의 키의 편차는

영미: 7 cm, 초희: −3 cm, 연경: −5 cm, 희진: 1 cm

(2) 키가 가장 큰 학생은 영미이고, 가장 작은 학생은 연경이므로 구하는 키의 차는

$7-(-5)=12(\text{cm})$

▶ 문제 속 개념 도출

답 ① 편차 ② 0 ③ 음수

• 본문 80~81쪽

개념 30 산포도 (2) - 분산과 표준편차

개념 확인

1 답 풀이 참조

(1)

❶ 평균 구하기	$(\text{평균})=\frac{3+2+5+1+4}{5}=\frac{15}{5}=3$
❷ 각 변량의 편차 구하기	$0,\ -1,\ 2,\ -2,\ 1$
❸ $(\text{편차})^2$의 총합 구하기	$0^2+(-1)^2+2^2+(-2)^2+1^2=10$
❹ 분산 구하기	$(\text{분산})=\frac{10}{5}=2$
❺ 표준편차 구하기	$(\text{표준편차})=\sqrt{2}$

(2)

❶ 평균 구하기	$(\text{평균})=\frac{14+16+17+18+12+19}{6}=\frac{96}{6}=16$
❷ 각 변량의 편차 구하기	$-2,\ 0,\ 1,\ 2,\ -4,\ 3$
❸ $(\text{편차})^2$의 총합 구하기	$(-2)^2+0^2+1^2+2^2+(-4)^2+3^2=34$
❹ 분산 구하기	$(\text{분산})=\frac{34}{6}=\frac{17}{3}$
❺ 표준편차 구하기	$(\text{표준편차})=\frac{\sqrt{51}}{3}$

2 답 (1) 10 (2) 2 (3) $\sqrt{2}$

(1) $(\text{평균})=\frac{17+15+14+16+18}{5}=\frac{80}{5}=16$이므로

각 변량의 편차는

$17-16=1$, $15-16=-1$, $14-16=-2$,

$16-16=0$, $18-16=2$

따라서 $(\text{편차})^2$의 총합은

$1^2+(-1)^2+(-2)^2+0^2+2^2=10$

(2) $(\text{분산})=\frac{\{(\text{편차})^2\text{의 총합}\}}{(\text{변량의 개수})}=\frac{10}{5}=2$

(3) $(\text{표준편차})=\sqrt{(\text{분산})}=\sqrt{2}$

교과서 문제로 개념 다지기

1 답 5, 10, 2, $\sqrt{2}$

5개의 변량의 평균은

$\frac{3+4+5+6+7}{5}=\frac{25}{5}=5$

2 답 (1) 분산: 4, 표준편차: 2

(2) 분산: $\frac{64}{7}$, 표준편차: $\frac{8\sqrt{7}}{7}$

(1) $(\text{평균})=\frac{4+7+2+5+4+8}{6}=\frac{30}{6}=5$이므로

$(\text{분산})=\frac{(-1)^2+2^2+(-3)^2+0^2+(-1)^2+3^2}{6}=\frac{24}{6}=4$,

$(\text{표준편차})=\sqrt{4}=2$

(2) $(\text{평균})=\frac{13+18+15+12+11+20+16}{7}=\frac{105}{7}=15$

이므로

$(\text{분산})=\frac{(-2)^2+3^2+0^2+(-3)^2+(-4)^2+5^2+1^2}{7}=\frac{64}{7}$,

$(\text{표준편차})=\sqrt{\frac{64}{7}}=\frac{8\sqrt{7}}{7}$

3 답 $\sqrt{4.6}$시간

$(\text{평균})=\frac{6+10+4+5+4+9+10+7+7+8}{10}$

$=\frac{70}{10}=7(\text{시간})$

이때 각 독서 시간의 편차는

-1시간, 3시간, -3시간, -2시간, -3시간,

2시간, 3시간, 0시간, 0시간, 1시간

$\therefore$ (분산)

$=\frac{(-1)^2+3^2+(-3)^2+(-2)^2+(-3)^2+2^2+3^2+0^2+0^2+1^2}{10}$

$=\frac{46}{10}=4.6$

$\therefore$ $(\text{표준편차})=\sqrt{4.6}(\text{시간})$

4 답 6

학생 E의 키의 편차를 x cm라 하면

$3+0+(-4)+2+x=0$

$x+1=0 \qquad \therefore x=-1$

$\therefore (\text{분산})=\frac{3^2+0^2+(-4)^2+2^2+(-1)^2}{5}=\frac{30}{5}=6$

5 답 $x=12$, 표준편차: $\sqrt{3}$분

평균이 10분이므로

$\frac{9+12+10+7+10+x}{6}=10$

$x+48=60 \qquad \therefore x=12$

이때 각 배차 간격의 편차는

-1시간, 2시간, 0시간, -3시간, 0시간, 2시간

$\therefore (\text{분산})=\frac{(-1)^2+2^2+0^2+(-3)^2+0^2+2^2}{6}$

$=\frac{18}{6}=3$

$\therefore$ $(\text{표준편차})=\sqrt{3}(\text{분})$

6 답 ㄷ, ㄴ

표준편차가 가장 큰 것은 변량들이 평균 4를 중심으로 가장 멀리 떨어져 있는 ㄷ이다.

표준편차가 가장 작은 것은 변량들이 평균 4를 중심으로 가장 가까이 모여 있는 ㄴ이다.

| 참고 | 산포도와 자료의 분포 상태

(1) 분산 또는 표준편차가 크다.

⇨ 변량들이 평균에서 멀리 떨어져 있다.

⇨ 자료의 분포 상태가 고르지 않다.

(2) 분산 또는 표준편차가 작다.

⇨ 변량들이 평균에 가까이 모여 있다.

⇨ 자료의 분포 상태가 고르다.

다른 풀이

ㄱ. 2, 6, 2, 6, 4, 4에 대하여

평균이 4이므로

$(\text{분산})=\frac{(-2)^2+2^2+(-2)^2+2^2+0^2+0^2}{6}=\frac{16}{6}=\frac{8}{3}$

$\therefore$ $(\text{표준편차})=\sqrt{\frac{8}{3}}=\frac{2\sqrt{6}}{3}$

ㄴ. 4, 4, 4, 4, 4, 4에 대하여

평균이 4이므로

$(\text{분산})=\frac{0^2+0^2+0^2+0^2+0^2+0^2}{6}=\frac{0}{6}=0$

$\therefore$ $(\text{표준편차})=\sqrt{0}=0$

ㄷ. 1, 7, 1, 7, 1, 7에 대하여

평균이 4이므로

$(\text{분산})=\frac{(-3)^2+3^2+(-3)^2+3^2+(-3)^2+3^2}{6}=\frac{54}{6}=9$

$\therefore$ $(\text{표준편차})=\sqrt{9}=3$

ㄹ. 4, 4, 2, 6, 3, 5에 대하여

평균이 4이므로

$(\text{분산})=\frac{0^2+0^2+(-2)^2+2^2+(-1)^2+1^2}{6}=\frac{10}{6}=\frac{5}{3}$

$\therefore$ $(\text{표준편차})=\sqrt{\frac{5}{3}}=\frac{\sqrt{15}}{3}$

따라서 표준편차가 가장 큰 것은 ㄷ, 표준편차가 가장 작은 것은 ㄴ이다.

7 답 (1) 학생 A: $\sqrt{2}$점, 학생 B: $\frac{2\sqrt{5}}{5}$점

(2) 학생 B

(1) 학생 A가 받은 점수에서

$(\text{평균})=\frac{5+7+9+8+6}{5}=\frac{35}{5}=7(\text{점})$이므로

$(\text{분산})=\frac{(-2)^2+0^2+2^2+1^2+(-1)^2}{5}$

$=\frac{10}{5}=2$

$\therefore$ $(\text{표준편차})=\sqrt{2}(\text{점})$

학생 B가 받은 점수에서

$(\text{평균})=\frac{8+6+6+8+7}{5}=\frac{35}{5}=7(\text{점})$이므로

$(\text{분산})=\frac{1^2+(-1)^2+(-1)^2+1^2+0^2}{5}=\frac{4}{5}$

$\therefore (\text{표준편차})=\sqrt{\frac{4}{5}}=\frac{2\sqrt{5}}{5}(\text{점})$

(2) $\sqrt{2}>\frac{2\sqrt{5}}{5}$이고, 표준편차가 작을수록 점수의 분포가 고르다고 할 수 있으므로 학생 B의 점수의 분포가 학생 A보다 더 고르다.

▶ 문제 속 개념 도출

답 ① 평균 ② 표준편차

• 본문 82~83쪽

개념 31 산점도

개념 확인

1 답

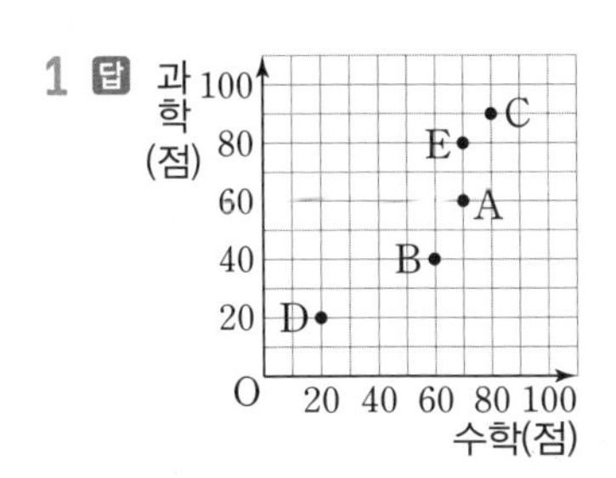

2 답 (1) 5명 (2) 6명 (3) 5명 (4) 5명

(1) 1차 기록이 30개 이상인 학생을 나타내는 점은
(30, 30), (35, 25), (35, 35), (35, 40), (40, 35)
의 5개이다.
따라서 구하는 학생 수는 5명이다.

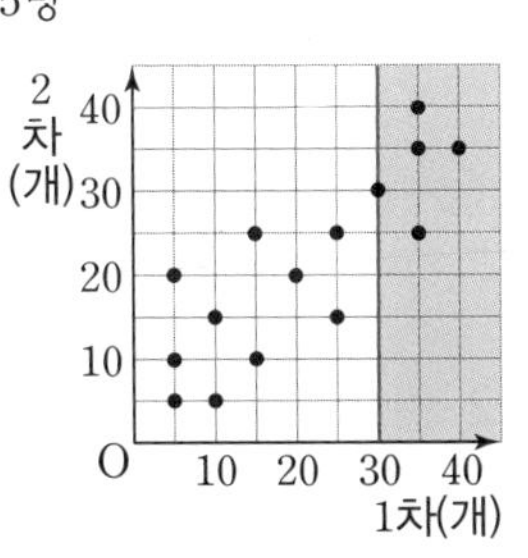

(2) 2차 기록이 20개 미만인 학생을 나타내는 점은
(5, 5), (5, 10), (10, 5), (10, 15), (15, 10), (25, 15)
의 6개이다.
따라서 구하는 학생 수는 6명이다.

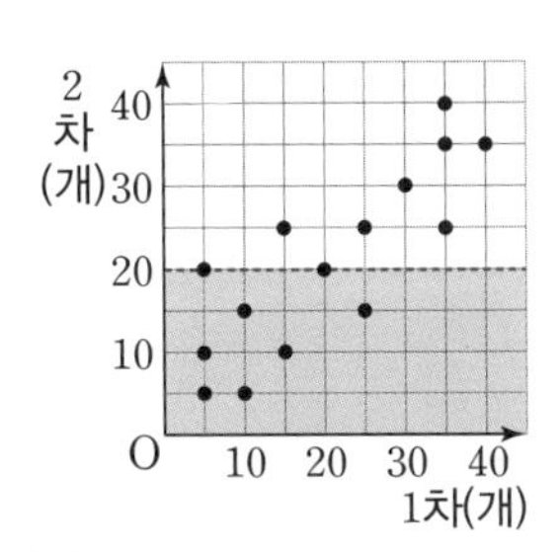

(3) 1차 기록과 2차 기록이 같은 학생을 나타내는 점은
(5, 5), (20, 20), (25, 25), (30, 30), (35, 35)
의 5개이다.
따라서 구하는 학생 수는 5명이다.

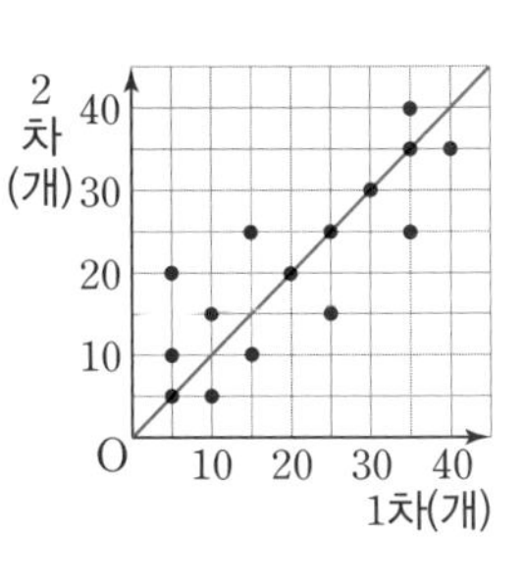

(4) 2차 기록이 1차 기록보다 더 좋은 학생을 나타내는 점은
(5, 10), (5, 20), (10, 15), (15, 25), (35, 40)
의 5개이다.
따라서 구하는 학생 수는 5명이다.

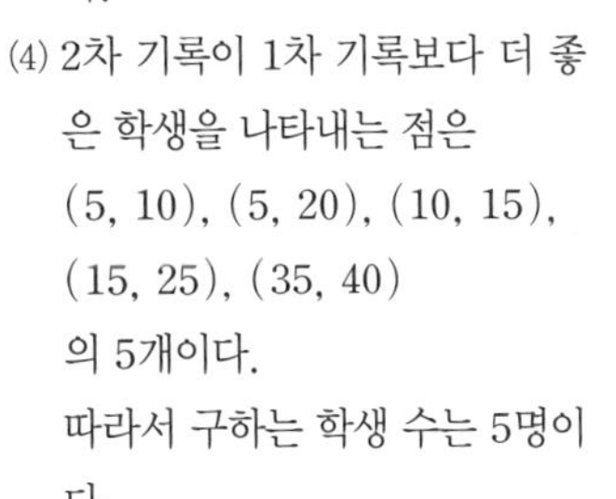

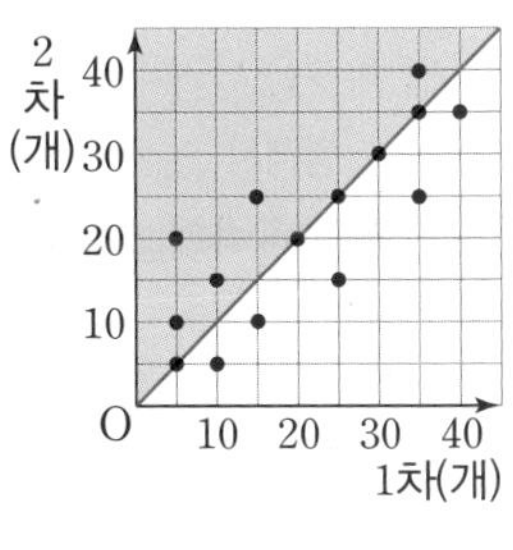

| **참고** | 산점도에서 조건을 만족시키는 점을 찾을 때
- 이상 / 이하: 기준이 되는 보조선 위의 점을 포함한다.
- 초과 / 미만: 기준이 되는 보조선 위의 점을 포함하지 않는다.

교과서 문제로 개념다지기

1 답

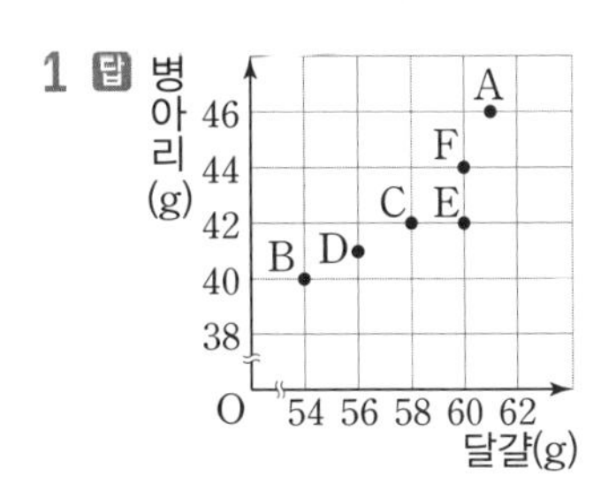

2 답 (1) 컴퓨터 사용 시간: 2시간, 수면 시간: 10시간
(2) 8시간

(2) 컴퓨터 사용 시간이 가장 적은 학생의 컴퓨터 사용 시간은 1시간이고, 이 학생의 수면 시간은 8시간이다.

3 답 (1) 3명 (2) 3명 (3) 4명

(1) 국어 성적이 70점 이하인 학생을 나타내는 점은 오른쪽 그림에서 색칠한 부분(경계선 포함)에 속하는 점이므로 3개이다.
따라서 구하는 학생 수는 3명이다.

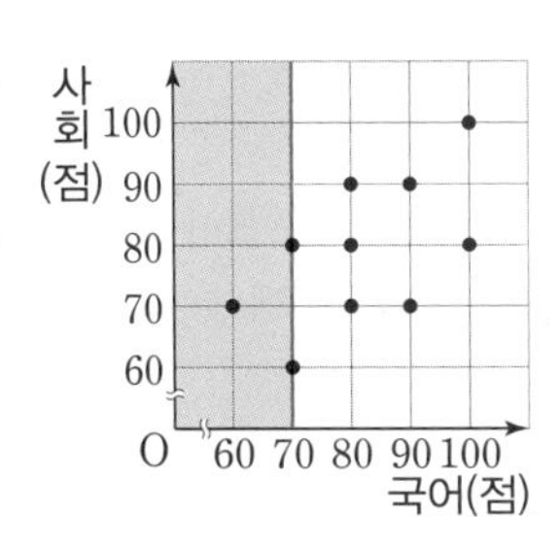

(2) 국어 성적과 사회 성적이 같은 학생을 나타내는 점은 오른쪽 그림에서 대각선 위의 점이므로 3개이다.

따라서 구하는 학생 수는 3명이다.

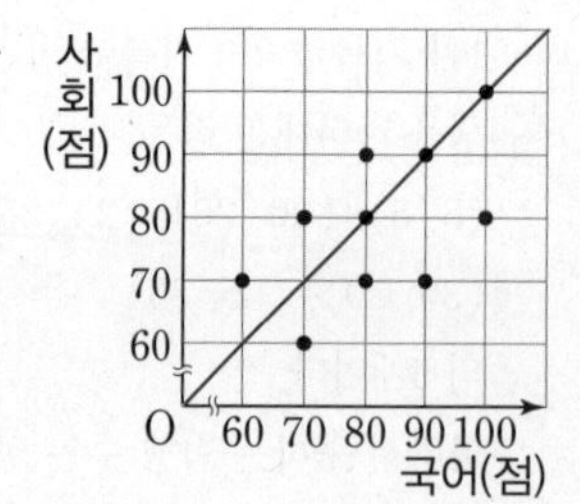

(3) 국어 성적이 사회 성적보다 우수한 학생을 나타내는 점은 오른쪽 그림에서 색칠한 부분(경계선 제외)에 속하는 점이므로 4개이다.

따라서 구하는 학생 수는 4명이다.

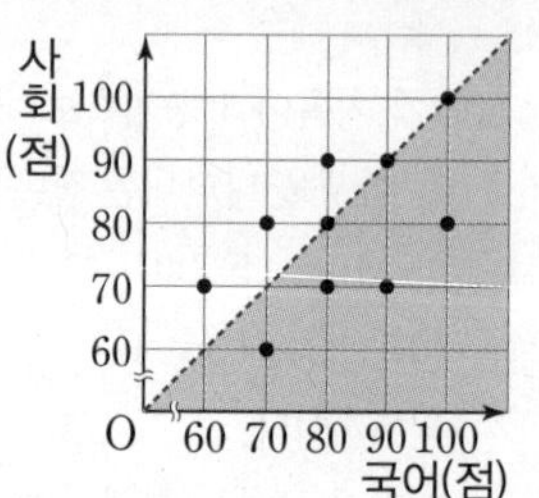

4 답 5명

영어 듣기 점수와 영어 말하기 점수가 모두 70점 이상인 학생을 나타내는 점은 오른쪽 그림에서 색칠한 부분(경계선 포함)에 속하므로 5개이다.

따라서 구하는 학생 수는 5명이다.

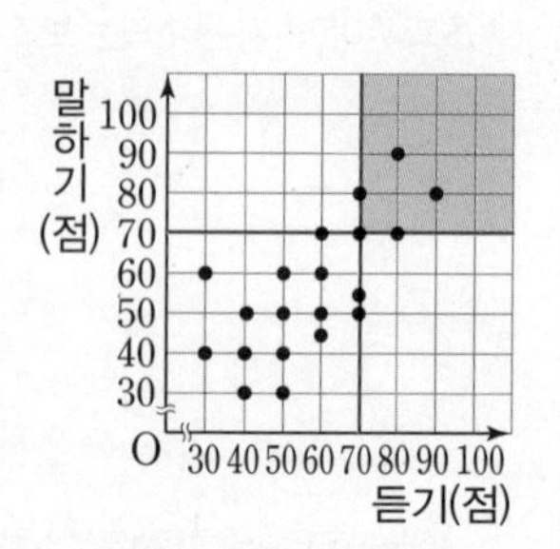

5 답 32 %

자유투를 1차, 2차에서 모두 같은 개수만큼 성공시킨 선수를 나타내는 점은 오른쪽 그림에서 대각선 위의 점이므로 8개이다.

따라서 자유투를 1차, 2차에서 모두 같은 개수만큼 성공시킨 선수는 8명이므로 전체의

$\frac{8}{25} \times 100 = 32(\%)$

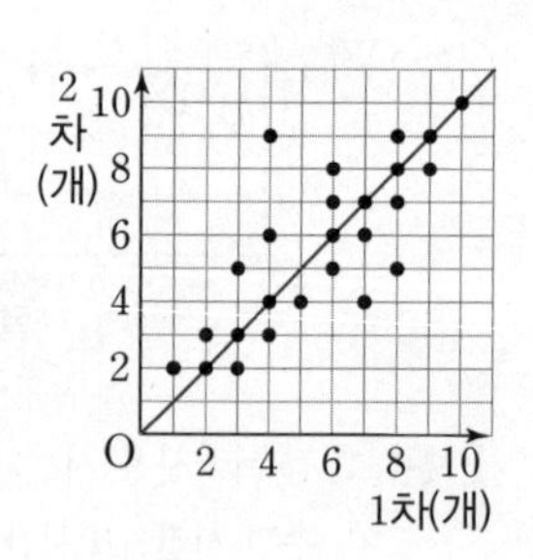

6 답 (1) 7명 (2) 3.5점

(1) 던지기 점수가 달리기 점수보다 더 높은 학생을 나타내는 점은 오른쪽 그림에서 색칠한 부분(경계선 제외)에 속하므로 7개이다.

따라서 구하는 학생 수는 7명이다.

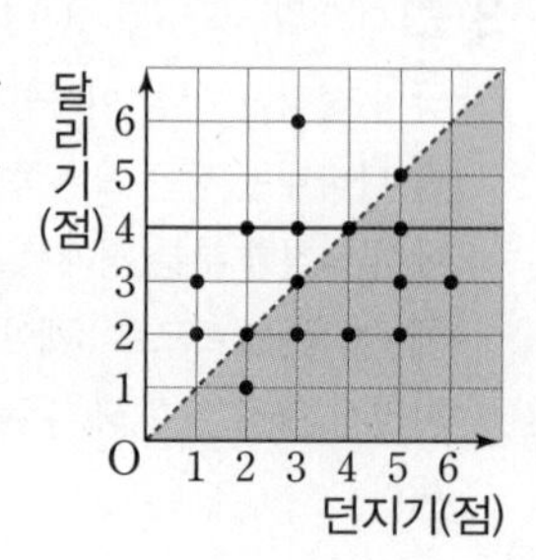

(2) 달리기 점수가 4점인 학생은 4명이고, 이 4명의 던지기 점수가 각각 2점, 3점, 4점, 5점이므로

$(\text{평균}) = \frac{2+3+4+5}{4}$

$= \frac{14}{4} = 3.5(\text{점})$

▶ **문제 속 개념 도출**

답 ① 산점도

• 본문 84~85쪽

개념 32 상관관계

개념 확인

1 답 (1) ㄱ, ㅁ (2) ㄷ, ㅂ (3) ㄱ (4) ㅂ (5) ㄴ, ㄹ

(4) x의 값이 증가함에 따라 y의 값이 감소하는 경향이 있으면 x, y 사이에 음의 상관관계가 있고, 이 경향이 가장 뚜렷한 것은 음의 상관관계 중 가장 강한 것이므로 ㅂ이다.

2 답 (1) 양 (2) 음 (3) 무 (4) 음 (5) 양 (6) 무

교과서 문제로 개념 다지기

1 답 ②, ④

① 상관관계가 없다.

②, ④ 양의 상관관계

③, ⑤ 음의 상관관계

2 답 ④

①, ② 양의 상관관계

③, ⑤ 상관관계가 없다.

④ 음의 상관관계

이때 주어진 산점도는 음의 상관관계를 나타내므로 주어진 그림과 같은 모양이 되는 것은 ④이다.

3 답 ③, ⑤

③ B는 과학 성적은 낮고 수학 성적은 높다.

⑤ C는 D보다 과학 성적이 더 낮다.

4 답 (1) 양의 상관관계 (2) 학생 A (3) 학생 E

(1) 주어진 산점도는 양의 상관관계를 나타내므로 몸무게와 키는 양의 상관관계가 있다.

(2) 키에 비해 몸무게가 적은 학생은 대각선의 위쪽에 있는 점에 해당하는 학생 A이다.

(3) 몸무게에 비해 키가 작은 학생은 대각선의 아래쪽에 있는 점에 해당하는 학생 C, E 중 대각선에서 더 멀리 떨어진 학생 E이다.

키 (cm), A, D, C, B, E, O, 몸무게(kg)

5 답 ③, ⑤

③ 환기를 충분히 하지 않으면 호흡기가 건조해져 냉방병이 많이 발생하므로 환기량과 냉방병의 발생률 사이에는 음의 상관관계가 있다.

⑤ 냉방 기기가 청결하지 않으면 레지오넬라균이 번식하여 냉방병이 많이 발생하므로 냉방 기기의 청소량과 냉방병의 발생률 사이에는 음의 상관관계가 있다.

▶ 문제 속 개념 도출

답 ① 상관관계 ② 양

학교 시험 문제로 단원 마무리

• 본문 86~88쪽

1 답 평균: 3.2회, 중앙값: 3회, 최빈값: 3회

$$(\text{평균})=\frac{1\times1+2\times3+3\times5+4\times4+5\times2}{1+3+5+4+2}=\frac{48}{15}=3.2(\text{회})$$

자료의 변량이 15개이므로 중앙값은 변량을 작은 값부터 크기순으로 나열할 때 $\frac{15+1}{2}=8$(번째) 변량인 3회이다.

또 3회가 다섯 번으로 가장 많이 나타나므로 최빈값은 3회이다.

2 답 ⑤

⑤ 1과 같이 극단적인 값이 있으므로 중앙값이 평균보다 자료의 중심 경향을 더 잘 나타낸다.
즉, 중앙값이 평균보다 대푯값으로 적절하다.

3 답 (1) -8 (2) 51 kg

(1) 편차의 총합은 항상 0이므로
$-1+(-4)+8+x+10+(-5)=0$
$x+8=0 \quad \therefore x=-8$

(2) 학생 6명의 몸무게의 평균이 59 kg이므로
몸무게의 편차가 -8 kg인 학생의 몸무게는
$-8+59=51(\text{kg})$ ← (편차)+(평균)=(변량)

4 답 ③, ⑤

① 분산과 표준편차는 산포도이다.

③ 중앙값은 변량의 개수가 짝수이면 변량을 작은 값부터 크기순으로 나열할 때, 한가운데 있는 두 변량의 평균이므로 자료에 없는 값일 수도 있다.

④ 변량이 모두 같으면 편차가 0이 되므로 분산은 0이다.
즉, 분산은 0 또는 양수이다.

⑤ $(\text{표준편차})=\sqrt{(\text{분산})}$이므로 분산이 클수록 표준편차도 크다.

따라서 옳은 것은 ③, ⑤이다.

5 답 3.6

주어진 5개의 변량의 중앙값이 5이고, 평균과 중앙값이 같으므로

$$\frac{2+4+5+7+x}{5}=5$$

$x+18=25 \qquad \therefore x=7$

이때 각 변량의 편차는 -3, -1, 0, 2, 2

$$\therefore (\text{분산})=\frac{(-3)^2+(-1)^2+0^2+2^2+2^2}{5}=\frac{18}{5}=3.6$$

6 답 ③

①, ② 두 상자 A, B의 표준편차가 다르므로 과자의 무게의 분포가 다르다.

③, ④ 표준편차가 작을수록 과자의 무게의 분포가 고르다.
즉, 상자 A가 상자 B보다 과자의 무게의 분포가 고르다.

⑤ 가장 무거운 과자가 어느 상자에 들어 있는지는 알 수 없다.

따라서 옳은 것은 ③이다.

7 답 ②, ⑤

② B의 두 과목의 성적의 차는 $70-40=30$(점)
C의 두 과목의 성적의 차는 $40-20=20$(점)
즉, B, C의 두 과목의 성적의 차는 다르다.

③ D와 E의 수학 성적은 각각 40점, 80점이므로
D는 E보다 수학 성적이 낮다.

④ 두 과목의 성적이 모두 80점 이상인 학생을 나타내는 점은
(90, 90), (90, 100), (100, 80), (100, 100)의 4개이므로
구하는 학생 수는 4명이다.

⑤ 수학 성적이 40점인 학생들의 영어 성적은
30점, 40점, 60점, 70점이므로

$$(\text{평균})=\frac{30+40+60+70}{4}=\frac{200}{4}=50(\text{점})$$

따라서 옳지 않은 것은 ②, ⑤이다.

8 답 ④

작년과 올해 넣은 골의 개수의 합이 16개 이상인 선수를 나타내는 점은 오른쪽 그림에서 색칠한 부분(경계선 포함)에 속하는 점이므로 6개이다.
따라서 구하는 선수의 수는 6명이다.

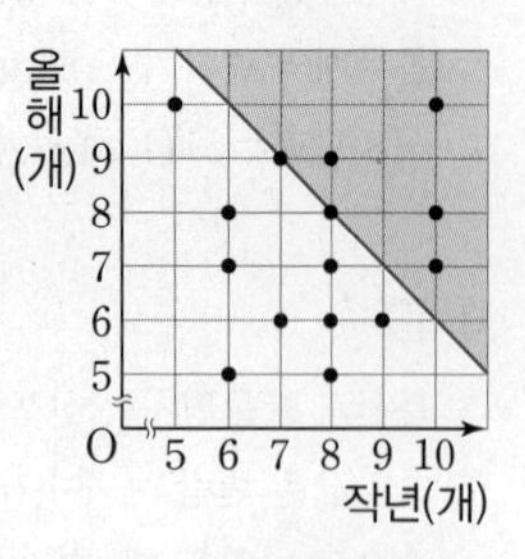

| 참고 | 두 변량의 합이

$2a$ 이상 / 이하 / 초과 / 미만

이라는 조건이 주어지면 오른쪽 그림과 같이 기준이 되는 보조선 $x+y=2a$를 그어 생각해 본다.

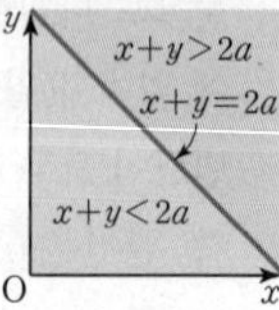

9 답 ⑤

ㄱ, ㄷ, ㅁ. 양의 상관관계
ㄴ. 음의 상관관계
ㄹ, ㅂ. 상관관계가 없다.
따라서 옳은 것은 ⑤이다.

10 답 ④

ㄱ. 주어진 산점도는 양의 상관관계를 나타내므로 용돈이 많은 학생은 대체로 저축액이 많은 편이라 할 수 있다.
ㄷ. 용돈에 비해 저축을 적게 하는 학생은 D이다.
따라서 옳은 것은 ㄱ, ㄴ이다.

OX 문제로 확인하기 • 본문 89쪽

답 ❶ × ❷ ○ ❸ ○ ❹ × ❺ × ❻ ○ ❼ ○